U0349487

# 现代肉种鸡
## 饲养管理新技术

◎ 陈合强　连京华　施海东　主编

中国农业科学技术出版社

**图书在版编目（CIP）数据**

现代肉种鸡饲养管理新技术／陈合强，连京华，施海东主编 . —北京：中国农业科学技术出版社，2015.4

ISBN 978 - 7 - 5116 - 1897 - 9

Ⅰ . ①现⋯　Ⅱ . ①陈⋯②连⋯③施⋯　Ⅲ . ①肉鸡 – 饲养管理　Ⅳ . ①S831.4

中国版本图书馆 CIP 数据核字（2014）第 269607 号

| | |
|---|---|
| 责任编辑 | 穆玉红 |
| 责任校对 | 贾海霞 |

| | |
|---|---|
| 出 版 者 | 中国农业科学技术出版社 |
| | 北京市中关村南大街 12 号　邮编：100081 |
| 电　　话 | (010)82106626(编辑室)　　(010)82109704(发行部) |
| | (010)82109709(读者服务部) |
| 传　　真 | (010)82106626 |
| 网　　址 | http://www.castp.cn |
| 经 销 者 | 各地新华书店 |
| 印 刷 者 | 北京富泰印刷有限责任公司 |
| 开　　本 | 710mm×1 000mm　1/16 |
| 印　　张 | 18.5 |
| 彩　　插 | 4 面 |
| 字　　数 | 342 千字 |
| 版　　次 | 2015 年 4 月第 1 版　2015 年 4 月第 1 次印刷 |
| 定　　价 | 65.00 元 |

# 前　言

从 20 世纪 80 年代初至今，父母代肉种鸡在我国规模养殖已有 30 多年的历史，目前饲养的主要品种有 AA⁺、罗斯 308、科宝艾维茵（艾维茵 500）、哈巴德等，无论是什么品种，在这 30 多年的时间里，其生产性能和饲养管理方式都发生了很大的变化。特别是近 5 年，肉种鸡现代化、标准化养殖越来越多，自动化、智能化程度也越来越高，对于养殖的挑战越来越严格，这就需要生产管理技术人员与时俱进，掌握现代肉种鸡的生产性能，运用科学养殖技术和方法，注重各个饲养阶段的管理要点，防范疾病，确保种鸡高产稳产。同时，商品肉鸡的生长速度在不断增加，但又要兼顾种鸡的生产性能，所以针对不同的市场需求，选择合适的品种饲养尤为重要。

禽业是一个关乎 4 000 多万养殖场户，7 000 多万从业人员，关乎 1.30 亿人生计的民生行业，而白羽肉鸡产业是我国畜牧业的重要组成部分。据中国畜牧业协会禽业分会的数据，2013 年全国商品代白羽肉鸡出栏 45.06 亿只，白羽肉鸡产品产量约为（全净膛率 75%）780 万吨。这不仅为人们提供了优质的蛋白质，同时繁荣了地方经济，还提供了大量的就业岗位。据统计，目前真正掌握白羽肉种鸡专业知识的技术人员不足 10%，管理技术落后，生产成绩平庸，且白羽肉种鸡的饲养管理技术一部分是依托国外提供的饲养标准和方法，一部分是我们在长期生产实践中创建，但都缺乏适应我国国情的现代肉种鸡饲养管理方法。本著作者长期从事肉种鸡生产一线，不断创新、探索、总结而得出了经得住实践检验的饲养管理新方法、新技术；同时作者在走访大量现代父母代种鸡养殖企业的基础上，吸收并汇集它们饲养管理中的新技术。作者将这些新技术和新方法系统地按章节编写成书。全书共分为 14 章：第一章介绍了肉鸡的主要养殖品种与优势；第二章介绍了目前肉种鸡的主要养殖方式；第三章介绍了肉种鸡各个饲养时期的管理重点，特别是当前养殖生产中不被重视的鸡舍的预温及高峰料量的添加与减少策略、夏季管理等；第四章阐述了肉种鸡生产的基本要素，如体重和均匀度控制，饮水、饲喂和种蛋管理，特别是分栏技术、称重和日常管理等；第五章阐述了肉种鸡不同年龄阶段的管理目标和生长发育评估，特别是鸡群体况的评估和饲养肉种鸡的原则；第六章阐述了肉种鸡生产中的环境控制，特别是温度和温差、相对湿度、通风、空气质量等，尤其应对温差和光照的管理更为重视；第七章分析了实际生产中遇到的各种问题，如产蛋高峰不高、受精率不高、脱羽、啄癖的原因及预防等；第八章阐述了笼养肉种鸡的特殊管理，尤其是人工授精技术；第九章介绍了孵化管理，特别是苗鸡的存放；第十章阐述了肉种鸡的饲料营养；第十一章阐述了鸡场的生物安全；第十二章阐述了肉种鸡免疫的细节管理，特别是各种疫苗的免疫方法和技巧；第十三章介绍了肉种鸡主要疾病的控制，特别是生产中易发、多发疫病的控制方法；此外，还将 AA⁺肉种鸡最新的体重控制标准、营养标准、体重生长生产曲线等列于附录十四，以供参考。

该书内容通俗易懂，指导性强，实用性强，适合现代肉种鸡生产、管理和经营者以及相关人员阅读、借鉴和推广应用。

由于时间和水平有限，书中难免存在疏漏和错误，敬请广大读者多加谅解并指正。

2014 年 10 月

# 目　录

# 第一章　肉鸡的主要养殖品种与优势

## 第一节　肉鸡的起源和发展

现代肉鸡起源于美国 Delmarva 半岛，20 世纪 20 年代，特拉州的 steels 夫妇开始饲养专门的肉用仔鸡，他们的成功带动了邻近州及整个半岛。到第二次世界大战期间，这个半岛的 3 个州饲养了全美 40% 的肉仔鸡，在 Delmarva 半岛兴起的肉鸡业很快普及全美和世界各地。1930—1940 年，美国南部一些饲料商和银行家介入养鸡业，加上家禽育种、饲养、疾病控制和管理技术的迅速运用，使得大规模、集约化的现代肉鸡业快速发展。

### 一、肉鸡的父本和母本

白羽肉鸡经过一个世纪的漫长选育过程，科学家们综合世界优质的鸡源品种，不断的纯系繁殖、杂交、改良，充分运用数量遗传学原理，才得到今天商品肉鸡的生长速度。

#### （一）肉鸡的父本

肉鸡的父本主要遗传产肉性能，肉鸡的父本为白科尼什鸡，产于英格兰，喙、胫和皮肤为黄色，羽毛紧密，体躯坚实，肩很宽，胸肌、腿肌发达，胫部粗壮。体重大，成年公鸡 4.6kg，母鸡 3.6kg。肉用性能好，但产蛋量少，年均约 120 枚，蛋重 56g，蛋壳浅褐色。

#### （二）肉鸡的母本

肉鸡的母本既要考虑产肉性能，也要中和产蛋性能，一般使用白洛克，为洛克鸡的一个变种，产于美国，按其颜色可分为芦花、白色、黄色、鹧鸪色等 7 个品变种，其中，以芦花与白色最为普遍。单冠，耳垂红色，喙、脚、皮肤黄色。体大丰满，公鸡体重 4 ~ 4.5kg，母鸡 3 ~ 3.5kg。蛋壳褐色，年产蛋量 150 ~ 160 枚。美国于 1937 年着手向肉用型改良，1940 年完成，20 世纪 50 年代后期与白科尼什鸡杂交，表现出极好的肉用性能，风靡美国各地。而后经不

1

断改良，鸡的体型、外貌与生产性能均有很大改变。其主要特点是：早期生长快，胸肌、腿肌发达，羽色洁白，屠体美观，并保持一定的产蛋水平。现多用白洛克鸡作母系，同白科尼什鸡杂交生产肉用仔鸡。

## 二、当今世界和国内主要肉鸡育种企业

### （一）世界白羽肉鸡育种企业

当今世界肉鸡育种企业主要有美国安伟捷（aviagen）育种公司和泰森（Cobb）公司、荷兰的海波罗家禽育种有限公司、法国哈巴德公司（并购美国哈巴德肉鸡育种公司），其中，全世界90%的肉鸡市场份额为安伟捷和科宝。安伟捷公司主要有3个品牌，分别是爱拔益加（见彩插1）、罗斯（见彩插2）和印度安河；科宝公司有艾维茵（见彩插3）、哈巴德（见彩插4）、海波罗和科宝品牌。各个主要品种的特点如下。

（1）爱拔益加（AA$^+$）肉鸡　AA$^+$肉鸡是美国安伟捷集团育成的四系配套的白羽肉鸡，已经有超过80年的历史，是家禽行业中最悠久且最受关注的品牌之一。该公司在欧洲和亚洲的许多国家和地区建立有合资性质的种鸡场，因而该鸡种在世界肉鸡业中占有重要地位。我国引进该鸡种已有近30年历史，在国内的生产性能表现良好，目前，国内已有14个祖代种鸡场引进该品种，是白羽肉鸡中饲养较多的品种。肉鸡农场主会从AA$^+$肉鸡优异的生长速度，高效饲料转化率及成活率等方面获利。在肉鸡仍大部分是以整体销售为主的市场，鸡胸肉的出肉率无疑会吸引客户的注意力。AA$^+$肉鸡具有生产性能稳定、增重快、胸肉产肉率高、成活率高、饲料报酬高、抗逆性强的优良特点。该鸡的羽毛为纯白色，皮肤和胫部为黄色，商品鸡可通过羽毛鉴别公母，很适用于一条龙企业公母分开饲养。该鸡的适应性和抗病力都比较好。商品代生产性能见表1-1。

表1-1　AA$^+$商品肉鸡生产性能　　　　　　（单位：kg）

| 周　龄 | | 4 | 5 | 6 | 7 |
|---|---|---|---|---|---|
| 平均体重 | 公 | 1.547 | 2.241 | 2.961 | 3.662 |
| | 母 | 1.400 | 1.968 | 2.542 | 3.091 |
| | 混养 | 1.474 | 2.104 | 2.751 | 3.376 |
| 混养料重比 | | 1.452 | 1.594 | 1.735 | 1.878 |

（2）罗斯308肉鸡（Ross）　罗斯308肉鸡是安伟捷集团并购英国罗斯家禽育种公司后培育而成的四系配套的白羽肉鸡，是全球公认的在鸡舍有着持

续良好性能的肉鸡品种，可以满足客户对种禽持续良好性能的需求，同时还具有能够适应广泛的终端产品要求的多功能性。目前，我国有3个祖代厂家引进该品种。其特点是体质健壮、成活率高、增重速度快、胸肉比例适中、出肉率高和饲料转化率高。商品代雏鸡可以羽速自别雌雄，规模鸡场可公母分饲。商品代生产性能见表1-2。

表1-2　罗斯308商品肉鸡生产性能 　　　　　　　（单位：kg）

| 周　龄 | | 4 | 5 | 6 | 7 |
|---|---|---|---|---|---|
| 体　重 | 公 | 1.553 | 2.250 | 2.979 | 3.695 |
| | 母 | 1.406 | 1.977 | 2.557 | 3.118 |
| | 混养 | 1.479 | 2.113 | 2.768 | 3.407 |
| 混养料重比 | | 1.434 | 1.576 | 1.719 | 1.861 |

（3）科宝肉鸡（Cobb）　是美国泰森公司培育的四系配套白羽肉鸡品种，1993年广州首次引进父母代，目前，国内有两家企业引进该品种，一是北京家禽育种公司供种，称为Avian500；二是科宝同星公司在建的合资公司。商品肉鸡胸肌丰满、腿短、耐热不耐寒，45d体重可达2.7kg。科宝肉鸡其对饲养管理要求较高，商品代中有杂毛鸡，科宝500商品苗5%~10%羽毛带有不同大小的黑斑点。生产性能见表1-3。

表1-3　Avian-500商品代肉鸡生产性能 　　　　　　（单位：kg）

| 周　龄 | | 4 | 5 | 6 | 7 |
|---|---|---|---|---|---|
| 体　重 | 公 | 1.531 | 2.217 | 2.953 | 3.660 |
| | 母 | 1.341 | 1.914 | 2.511 | 3.084 |
| | 混养 | 1.436 | 2.067 | 2.732 | 3.369 |
| 混养料重比 | | 1.367 | 1.556 | 1.705 | 1.836 |

（4）哈巴德肉鸡　是美国哈巴德家禽育种有限公司（被法国克里莫公司收购）培育的四系配套白羽肉鸡。该配套系的特点是白羽毛、白蛋壳，商品鸡可羽速自别雌雄，有利于公母分群饲养。商品肉鸡的生长速度快，出肉率高，尤其适宜深加工和生产高附加值产品，由于其体型不过分大，也适合整鸡市场的需要。商品代生产性能见表1-4。

表 1 - 4　哈巴德商品肉鸡生产性能　　　　　　　　　（单位：kg）

| 日　龄 | 活　重 | | 料肉比 | |
|---|---|---|---|---|
| | 常规型 | 宽胸型 | 常规型 | 宽胸型 |
| 28 | 1.28 | 1.25 | 1.53∶1 | 1.54∶1 |
| 35 | 1.80 | 1.75 | 1.68∶1 | 1.68∶1 |
| 42 | 2.30 | 2.24 | 1.82∶1 | 1.82∶1 |
| 49 | 2.77 | 2.71 | 1.96∶1 | 1.96∶1 |

### （二）我国白羽肉鸡育种企业

目前，我国尚未有自主培育的白羽肉鸡品种，国内的白羽肉鸡主要是依靠进口祖代种鸡，从 2011 年引进的品种和数量来看，目前，我国主要是以 AA$^+$（占总量的 53.24%）、罗斯（占总量的 26.68%）、科宝（占总量的 19.93%）和 0.15% 为其他品种（如哈巴德）。截至 2013 年底，中国白羽肉鸡祖代企业16 家，从国外进口祖代肉种鸡 154.16 万套。

### （三）国内白羽肉鸡产业

我国的白羽肉鸡产业起步于 20 世纪 80 年代，经过 30 多年的努力，已成为我国农业产业化最迅速、最典型的行业，是世界三大白羽肉鸡生产国之一（其分别是美国、中国和巴西），2012 年，鸡肉成为我国消费比重第二的肉类（仅次于猪肉），占比达 22% 以上。

# 第二节　肉鸡的优势

## 一、优良生长速度

有人说肉鸡是一块不断膨胀的肉，以难以想象的速度生长，但回看历史，白羽肉鸡的选育历程是艰辛而科学的。肉鸡之所以有这么快的生长速度，完全是家禽育种科技的进步和结晶。

1935 年，肉鸡生长至 1.3kg 的体重需要耗费 90d，而到了 1986 年肉鸡仅需 45d 就可以长到 1.8kg，而根据 2005 年修订的《中国商品肉鸡生产技术规程》规定，肉鸡在 42d 的体重能达到 2.42kg，到 2010 年，49d 达到 3.49kg。育种工作者把生长速度快、饲料转化率高、体型发育好、产肉率高的鸡只挑选出来进行繁育，可以根据消费者的需求，特定的培养一部分基因，如培养胸肌更发达的肉鸡或者鸡腿更大的肉鸡。

## 二、饲料转化率高

众所周知，在饲料转化的过程中，养殖者会核算成本投入，即吃了多少饲料，长了多少肉，据不完全统计，猪的料肉比是 3.1：1，牛的料肉比是 8：1，而肉鸡的料肉比可达到 1.7：1，即吃 1.7kg 的饲料就可以长出 1kg 的肉，相对饲料转化率较高。

## 三、实行集约化、工厂化养殖

随着饲料原料的消耗和环境保护意识的增强，肉鸡饲养方式正逐步向集约化、规模化饲养，现代化饲养将逐步取代一些小型散养方式。集约化饲养的优势在于集中资源，便于群体化管理，能统一产出规格相当、整齐的产品，同时最大限度的利用土地、人工和饲料，为城乡现代化生活提供适宜的家禽产品。

## 四、肉鸡属于"白肉"

从颜色来看，肉可分为两类：一类是红色肉，即"红肉"，主要是牛肉、猪肉、羊肉；另一类是白色肉，即"白肉"，如禽肉、鱼肉、虾肉。红肉的特点是肌肉粗硬、饱和脂肪酸和胆固醇含量较高，俗称"三高一低"，即高蛋白、高脂肪、高能量、低纤维，如食用过多会产生心血管系统问题；而白肉肌肉纤维细腻，蛋白质含量高，脂肪含量较低，脂肪中不饱和脂肪酸含量较高，俗称"三低一高"，即低脂肪、低能量、低胆固醇、高蛋白质，每日食用有利于人们身体健康。

# 第二章 肉种鸡的主要养殖方式

目前，国内肉种鸡有两高一低棚架饲养、地面平养和笼养3种主要养殖方式，但以两高一低棚架饲养居多。随着国家对环境保护的投入不断增加以及规模化、标准化、集约化养殖模式的不断发展，越来越多的饲养户更倾向于两高一低饲养方式。

## 一、两高一低棚架饲养方式

两高一低棚架饲养是肉种鸡生产中较为常见的饲养方式，如图2-1、图2-2和图2-3所示，一般育雏、育成、产蛋在同一鸡舍内完成。鸡舍采用全封闭式建筑，舍内环境采用电脑全自动控制系统，对温度、湿度、通风量进行自动控制。夏季使用湿帘配合风机纵向通风降温，其他季节使用侧墙通风小窗或气眼进风的通风方式，根据设计通风量通风，保证空气新鲜。冬季采用集中供热方式，由集中供热锅炉将热水送入鸡舍的设备间，由暖风机将热风通过管道送入鸡舍。鸡舍辅助采用人工照明技术，育雏育成期实行遮黑饲养。供料采用自动塞盘式或链条槽式种鸡料线进行喂料，供水采用乳头式饮水器自动供水。鸡粪在鸡群全部淘汰后集中统一处理。

图2-1 两高一低棚架饲养方式

图 2 - 2　两高一低棚架摆放

图 2 - 3　两高一低棚架育雏饲养

## 二、地面平养

地面平养饲养方式如图 2 - 4 所示,与两低一低棚架饲养大致相同,一般育雏、育成、产蛋在同一个鸡舍内完成。唯一不同的是在鸡舍内全部铺上垫料,每周定期清理湿垫料和含有鸡粪的垫料。劳动强度较大,且拣蛋操作费工费时,劳动效率低,目前已经不常见采用此方式饲养。

## 三、笼养

肉种鸡笼养可减少公鸡的饲养数量,便于种蛋收集,在生产中得到了一定程度的推广。笼养鸡通常采用两阶段或三阶段饲养,如图 2 - 5 所示。育雏期采用育雏育成笼或平养方式,到一定的周龄转到产蛋笼。建议笼养鸡转入产蛋笼的时间在 8 ~ 12 周。这样可以保证鸡足够大,不会钻出鸡笼且能够到水线,

图 2 - 4　地面平养饲养方式

同时避开 12 周后生殖系统发育期。设计鸡舍时，育雏育成笼要保证料位充足，产蛋笼母鸡两只一笼，公鸡每只单独一笼。一般来说，肉种鸡笼的长、高、深及坚固性均大于蛋种鸡笼，生产性能较好的是二阶梯笼架，每层规格为 200cm×40cm×39cm，分 5 格，每格养两只，便于管理和观察，且利于人工授精。种公鸡笼要求高大，使其有充分的活动空间，单笼饲养，不要让其头部高出笼面，以免损伤其冠和肉髯，影响精液质量。阶梯式育雏育成笼在光照、湿度和卫生上都优于全层叠的育雏育成笼。两层产蛋笼在环境控制和操作便利性上都优于三层产蛋笼。产蛋期在笼养鸡舍安装吊扇或地暖供热有助于减少上下层的温差。使用蛋鸡笼饲养肉种鸡，或为节约成本而使用规格不达标的鸡笼，都将限制肉种鸡遗传潜力的发挥，进而影响它的健康和生产性能。

## 四、肉种鸡舍布局

密闭式鸡舍除鸡舍两端的门外，在两侧墙上仅有少数的应急窗，平时被完全封闭，顶盖和四周墙壁隔热性能良好，舍内通风、光照、温度和湿度等都靠机械设备进行控制，舍内环境条件受外界气候条件变化的影响相对较小，一般适宜于大型机械化鸡场和育种公司。随着行业的发展，越来越多的鸡舍采用了自动化控制系统，理想的鸡舍模式为 120m×12m，鸡舍一头设有安装机械化操控系统的工作间。鸡舍可设计为横跨有支柱和无支柱两种，舍内是混凝土结构，地面常为"凹"字形如图 2 - 6，屋顶尽量为"A"形结构，便于冬天采用横向通风，建筑材料要采用隔热性能较好的轻型材料，隔热值要求达到 R -

10 或更高；种鸡场应备有发电机组，以备检修和停电时临时供电和应急使用。

图 2 - 5　肉种鸡笼养

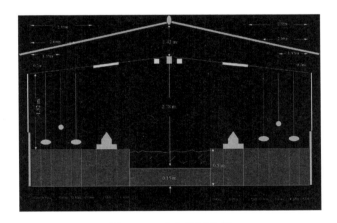

图 2 - 6　鸡舍截面布局

# 第三章　肉种鸡各个饲养时期的管理重点

## 第一节　育雏期

饲养肉种鸡成败的关键是育雏期的饲养管理。育雏的目标是使种鸡在育雏育成阶段按标准体重曲线生长，确保鸡群正确地生长发育，骨骼、免疫系统、心血管功能、羽毛生长在早期发育良好且在早期达到刺激食欲的效果，最大限度地提高均匀度，使其在整个生产周期内获得最佳的繁殖性能。在不同的生长阶段，种鸡各组织与器官发育的特点不同。从1日龄至21～24周混群，种公母鸡应分开育雏育成，但在育雏育成阶段，种公母鸡的管理原则除了体重和饲喂程序不同外，其余均相同；公母分开育雏育成，能确保分别控制种公母鸡的生长发育和均匀度；能更有效地控制各自的体重和丰满度。

### 一、育雏前准备

#### （一）种鸡淘汰与鸡舍清理

多批次饲养的种鸡场，应选择远离鸡场的地方淘汰种鸡，以免对其他种鸡群造成影响。种鸡淘汰后，移出鸡舍内设备并彻底清理鸡舍。

（1）清扫和喷湿　清扫鸡舍内所有地方的灰尘如风机、房梁、窗户和卷帘等，打扫干净。在清除垫料和移出设备之前，应从鸡舍屋顶到地面喷洒洗涤剂，使灰尘沉降；开放式鸡舍应先关好门窗和卷帘。

（2）清除垫料　种鸡淘汰后，清除鸡舍内的所有垫料和废弃物，装包运到指定位置处理，车辆离开鸡舍前应封盖，避免洒落在鸡舍外的地面上；清除的垫料应运到至少远离种鸡场3km以上的地方进行无害化处理。

（3）移出设备　所有的设备和器具包括饲喂设备、饮水器、棚架、产蛋箱、隔网等都应移出鸡舍并放置在鸡舍外面的水泥地面上，以利于冲洗。第一，拆卸产蛋箱，将产蛋箱的仿草垫或垫料、蛋箱底在舍内取出清理出舍外冲洗消毒，之后入库保管，严防仿草垫、蛋箱底损坏丢失。将产蛋箱抬出鸡舍清洗消毒后入库。第二，拆卸料线，先将隔鸡栅去掉，然后用接链器把送料链截成 15m 左右，取出料槽后用木棒把料槽接头打掉后取出料槽，卸料槽时把料槽内剩料倒入料袋内及时送入料库，拆卸料线时把料箱底部料槽从任意一头拉出即可。拆卸后及时冲洗，冲洗时注意主料箱处电机不能进水，转角器轮下缝隙处剩料一定冲洗干净。冲洗后消毒入库，严禁放在外面生锈。第三，拆卸棚架，将拆卸的棚架放置于鸡舍中间走道的两侧，棚架中间为装鸡粪留上距离，然后同时将两侧鸡粪装包、封口。第四，提升公鸡料线和水线，水平提升公鸡料线和水线至顶棚高度。第五，拆卸节能灯，将节能灯拆卸消毒后交仓库保管，然后每栋舍在中间一路上装上 5 ~ 10 个 60W 的灯泡，以便于照明。

（4）其他　清理饲养员所配备的工具如电子秤、水桶、公鸡上料器、批铲、乳头扳手、锤子等，入库保管。清理料房及操作间，把剩余的饲料、药品及各种设备配件消毒后入各类仓库保管。清理其他如拆卸风机电机以便冲洗、清理配电盘及柜、遮黑罩等。

**（二）鸡舍清洗**

刷洗并清洁所有的设备，彻底冲洗鸡舍内外的环境等。

（1）鸡舍设计　鸡舍应采用水泥地面，泥土地面不能达到有效的冲洗和消毒；鸡舍周围 3m 应铺设水泥地面，防止鼠类进入鸡舍。

（2）昆虫和鼠类控制　昆虫和鼠类是疾病最主要的传播媒介（表 3 - 1），必须在它们还没有移居到其他场区或其他种鸡场之前，将其彻底杀灭。

表 3 - 1　带菌者和常见传播疾病

| 传播疾病 | 沙门氏菌 | 支原体 | 大肠杆菌 | 曲霉菌 | 新城疫病毒 | 法氏囊病毒 | 蛔虫 |
|---|---|---|---|---|---|---|---|
| 带菌者 | 老鼠、黑甲虫、苍蝇 | 老鼠 | 老鼠、黑甲虫、苍蝇 | 黑甲虫 | 黑甲虫、苍蝇 | 黑甲虫、苍蝇 | 黑甲虫、苍蝇 |

（3）冲洗　冲洗前，应先检查舍内所有的用电设备是否完全断电，仅留下中间一路照明用电；然后用含有发泡洗涤剂的高压热水冲洗鸡舍和设备，以有效提高消毒或熏蒸的效果；之后再用高压清水冲洗，应特别注意风机、百叶窗、屋顶、水线和公鸡料线等。所有移出舍外的设备必须浸泡和冲洗，冲洗晾晒完毕后的设备应遮盖存放。鸡舍外面也必须冲洗干净，如排风口、排水沟和水泥地面等。冲洗原则是自上而下、先内后外。整栋鸡舍的鸡粪处理完毕后，把鸡舍门前冲洗干净，以免将舍外脏物带入鸡舍，然后将所有棚架集中到前端用水浸泡，同时冲洗鸡舍后端，冲洗时先切断舍内电源，带上头灯冲洗。冲洗

顺序为，风机内外及风机电缆线、顶棚、水线、公鸡料线、墙壁、地面。后端冲洗干净后，冲洗前端棚架，将冲洗干净的棚架放到冲洗干净的鸡舍中端，注意码放棚架时不要面对面，棚架冲洗结束后，冲洗鸡舍前端和操作间及料房。所有冲洗结束后，鸡场内不应再有任何杂物。①棚架的清洗。不论是竹制、木制或是塑料棚架，都应先将棚架缝隙残留的鸡粪铲刮干净，放入水池用清水浸泡，用高压水枪冲洗干净，然后再放入配有消毒液的水池进行二次浸泡，最后用有压力的水冲洗干净（彩插5）。②其他设备的清洗如产蛋箱、遮光罩等的清洗，依据上述方法实施。③附属设施的清洗。凡在场区内的所有附属设施如洗衣房、浴室、厕所、蛋库、料库、垫料库、锅炉房、自行车棚、熏料间、熏蒸箱、鸡舍内储水箱等，都要彻底冲洗干净，同时应将各个地方的地漏、沉淀池等清理干净。④鸡场生活区清洁。工作人员的生活设施应进行彻底清洗并注意所有细节。⑤外部环境。打扫舍外卫生以及冲洗鸡舍周围水沟和硬化地面，同时把鸡舍两侧水眼堵住，并用白灰粉好。鸡舍周围应无杂草、无任何废弃物、地面平整、排水良好无积水。理想的情况下，鸡舍四周应有 3m 宽的混凝土或沙砾地面。如果没有，这些地区必须清除周围的植物，移走不使用的机器和设备，地面平整且水平，排水好，没有积水。此外，还应特别注意清洗和消毒风机和排风扇的下面、进出道路、鸡舍门周围等。

（4）清洁饮水饲喂系统　对于水箱水线的清洗，排净水箱和水管内的水，用净水冲洗水管，清除水箱内的水垢和污物并排到舍外；水箱内重新注满洁净的饮用水并添加清洁剂，用含有清洁剂的水箱水冲灌整个饮水系统，确保不出现气阻现象；再次将水箱注满水，保持其正常的水位和水压，添加适当浓度的消毒剂（表 3 - 2）并盖上水箱盖，使其至少停留 4h，将水再次排放掉，用清水冲洗。对乳头水线，应先用海绵球冲洗水线；然后再用消毒水浸泡后用清水冲洗干净。雏鸡进场前注满洁净的饮水。对普拉松饮水器应清除水垢，损坏的及时修理。清空冲洗消毒所有的喂料设备包括料箱、料槽、链条、转角器等；清空并清扫饲料塔和链接管道，清理并密封所有的开口。对于料桶应冲洗干净再消毒，之后对所有饲喂系统进行熏蒸消毒。

（5）维修保养　空舍期间有利于设备的维修与保养，修补地面和墙体缝隙、维修和更换破损的墙体和天花板、粉刷鸡舍、修理门窗和棚架、维修或更换通风设备、更换破损的灯泡或照明设备等。

（6）通风　整栋鸡舍冲洗结束后，安装风机电机，打开风机 3 ~ 4 台，通风 2 ~ 3d。

表 3 - 2　饮水系统清洗液的配制比例及使用办法

| 项　目 | 舍内无鸡时 | 舍内有鸡 |
|---|---|---|
| 清洗溶液 | 混合清洗溶液，灌入饮水系统并使溶液在系统中贮放约 4h 之后再用清水冲洗 | 可使用以下其中之一的溶液冲洗饮水系统 24h。鸡只可以饮用这些溶液 |
| 醋（用于碱水） | 8ml/L | 4ml/L |
| 柠檬酸（用于碱水） | 1.7mg/L | 0.4mg/L |
| 氨（用于酸性水） | 1.0ml/L | 0.25ml/L |

### （三）消毒

消毒是对防疫不彻底的事项进行消毒处理，必须采用后退消毒方法，全场区清理、冲洗结束后，进行一次全面彻底的消毒（彩插 6），减少病原微生物在舍内外的生存（表 3 - 3）。把设备移入鸡舍并消毒，安装育雏期所需的设备，杀虫灭鼠、封闭鸡舍、检查等。

表 3 - 3　不同病毒的存活期

| 疾病 | IBD | 球虫 | 禽霍乱 | 鼻炎 | MD | ND | MG/MS | 鸡白痢 | 禽结核病 |
|---|---|---|---|---|---|---|---|---|---|
| 离开鸡体后的存活期 | 数月 | 数月 | 数周 | 数小时至数天 | 数月至数年 | 数天至数周 | 数小时至数天 | 数周 | 数年 |

（1）设备安装　①安装棚架。安装前需将棚架和棚腿用足够剂量的漂白粉或消毒液充分浸泡，安装时检查棚架，损坏的棚架和腿要修理或更换。棚架安装要平整、牢靠、严密，以防脱落。棚架及腿安装完成后，仔细打扫、清理舍内卫生，干净后进行一次全面彻底消毒。待棚架晾干后，把遮阳网或彩条布平整的铺满在棚架上，有破损的要及时补好或更换，靠墙部分向上高出 5 ~ 10cm，用小钢钉钉在墙上，防止垫料遗漏。接头部分向下翻 3 ~ 5cm，然后用铁钉钉平，钉头不能漏在外面。②安装保温伞及检修机电设备。保温伞从前端两侧、水线外侧、第一架梁开始安装，每隔一架梁安装一个保温伞，高度 40 ~ 60cm，保温伞边缘紧贴水线吊线但不超过吊线。③检修电路。配电盘、排风机、暖风机、灯头、保温伞、水线、公鸡料线、各部位阀门等。④安装料线。安装料线前，先把遮阳网或彩条布上的垫料清理出鸡舍，然后把遮阳网或彩条布逐块拆出，拆遮阳网或彩条布时不能随意剪开或扯破，撤掉后及时检修棚架，防止鸡只掉到棚架下，安装料线时先把料槽从主料箱下穿过，再把料线拐角装上，然后安装料槽，料槽前后端离墙 30cm，两侧靠墙 70cm。安装料槽时一定要把料槽两侧卡入料腿接头卡槽内，料槽安装要平直。过隔栏时用砖把隔栏下料槽堵好，防止鸡只串栏。料槽安装完成后，把链条面朝下，料箱端大

头向后按顺序平直铺入料槽，用接链器把链条接好后，用紧链器把链条拉紧并连接，用起子或扁铁把栅栏卡入料槽内。接通电源，试机运行 5～10min，确保无故障后，方可使用。放料前把料箱两端用塑料网或铁皮包 25cm 左右，防止公鸡偷吃料，每条料线多加料 30～50kg，并把料箱仓眼调整好，防止淤料。⑤最后安装并调试因冲洗需要而拆卸的设备如温控器、时间控制器、电压调节器、风机电机、电线、灯泡等。

（2）鸡舍内外环境消毒与评价　①鸡舍内环境消毒。鸡舍彻底清洗干净以及所有设备维修保养之后，应选用不同的消毒剂进行消毒，如用 3% 的火碱水消毒地面。若有必要，须对鸡舍地面进行处理，常用药品见表 3－4，如用盐、石灰、硼酸、硅酸铝等。在熏蒸之前再次使用杀虫剂进行处理。应按说明书中介绍的方法进行，熏蒸后，鸡舍必须封闭 24h，并设置醒目的"禁止入内"的标志牌。在人进入前必须彻底地进行通风。在鸡舍垫料铺放好后，应按以上熏蒸程序再进行一次。熏蒸时操作者必须穿着防护衣，戴防毒面罩、眼罩和手套。必须有两个操作人员同时操作以应付紧急情况。熏蒸密闭 3d 后，化验评估，合格后方能进鸡。应达到有效的消毒、稀释、冲洗喷洒。②选好消毒药。正确配制消毒液，现配现用；合理恰当的保存消毒药，避光，减少与空气的接触。根据消毒药的使用说明配比稀释如新洁尔灭 0.1%、过氧乙酸 0.5%、毒菌净 1∶3 000等。目的是充分暴露菌落，增加消毒液的有效接触面积。③对外环境消毒。消灭老鼠、黑甲虫、苍蝇、寄生虫、飞禽等易传播疾病的动物。植树种草皮，增大绿化面积，定期对周围进行大扫除，鸡舍周围和道路铺洒生石灰粉或用 2%～5% 的火碱水溶液消毒。对鸡舍外围清洗消毒后，深翻一次土地再消毒尤佳。④冲洗消毒后，应对冲洗消毒效果进行监测，评估消毒效果，不合格者继续消毒，直至合格为止。应注重冲洗效果，不能只讲速度而不求质量。通过检测活菌总数评估冲洗消毒的效果（表 3－5）。用总细菌数评估鸡场清洗和消毒效果的好坏，有利于改进鸡场的卫生，并比较不同的冲洗和消毒效果。当鸡场进行有效的消毒后，检测程序中不应分离出沙门氏菌。

表 3－4　鸡舍地面处理常用药品

| 成　分 | 用量（kg/m$^2$） | 目　的 |
|---|---|---|
| 硼酸 | 必要时 | 杀灭黑甲虫 |
| 硅酸铝 | 必要时 | 杀灭黑甲虫 |
| 盐（氯化钠） | 0.25 | 减少蛔虫卵囊 |
| 干硫粉 | 0.01 | 地面消毒 |
| 石灰（碳酸钙） | 必要时 | 碱性剂，用于地面消毒，便于打扫地面，并有助于垫料转为肥料 |

表 3 – 5　评估清洗消毒效果（单位：每平方厘米菌落总数）

| 取样地点 | 采样数 | 活菌总数 | | 沙门氏菌总数 |
|---|---|---|---|---|
| | | 标准 | 最大量 | |
| 支柱 | 4 | 5 | 24 | 0 |
| 墙面 | 4 | 5 | 24 | 0 |
| 地面 | 4 | 30 | 50 | 0 |
| 料箱 | 1 | | | 0 |
| 产蛋箱 | 20 | | | 0 |
| 裂缝 | 2 | | | 0 |
| 排水沟 | 2 | | | 0 |

## 二、育雏准备

### （一）育雏围栏准备

根据雏鸡数量和供温方法确定育雏的饲养面积，建议小栏逐步扩大饲养，这样能适合种鸡随着生长逐步增加活动空间，一般一个围栏饲养量在 500 ~ 1 000 只。设置育雏围栏，育雏围栏的高度应为 40 ~ 50cm。使雏鸡围护在保温伞、饲喂器和饮水器的区域内如图 3 – 1 所示。

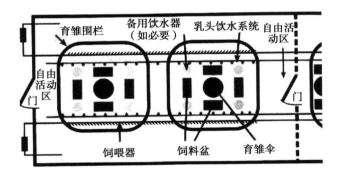

图 3 – 1　育雏区域设计

### （二）铺设垫料

至少在雏鸡到场一周前在地面上铺设 5 ~ 7cm 厚的新鲜垫料，捡出在垫料中混杂的易伤鸡的杂物如羽毛、玻璃片、钉子、刀片、木块、细绳、铁丝等。进鸡前要确保一定的空舍时间和环境温度，让刺激性药物挥发干净，如开启鸡舍到进鸡时间超过 10d，要再次消毒。

### （三）正确计算种鸡的饲养密度及育雏所必需的设备

按照雏鸡比例配好相应的开食盘或料桶、饮水器，注意饲养器具清洗消毒后方能使用，保证有充足的采食和饮水位置。饲养密度为 0 ~ 20 周母鸡 4 ~ 7 只/m²、公鸡 3 ~ 4 只/m²，15 ~ 20 周及 20 周后 3.5 ~ 5.5 只/m²。提供充足有效的料位（表 3 - 6）和水位，0 ~ 15 周钟型饮水器 1.5cm、乳头饮水器 8 ~ 12 只/个、杯式饮水器 20 ~ 30 只/个。

表 3 - 6　料位

| 日（周）龄 | 母鸡（cm） | | 公鸡（cm） | |
|---|---|---|---|---|
| | 槽式 | 盘式 | 槽式 | 盘式 |
| 0 ~ 35d | 5 | 4 | 5 | 5 |
| 36 ~ 70d | 10 | 8 | 10 | 9 |
| 71 ~ 105d | 15 | 10 | 15 | 11 |
| 15 ~ 20 周 | 15 | 10 | 15 | 11 |
| 20 周以后 | 15 | 10 | 20 | 13 |

### （四）育雏舍加温准备

（1）温差育雏法　在雏鸡到达鸡舍前 24h，应将鸡舍温度（垫料温度）上升至 27 ~ 28℃，育雏伞下温度上升至 35℃，一般要求鸡背高度温度在 32 ~ 35℃，每个育雏伞下放 500 ~ 600 只种雏，根据鸡舍温度和鸡群表现将育雏伞调整到合适的高度。使用保温伞温差育雏法（彩插 7），使不同的雏鸡在小范围内找到自己舒适的区域（表 3 - 7），既可防止雏鸡脱水，又利于开食。

表 3 - 7　保温伞育雏温度

| 日龄 | 室温（℃） | 伞边缘温度（℃） | 距伞边 2m 的温度（℃） | 相对湿度（%） |
|---|---|---|---|---|
| 0 | 30 | 32 | 29 | 60 ~ 70 |
| 3 | 28 | 30 | 27 | 60 ~ 70 |
| 6 | 27 | 28 | 25 | 50 |
| 9 | 26 | 27 | 25 | 50 |
| 12 | 25 | 26 | 25 | 50 |
| 15 | 24 | 25 | 24 | 50 |
| 18 | 23 | 24 | 24 | 50 |
| 21 | 22 | 23 | 23 | 50 |
| 24 | 21 | 22 | 22 | 50 |
| 27 | 20 | 20 | 20 | 50 |

（2）整栋加温法　采取整栋供暖加温方法育雏（彩插8），即使用加温系统将整个鸡舍温度升到32～35℃。

（3）对比　采用温差育雏法能促使雏鸡自我选择合适的温度范围，以便于更好的及时调整温度，提高育成及产蛋期种鸡的抵抗力，冷应激耐受能力强。

### （五）药物疫苗准备

应有专门的药物疫苗贮存和配货室，其中，药物按不同种类应分开存放，如青霉素类、氨基糖苷类、氯霉素类、大环内脂类等，还包括一些中药制剂、葡萄糖、多种维生素等。育雏期选择副作用小、比较温和、广谱的药物，如氧氟沙星、丁胺卡纳，同时注意剂量正确使用，切勿随意加大剂量，因为雏鸡肠壁较薄，很容易使肠道组织受损。由于育雏期疫苗较多，应及时准备好最近需要使用的疫苗，采取合适的保存方法，根据当地流行病学和结合自己鸡场的情况，制定合适的免疫程序。

### （六）饲料饮水和人员准备

预备适量的颗粒破碎育雏料，蛋白质19%，能量11 704kJ/kg。准备前3d的温开水，水温在28℃左右，使种鸡到场就能饮水，随日龄的增长，逐步换成凉水。育雏期间工作量较大，晚上还需值班，为确保工作顺利进行，应配备充足的育雏人员。在雏鸡到场前一周，管理人员要对员工做好育雏知识的培训，对强制饮水、加料、免疫操作等具体工作进行细致讲解和演示，帮助员工尽早掌握各项工作的操作方法，提高饲养管理技能。在日常工作中，管理人员要重视现场指导，对不当做法及时进行纠正，达到科学化管理、规范化操作。

### （七）封场和鸡舍预温

在进鸡前至少提前3d进行封场，封场时要求备齐育雏需的所有物品，参加育雏的人员全部到位。在育雏期间应避免无关人员进出场，即使技术管理人员也必须减少进场次数，因生产需要必须进场时，应严格按照消毒程序执行并登记备查。鸡舍提前预温，有利于鸡舍地面、墙壁、垫料等在雏鸡到达前有足够的时间吸收热量，而垫料温度对雏鸡早期的成活率至关重要。同时提前预温还有利于排除残余的甲醛气体和潮气。一般情况下，建议冬季育雏时，鸡舍至少提前3d（72h）预温；而夏季育雏时，鸡舍至少提前一天（24h）预温。若同时使用保温伞育雏，则建议至少在雏鸡到场前24h开启保温伞，使雏鸡到场时，垫料温度达到29～31℃。

### （八）雏鸡入舍前的准备

应事先与供种公司约定雏鸡计划到场的日期、时间以及数量，这将确保育雏工作准备到位，雏鸡入场时应尽快搬运并入舍。应计划好雏鸡入舍的工作，使来源于不同种鸡群的雏鸡分开育雏。如分开育雏一直到 28 日龄（4 周）分栏，来源于年轻种鸡群的雏鸡更容易达到标准体重。从孵化场到种鸡场，雏鸡应使用环境控制的运雏车运输。运输途中调整好温度，保持雏鸡肛门温度在 $39.4 \sim 40.5℃$。注意运雏车设计不同，要求的温度控制设定可能也不同，相对湿度应在 $50\% \sim 60\%$。每 1 000 只雏鸡最少应提供 $0.71 m^3/min$ 的新鲜空气。如运雏车没有空调系统且只能通过通风给雏鸡进行降温，可能需要较大的通风量。

### （九）育雏方法

目前的育雏方法主要有地面平养、网上平养和笼养育雏，应据各场实际情况采用合适的育雏方法（表 3 - 8），现在，一些大型养殖场采取网上平养育雏，获得较好的育成率，这一育雏方法也逐渐走向成熟。

表 3 - 8  育雏方法

| 育雏方法（饲养面积） | 优 点 | 缺 点 |
| --- | --- | --- |
| 地面平养（20 只/m²） | 方法普遍，操作方便 | 疾病容易滋生 |
| 网上平养（30 只/m²） | 鸡舍干净，减少病菌 | 操作不方便 |
| 笼　养（40 只/m²） | 节约饲养面积，便于管理 | 存在温差，笼养病控制 |

## 三、雏鸡管理

雏鸡获得良好开端是日后鸡群获得健康、动物福利、均匀度及良好生产性能的基本保障。雏鸡管理从 1 日龄起就应成功地建立良好的采食和饮水习惯、为雏鸡提供正确的环境和饲养条件，充分满足雏鸡的各种需求。种鸡发挥最大的遗传潜力取决于环境、营养和健康 3 个因素，三者相互依存，任何一方面的不足都会对其他方面造成负面影响。几乎没有时间来弥补不良的开始造成生长的损失，前 24h 不良的管理，会失去 $2\% \sim 4\%$ 的生产性能。

### （一）同时开水开食，培养早期食欲

长途运输的雏鸡入舍后，应同时给水给料，以培养早期食欲。如饮糖水，浓度为 3%，最好不要超过 5%，以缓解运输应激。如糖水浓度高或饮用时间太长（2 ~ 3d），易出现糊肛现象。糖水饮 2 ~ 4h 后饮水器应洗净，否则易造成细菌繁殖，饮水器应 4 ~ 6h 擦洗一次。最初应不停地教雏鸡饮水，并使所有的雏鸡都能喝到水。雏鸡入舍后应分别抽取 3% ~ 5% 的公母鸡用电子秤称初生重。为避免暂时营养性腹泻，首次喂料可喂给 4g 八成熟的小米或玉米面

（够4h吃完即可），采食至4h后，再喂饲料可明显减少"糊屁股"现象。一般初生雏的消化器官在孵化后36h才发育完全，此时消化器官容量小，消化能力差，因此应供给全价日粮。食欲培养对肉种鸡生产性能的提高起到至关重要的作用，生产实际中做好以下工作。

（1）尽早开水开食 0~4d按种鸡的生长发育规律培养肉种鸡，此阶段是食欲培养阶段，过了这个阶段，食欲培养不好，肠道发育不良，影响均匀度及生产性能甚至终身。肠道总长度的绝大部分在前5周完成，早期良好的生长能刺激较长的肠道，早期生长影响骨骼厚度、器官大小并与体重相关。前5周骨架发育完成50%，把胫骨长作为骨架均匀发育的指标。在育雏区域铺上垫纸并扩大采食面积有利于早期开食，特别是入舍后前24h，在纸上撒上少许饲料，经常刺激其本能的啄食行为尤为重要，如图3-2和图3-3所示。雏鸡开食以后的一段时间内，雏鸡会感到饥饿，这说明雏鸡应有良好的采食且嗉囊充满饲料。雏鸡到场8h应在鸡舍3~4个不同位置分别抽样30~40只鸡检查采食饮水情况，饱嗉囊鸡所占的比例应达到80%以上。采食推迟的鸡群不仅会影响生产性能（表3-9），也会造成体重不均匀。

表3-9 推迟给水给料对雏鸡的影响

| 日龄（d） | 项目 | 试验组* | 对照组 | 实验比较对照 |
|---|---|---|---|---|
| 1 | 平均体重（g） | 48 | 48.6 | +0.6 |
| 8 | 平均体重（g） | 141.97 | 135.14 | +6.83 |
| | 周增重 | 93.97 | 86.54 | +7.43 |
| | 腺胃加肌胃重量（去内容物）（g） | 6.789 | 6.513 | +0.276 |
| | 肠道重量（去胰脏没去内容物）（g） | 14.183 | 13.063 | +1.12 |
| | 肠道长度（cm） | 87.316 | 80.708 | +6.608 |
| | 心脏重量（没去内部血凝块）（g） | 1.379 | 1.171 | +0.208 |

*试验组为出雏当天（下午16：00）开水开料；对照组为限饲，第2天上午10：00（间隔18h）给水，下午15：00（间隔24h）给料

（2）勤匀料 上料后的主要工作是赶鸡吃料，人多走动，勤赶鸡，动作应轻，引鸡多采食，不停巡视鸡群，观察雏鸡饮水和啄食饲料的情况，把不喝水也不啄食的雏鸡挑出单独饲养，不能嫌烦琐。发现开食盘中的料不均时及时匀料，不仅有利于刺激食欲，还有利于保持充足有效的料位。

（3）及时清理料盘中的垫料和鸡粪，勤换开食盘 每次给料时更换成洁净的开食盘，旧开食盘清理消毒后晾干备用。及时清理料盘中的垫料和鸡粪，保持饲料的清洁卫生；检出料盘中的垫料放在编织袋中，切记，剩料不能撒在

图 3 - 2　整栋鸡舍育雏

图 3 - 3　保温伞育雏

垫料上，也不能把清理料盘中的粪便倒在鸡床下。料盘应放置水平，如不平会造成饲料堆积在低处，降低采食位置且易浪费饲料。

（4）少喂勤添　雏鸡喂料应坚持少喂勤添的原则，最初几天，日喂 6～8 次，夜间适当提高温度，减少喂料次数。要求上料次数的目的，一是每次加料都有刺激雏鸡吃料的功效，有利于保证鸡群采食均匀和采食更多的饲料促进早期发育；二是尽最大可能减少洒料浪费。一般情况下前期上料，第一次上全天料量的 25%，以后每次添加全天量的 10%～15%，两次上料的间隔时间大约为 2h，上料后轻赶鸡群使其采食。分栏饲喂，每栏鸡数一样，留一个活动栏；每栏每次加料一样，每天的剩料倒出称量放在各自围栏外边，次日加上，不能混合；确保每栏的鸡数准确。

（5）不断料 让雏鸡从 1d 开始自由采食，并从 1d 开始记录饲料采食量，保证自由采食向限制饲喂的平稳过渡，喂料量只能增加不能减少。加料时，前边合旧料，后面加新料，新旧料交替分布，保证种鸡在有光的时间内有料吃，不断料。

（6）保证饮水供应 雏鸡饮水应坚持不限量不间断的原则。鸡群一旦开水后，在光照时间内要尽可能长时间、无限制的为其提供饮水，确保不断水，同时应保持水质良好。为便于雏鸡饮水，每 1 000 只雏鸡需要 25 个 4kg 的真空饮水器，除了数量足够外，还应分布均匀，若数量不足或排布凌乱，健康的雏鸡也难以形成良好的习惯，影响生产性能的发挥。及时检查饮水情况，每次的加药水满 4h 后应及时换掉。

（7）提供充足有效的料位和水位 促使鸡群同时采食并采食到同等料量以及饮到充足的水。使用乳头饮水器时每个乳头可满足 8～12 只雏鸡饮水，使用链条式喂料器每只雏鸡需要 5cm 料位。尽量保证公母鸡使用不同的饲喂器具，并掌握好各自的密度和料位，料位不足时应通过添加料盘来补充，确保鸡群都能同步发育。饮水器和喂料器排布有序合理，相互之间保留一定间隔，以利于鸡只活动方便，各个料盘的料量一样，每个料盘中的料量均匀一致，如图 3-4 和图 3-5 所示。链槽式饲喂和盘式饲喂系统安装时料线间距至少应在 1m 以上，确保鸡只方便且均匀地采食。如采食位置不够，将降低其生长速度，并造成均匀度差；饲料分配不均，会降低生产性能，并且由于争抢饲料造成鸡群刮伤的比例增加。随时调整饲喂器的高度，如喂料量调整不好，会造成饲料溢出，当这种情况发生时，饲料转化率会受到影响，而鸡吃到溢出的饲料，也会增加细菌感染的风险。

（8）及时扩栏 随周龄增长，应逐渐扩栏，确保饲养密度适宜，饲养密度不仅关系到鸡群的运动量大小，更重要的是关系到采食和饮水的均匀及通风换气等因素。密度过大时会导致环境恶化、采食不均、影响均匀度。雏鸡入舍时，饲养密度大约为 20 只/m²，至 28d 降至 6～7 只/m²。

**（二）育雏饲养环境**

确保温度、湿度、通风、光照、垫料、空气质量、饲养密度等能满足雏鸡的生理需求。

**（三）饲料营养**

饲料营养成分对种鸡生产性能的影响要超过其他管理因素。应为种鸡提供全价饲料，以满足其各阶段生长发育的需要，在不影响种鸡福利的情况下，获

图 3-4　加料不均匀

图 3-5　料盘中的料分布不匀

得最佳的饲料效果。

**（四）饲喂饮水管理**

（1）达到 4 周末体重　为了获得最高生产性能，7～14d 的体重应达到或超过体重标准。不达标的鸡群骨骼及羽毛发育不良，均匀度较差，以后也很难达标，均匀度将进一步恶化；这将导致鸡群不能对光照刺激产生良好反应，从而影响种鸡的生产性能。4 周末空腹体重 420g，建议 410～450g，不低于

410g，不高于450g。如体重不达标，前4周可选用肉鸡颗粒破碎料或减慢缩短光照时间，不得已应延长育雏料的饲喂时间，以确保种鸡的骨架得到良好的发育。4周末不同大小体重的鸡只，其骨架体型是完全不同的，雏鸡4周龄体重的差异，必然导致以后各周龄参考体重的差异，因此，应使尽量多的鸡接近4周龄的标准体重。

（2）饲料可少不可断　第一周自由采食，第二周当每只母鸡每天消耗大约30g（应注意体重）饲料时开始每日限饲。育雏期喂料应连续，不要吃完料再给料，不能断料，并应保持饲料新鲜。

（3）以体重为基础　体重达标是肉种鸡饲养成败的关键，因此，应以体重的增长幅度随时调整饲喂量，可每周多称重几次。因不同的饲料质量会影响雏鸡的生长发育，所以，手册中的喂料量只是基于一定的营养水平，种鸡处于一定的饲养环境条件下得出的，它是指导性的，不能生搬硬套，建议的料量仅供参考。应依据体重增长的情况逐渐减少光照时间，以此来达到控制体重的目的。

（4）及时限饲　当鸡群吃料时间快于3～4h，应采用隔日或3/4限料。

（5）及早查因　在种鸡早期生长的任何阶段（0～28d），出现体重不达标或食欲不振时，要立即查明原因并采取相应措施，这样可避免育雏后期由于均匀度不好或重要生理器官发育受阻而产生的不良后果。

（6）高密度开食　在雏鸡入舍后的8～10h内采用70～80/m² 的饲养密度，如图3-6所示，使雏鸡开食时相互学着吃料，培养早期食欲，以取得良好的开端。

图3-6　高密度开食

（7）饮水器　应为种鸡配备足够的饮水器，并注意饮水器的高度和质量

（表3－10）。0～7日饮水器上边缘应与鸡背平；7～10日龄逐渐提高至底部与鸡背平。0～2d乳头饮水器高度应与鸡眼高；3d上升至45°角饮水，第4天逐渐提高饮水器高度；使鸡只至第10天时伸立脖颈饮水。从4日龄起逐渐更换小饮水器至普拉松或乳头饮水器，但不能一次性更换，应循序渐进。每日应清洁饮水器，在有光的时间不断水，注意避免饮水器漏水造成垫料或垫纸潮湿。

表3－10 家禽饮水的质量标准

| 混合物 | 最大可接受水平 | 备注 |
| --- | --- | --- |
| 总细菌量 | 100/ml | 最好为0/ml |
| 大肠杆菌 | 50/ml | 最好为0/ml |
| 硝酸盐 | 25mg/l | 3～20 mg/l的水平有可能影响生产性能 |
| 亚硝酸盐 | 4mg/l | |
| pH值 | 6.8～7.5 | pH值最好不要低于6，低于6.3就会影响生产性能 |
| 总硬度 | 180 | 低于60表明水质过软；高于180表明水质过硬 |
| 氯 | 250mg/l | 如果钠离子高于50mg/l，氯离子低于14mg/l就会有害 |
| 铜 | 0.06mg/l | 含量高会产生苦的味道 |
| 铁 | 0.3mg/l | 含量高会产生恶臭味道 |
| 铅 | 0.02mg/l | 含量高具有毒性 |
| 镁 | 125mg/l | 含量高具有轻泻作用，如果硫水平高，镁含量高于50mg/l则会影响生产性能 |
| | | 如硫或氯水平高，钠高于50mg/l会影响生产性能 |
| 钠 | 50mg/l | 含量高具有轻泻作用，如果镁或氯水平高，硫含量高于50mg/l则会影响生产性能 |
| 硫 | 250mg/l | |
| 锌 | 1.50mg/l | 高含量具有毒性 |

（8）饲喂器0～3日龄应至少铺设90%的垫纸覆盖地面开食，防止雏鸡采食垫料，在纸上发出的声音可刺激雏鸡啄食。提供充足的有效的料位和水位，应特别注意料、水分布均匀，使雏鸡在1m的范围内都能吃到料喝到水。料器和水器应摆放合理，彼此间应留有两个鸡的位置，以利于雏鸡自由活动，如图3－7、图3－8和图3－9所示。雏鸡入舍后1～2h就能适应新的环境，应经常检查，使所有的鸡都易采食和饮水，并随日龄增加，逐渐增加料盘和饮水器数量。采用温差育雏时，围栏高度为40～50cm，电热育雏伞围栏直径3～4m，红外线燃气育雏围栏直径5～6m，并随日龄增长逐渐扩栏。

（9）棚架育雏 采用2/3棚架育雏时，如图3－10所示，应在棚架上铺设通透性强的遮阳网或塑料布，上面再铺5～7cm的垫料，并在过道端安装

图 3 - 7 料器和水器摆放不合理

图 3 - 8 在开食区域铺设垫纸

图 3 - 9 注意垫纸卫生

60～80cm 高的隔离网，防止雏鸡掉到地面上，除料槽下保留 20cm 宽的塑料布外,其余剪掉,如图 3 – 11 所示。使用此方法育雏时,如棚架质量和管理跟不上,易引发腿病,影响球虫疫苗免疫效果。通常 16 ~ 18 周再安装棚架。有关棚架的制作见图 3 – 12,有的厂家使用竹制棚架或塑料棚架,如图 3 – 13 所示。

图 3 – 10　棚架育雏

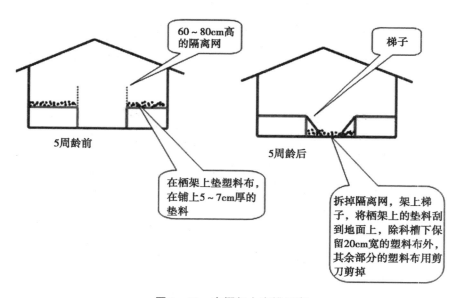

图 3 – 11　在棚架上育雏示意

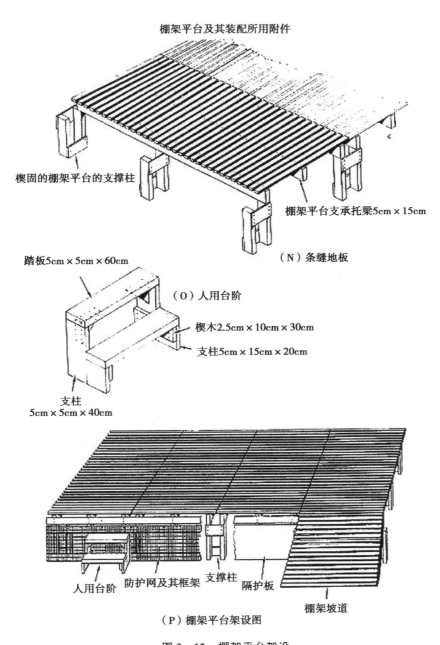

棚架平台及其装配所用附件

楔固的棚架平台的支撑柱

棚架平台支承托梁5cm×15cm

（N）条缝地板

踏板5cm×5cm×60cm

（O）人用台阶

楔木2.5cm×10cm×30cm

支柱5cm×15cm×20cm

支柱
5cm×5cm×40cm

人用台阶　防护网及其框架　支撑柱　隔护板

棚架坡道

（P）棚架平台架设图

图3－12　棚架平台架设

图 3 – 13  塑料棚架

**（五）精确断喙**

5～7d 对种公鸡进行精确断喙或烫喙，孔径 4.36mm；刀片温度 650℃，呈暗樱桃红色，有效控制啄癖，防止饲料浪费。操作人员不要经常变动；断喙器的温度不能过高或过低、时间不能太长或太短、经常更换刀片。如断喙后雏鸡喙部出血的现象超过 2%，应及时调整刀片温度。断喙 12h 内，应经常不停巡视鸡群，发现流血，应立即止血并单独饲养；断喙前后 2d 在饲料或饮水中加入 $VK_3$ 有利于止血。

**（六）日常工作**

（1）加料加水和嗉囊检查  雏鸡加料原则是量少多次，育雏期间特别是第 1 周，要求一天加 6～8 次，随雏鸡采食速度的加快，适当增加每次加料量和减少加料次数。0～4 周建议料量参照表 3－11，注意料量增加和减少要与体重相结合。

表3-11　0~4周建议母鸡料量

| 1周(日龄) | 料量*(g) | 2周(日龄) | 料量(g) | 3周(日龄) | 料量(g) | 4周(日龄) | 料量(g) |
|---|---|---|---|---|---|---|---|
| 1 | 8 | 8 | 25 | 15 | 35 | 22 | 37 |
| 2 | 10 | 9 | 27 | 16 | 35 | 23 | 37 |
| 3 | 12 | 10 | 29 | 17 | 35 | 24 | 37 |
| 4 | 14 | 11 | 31 | 18 | 35 | 25 | 37 |
| 5 | 17 | 12 | 33 | 19 | 35 | 26 | 37 |
| 6 | 20 | 13 | 33 | 20 | 35 | 27 | 37 |
| 7 | 23 | 14 | 33 | 21 | 35 | 28 | 37 |

*一般第一周是自由采食，表中第一周数据也是根据自由采食统计出来的，一般第二周末体重达标后第三周进行控料，加料幅度除参考手册标准外，还应考虑体重和增重，确保加料到位，合适。公鸡自由采食

（2）及时扩栏　随鸡只日龄的增加，需根据情况及时扩大围栏，采取逐步扩大能使鸡只熟悉环境，增加活动面积，提高鸡只体抗力，一般到第四周扩大到6~7只/m²。

（3）报表填写　统计的采食量、存栏数、死淘数，需真实可靠；接种疫苗或用药种类、厂家、生产日期、批号应在报表中填写清楚；体重、均匀度、周增重应以周报表统计出来，做好曲线图的绘制。

**（七）从第一周开始重视均匀度的控制**

愈早控制均匀度，对种鸡的生长发育愈有利。断喙时把小鸡分开单独饲养，并增加10%~30%的料量，以期4周末体重达标；提供充足的料位和水位，合理的饲养密度；选用分度值小5g的电子秤在3~4周对全群按大、中、小分群；每周按时称重，及时扩群；保证饲料质量稳定可靠；创造鸡舍良好的小气候环境，减少各种应激发生；布料快而均匀；应用球虫疫苗预防球虫病的发生等有助于获得理想的均匀度。在实际生产过程中，有很多用户反映高峰产蛋率上升速度慢或者根本达不到产蛋高峰，经现场观察种鸡个体间的差异较大，均匀度不高或者很差，导致大鸡越来越肥，而小鸡发育不良，严重影响产蛋率。为了提高肉种鸡的生产性能，从第1周开始就应重视均匀度。

（1）适时开水开食　经验证明，雏鸡越早得到饲料和饮水早期会得到更好的生长发育和体重均匀度。

（2）培养早期食欲　在最初的96h，雏鸡想吃东西，但不认识饲料，因此必须帮助它们，如在最初4d雏鸡未形成良好的食欲，易造成以后均匀度差；让饲料更有趣，最初96h应使用颗粒破碎料，但不能太细。

（3）挑选弱鸡　建议每栋鸡舍准备弱雏栏，无论在加料或是换水及接种疫苗时，如发现体质较弱或比较瘦小的鸡应放进弱雏栏中单独饲养，这些鸡在大群中很容易因挤压、脱水或采食饮水不充分而死亡，放进弱雏栏中增加采食和饮水位置，多加照看，必要时还可单独用药，能减少损失。饮水采食2h检查嗉囊，看鸡饮水采食情况，直至雏鸡全部饮水吃料为止；如开水开食4h仍有未完全饮水吃料的鸡，必须检查光照、饮水器高度、采食饮水位置等；雏鸡开水开食8h应逐只挑选鸡只，把不吃不喝、只吃不喝、只喝不吃和其他有缺陷的鸡挑出单独饲养。

**（八）确保育雏成功**

育雏不当造成的后果是成活率低、均匀度和生产性能差。为确保育雏成功，生产实践中应采取以下措施。

（1）出雏后尽早转入鸡舍　雏鸡出雏后最好6～8h入舍，将雏鸡轻轻放入育雏区域，入舍后应及时得到饲料和饮水；出雏到入舍如无料水，雏鸡体重每24h会损失4g左右，炎热气候条件下会更为严重。计划好出雏时间使雏鸡在较凉爽的时间段或夜间入舍。雏鸡到场时进行个体抽样称重，了解入舍时的变异系数。1～14d免疫系统处于发育过程，卵黄中含有母源抗体，尚未完全具有体温调节功能，饲料转化率最高，前14d雏鸡受到应激会影响其均匀度和生产性能，前2周所受到的影响可能要到生产后期才显现出来。

（2）提供全价营养　公母鸡前4周使用育雏料，以拉大骨架。研究表明饲料物理性状和质量差会严重影响肉鸡的生产性能，出栏体重下降20%，料肉比下降4.9%（表3-12）。

表3-12　不同的饲料类型对鸡群的影响

| 项　目 | 不同日龄活重（g） | | | 不同日龄料肉比 | | |
|---|---|---|---|---|---|---|
| 日龄（d） | 10 | 21 | 31 | 10 | 21 | 31 |
| 对照组 | 297 | 975 | 1 972 | 1.39 | 1.53 | 1.63 |
| 粉料组 | 264 | 797 | 1 579 | 1.54 | 1.67 | 1.71 |
| 混合组 | 287 | 916 | 1 835 | 1.42 | 1.60 | 1.69 |
| 交替组 | 284 | 812 | 1 872 | 1.42 | 1.65 | 1.74 |

（3）公母分开育雏　可为种公母鸡采用不同的料量进行饲喂，更有效的控制体重和丰满度；为种公鸡在育雏初期提供更多的光照，促进其早期生长，以获得较大的骨架发育，并有助于生物安全。早期育雏影响胫长，早期采食量的多少影响增重。

（4）正确饲喂　饲喂高质量的育雏料，饲料形状和摄入量非常重要（表3-13）。7d体重不足及均匀度差的主要原因是早期采食量不足。提供足够的料盘及充足的料量，育雏区域90%以上的面积覆盖垫纸，如使用稻壳则100%铺上垫纸，垫纸质量要有保障，以防饲料浪费。如喂料器或料盘内总是堆满雏鸡，说明料盘数量不够。采食位置不足或饲料量不够会影响雏鸡的采食量及其体重和均匀度（表3-14），在第一周末后利用3~5d的时间逐步撤走食盘。饲料应靠近饮水位置。

表3-13　粉料和颗粒破碎料对比

| 系　别 | | D 系 | C 系 |
|---|---|---|---|
| 7d 的体重 | 标准 | 130 | 150 |
| | 粉料 | 109 | 124 |
| | 颗粒料 | 128 | 155 |

表3-14　饲料消耗　　　　　　　　　　　　（单位：g）

| 干球温度（℃） | 相对湿度（%） | | | | | |
|---|---|---|---|---|---|---|
| | 37 | 49 | 56 | 67 | 73 | 82 |
| 32.2 | 44 | | 40 | | | |
| 27.2 | | 56 | | | 50 | |
| 22.2 | | | | 61 | | 47 |

（5）保持种鸡均匀生长　均匀度是反映育雏管理好坏的指标之一，体重均匀度越高，骨架均匀度越好，将来体况均匀度也越好；育雏期均匀度越高，对下一阶段的管理更容易；该阶段饲料转化率最好，更容易通过调整料量以提高均匀度；母鸡可以尽早分群，不要晚于21~28d进行全群分栏。同时应选择合适的饲喂程序，确保种鸡在1~4周摄入足够的饲料量、能量和蛋白质，以保持种鸡均匀生长。重视饲喂程序对均匀度的影响见表3-15，早期蛋白对均匀度的影响见表3-16、表3-17和表3-18。

表3-15　饲喂程序对鸡群均匀度的影响

| 周龄 | A 公司 | | B 公司 | |
|---|---|---|---|---|
| | 料量（g/d） | 均匀度（%） | 料量（g/d） | 均匀度（%） |
| 1 | 自由 | 84 | 自由 | 83 |
| 2 | 39 | 86 | 27 | 71 |
| 3 | 45 每日 | 88 | 33 隔日 | 70 |

表 3 – 16　蛋白的消耗对鸡群均匀度的影响（28d）

| 28d 累计蛋白（g） | 平均 | | 体重最差的 25% |
| --- | --- | --- | --- |
| | 体重（g） | 变异系数（%） | |
| 209 | 545 | 11 | 463 |
| 178 | 431 | 12 | 286 |
| 164 | 431 | 20 | 318 |
| 159 | 476 | 25 | 400 |
| 149 | 395 | 29 | 277 |
| 140 | 409 | 23 | 259 |
| 136 | 386 | 25 | 263 |
| 127 | 363 | 30 | 231 |

表 3 – 17　蛋白质摄入量对高峰产蛋量的影响

| 28d 蛋白质摄入量（g） | 99 | 137 | 170 |
| --- | --- | --- | --- |
| 33 周产蛋数（枚） | 36.7 | 38.9 | 40.1 |

表 3 – 18　28d 蛋白消耗对生产性能的影响

| | 最好公司 | 最好 25% | 最差 25% |
| --- | --- | --- | --- |
| 蛋白质（g） | 171.8 | 153.5 | 134.6 |
| 可孵蛋（枚） | 165.9 | 161.6 | 131.5 |
| 死淘率（%） | 12.5 | 11.2 | 20.4 |

（6）细节管理　①7d 龄体重检查。7d 体重非常关键，如管理或环境因素限制了雏鸡的采食和饮水，雏鸡不会有良好的生长发育，其生产性能就会受到影响。现代肉雏鸡 7d 体重潜力是 182g 左右，年轻种鸡群所产雏鸡的体重会略低，7d 体重应是雏鸡初生重的 4～5 倍，7d 体重每增加 10g，35d 的体重就会增加 40～60g。②检查雏鸡。雏鸡入舍 2h 后抽取 100 只检查鸡爪温度，将鸡爪放于颈部或脸部，如果感到鸡爪较凉，重新评估预温情况。同时检查雏鸡嗉囊内容物，嗉囊应充满饲料和水，不应空瘪；较硬表明饮水不足；较软表明有水但没料。

（7）如何评估育雏管理成功　①监测均匀度。监测并记录同一鸡群 1d 和 1～4 周的均匀度，通过对鸡群变异系数的评估判断育雏工作的好坏，雏鸡到场时的变异系数一般为 7%～8%；1～4 周期间变异系数如大幅降低，则说明育雏期管理存在问题；目标是 1～4 周每周的的变异系数和 1d 基本一致。② 1

周死淘率。管理良好的鸡群 1 周死淘率不应超过 1%，2 周内的死淘率不应超过 1.6%。③嗉囊饱满度。雏鸡入舍 60h 和 72h 后嗉囊饱满度达到 100% 十分重要。④ 1 周体重和标准比较。确保达到 7d 体重标准，1 周体重和标准比不能差异过大、均匀度良好。只有同时达到上述条件，才说明开水开食成功，雏鸡生长发育良好。

# 第 二 节 育 成 期

肉种鸡育成期（5～24 周）是关键。育成期的目标是培育健康、适宜种用的后备种鸡。育成期的管理要素是通过料量的控制确保体重达到标准要求和 10 周后均衡的周增重达标、严格抓好均匀度并维持、光照时间和强度都不能随意增加和加强、强化饲养管理的各个细节，防止疾病的发生等。

## 一、育成前期（5～10 周）

重点是体重和体型均匀度的控制，确保体重达标和公母鸡体型配比合乎标准要求。

### （一）均匀度控制

主要是体重均匀度、体形均匀度和自然均匀度控制等，较好的增重模式加上良好的体重体形均匀度，再配上合理的光照刺激，才能取得较好的产蛋性能。

（1）目标 缩小鸡只个体间的差异，使鸡群同时达到性成熟，准时开产，高峰突出，便于管理。

（2）方法 对鸡群逐只称重，将鸡群分成大中小群，并饲以不同的料量，经 3～4 周将体重拉回标准。

（3）分群 断喙时挑出小鸡，分栏饲养，延长育雏料饲喂时间或减慢缩短光照时间，完成"小"向"中"的靠拢。3～4 周时均匀度达到 80% 以上可不分，低于 70% 应全群称重；确定合理的中鸡体重范围，只有确保中鸡的体重范围，均匀度才能提高，并利用限饲日、免疫日、周末称重调整鸡群。分群越早越好，10 周以后不建议全群称重，若称重大群的周增重可能达不到要求，将影响性成熟。

（4）均匀度良好和达到标准体重同样重要 一般 1 日龄种鸡的变异系数为 8%～9%，如果不加以精心管理 21d 将会变成 10%～13%，42d 将大于 15%。预防种鸡出现均匀度的问题比已出现问题，再采取措施加以改正，其生产价值和经济实效性更高。

**（二）体重控制**

以体重为基础，以累积能量和蛋白为标准，参考标准料量。4 周前确保体重达标或略超标，5～10 周体重沿标准曲线发展。

（1）原则 各舍、各栏的鸡数要准确；饲料计算、抽样称重要正确，并有专人负责；避免设备漏、洒料；根据死、淘情况及时减料；加料要循序渐进，瞻前顾后；做好各舍及各栏的体重、周增重、料量、死淘曲线并认真做好分析。

（2）分栏饲养 10 周后切勿再做任何分栏工作，也不要对各栏内的鸡群进行互换，此时鸡体的骨架基本定型。经验表明，体重每低 50g，在恢复到正常加料水平之前，每只鸡每天需要额外增加 54.34kJ 的能量，才能在 1 周内恢复到标准体重。

**（三）体型配比**

育成前期公母鸡体型配比的好坏对受精率会产生重要的影响，因此，应确保体型配比合乎标准要求。

## 二、育成后期（11～24 周）

重点是均匀度的维持、11～24 周确保群内和栏内均衡的周增重和增重率达标、体型形态发育良好、换羽整齐、性成熟一致。

**（一）均匀度的维持**

育成后期由于鸡群的竞争性采食行为增强，均匀度更难维持，均匀度维持不好，会对将来的产蛋造成影响（表 3－19）。保持充足的料位和较低的料盘高度，有利于维持好均匀度。

表 3－19 某公司育成后期均匀度的维持对产蛋高峰的影响 （%）

| 批次 | 舍号 | 0～10 周均匀度 | 11～24 周均匀度 | 高峰产蛋率 |
|---|---|---|---|---|
| 001 | A | 77 | 80.4 | 87.1 |
| 001 | B | 80 | 80.7 | 88.3 |
| 002 | C | 80 | 75 | 83.5 |
| 003 | D | 90.7 | 83.3 | 84.5 |
| 004 | E | 90.4 | 90.1 | 87.4 |
| 004 | F | 76.7 | 85.6 | 88.4 |

**（二）体重控制**

11 周后实际体重按标准走，确保群内和栏内足够的周增重、总增重和增重率达标。此阶段适宜的周增重可以确保种母鸡的性成熟发育一致。如周增重和均匀度没有遵循体重标准曲线平稳转换，15 周到光照刺激期间，性成熟均匀度很容易被破坏。

**（三）体型形态的评估。**

# 第三节　预产期

在肉种鸡的整个生命周期中，预产期（通常是指 18～23 周）主要是满足种母鸡性成熟时的各种生理需要，为即将到达的性成熟做好准备，尽可能缩小母鸡群性成熟的差异。确保种公鸡的生长发育达到最佳状态，保持种公鸡在整个产蛋期的繁殖性能，尽可能缩小种公鸡群体中性成熟的差异。维持种公母鸡体重的平稳增加和生殖系统的发育，确保此期间周增重达到目标要求，为种鸡以后的一生提供足够的肉体和脂肪储存，在光照刺激开始前保证鸡群达到周龄和生理条件的成熟。种鸡在预产阶段，体内会发生较大的生理变化，肝脏体积增大且合成机能增强、内分泌机能旺盛、骨钙沉积和体重增加加快、生殖系统快速发育等，经受较强的生理应激，其抵抗力会因此而下降且易发病。肉种鸡预产期是非常短而关键的阶段，技术性和技巧性都极强，此阶段饲养管理的好坏，对于母鸡能否适时开产，达到较高的生产水平，维持较长时间的产蛋高峰期以及以后的蛋壳品质；对于种公鸡获得较高的受精率并维持之等都有决定性的影响。

## 一、正确控制体重

预产期体重是体成熟的一个重要标志。预产期体重快速增加，6 周内种母鸡增重约 870～930g，种公鸡增重约 955g，此期间体重的增加对产蛋高峰后期的维持是十分关键的，若增重达不到标准，则会影响产蛋率和总的产蛋量。预产期容易出现的问题主要是均匀度维持不好，后期周增重和总增重不够。

**（一）确保预产期体重达标**

严格控制实施喂料计划及增料幅度是控制种鸡体重的关键。在 15 周至光照刺激阶段是影响母鸡开产早期蛋重、可孵化蛋数量、产蛋高峰前的饲料量和产蛋高峰的关键时期。特别是在 19 周以后，要防止体重偏离标准。

（1）体重不能过低　如 17 周后，实际体重与标准差 5% 以上，体重生长将受到抑制，母鸡的繁殖性能就会因性成熟不均匀而下降，19周以后体重没有按照目标增幅增长，是种母鸡繁殖性能低下的一个常见原因。由此会造成种鸡体型小，16～22周饲料效率降低、开产推迟、开产前期蛋重偏轻、不合格蛋及畸形蛋比例增加、受精率下降、抱窝倾向增强、均匀度差、母鸡偏瘦，产蛋率会推迟或不产蛋。

（2）体重不能过高　如15周至光照刺激阶段实际体重超过标准5%以上，会使种鸡体型大，性成熟和体重均匀度较差，将导致种母鸡早产、蛋型较大、不合格蛋比例增加、料量增加、产蛋高峰低、总产蛋量减少、受精率下降、产蛋期饲料效率降低、由于脱肛造成鸡群死淘增加。母鸡过肥，卵巢发育会过盛，导致双黄蛋率过高，影响到产蛋高峰，而且对高峰后的产蛋率造成持续性的影响，特别是宽胸型品系。

（3）母鸡饲喂准确与否，体重是最重要的指标　很多公司并没有把体重控制当成一个重要的管理工具。15～20周要求体重有较大幅度的增加，以满足激素分泌、生殖系统发育的需要；在光照刺激之前，要确保鸡只有良好的体形体况，并有适当的脂肪沉积，为性发育和光照刺激做准备。

**（二）确保周增重、总增重和增重率达标**

预产期体重应均衡增加，保证平稳周增重是原则，15～16周后增重加快，周增重很重要，它影响到性器官的发育，在性成熟时，卵黄开始蓄积，约9～12d卵泡达到成熟，到排卵前7d开始迅速上升，可增加16倍，从排卵的3d又缓慢。因此，性器官发育的好坏对提早或延迟开产周龄、性成熟同步性、产蛋上升快慢以及后期骨骼体型的发育都有影响。15周时体重超标，不能再压体重，应保证周增幅；一般情况下，16～21周日增19g，22～26周日增23g。为确保有效的增重，在15周时不管体重如何都应增加10%～15%的饲料量。

（1）预产期周增重、总增重和增重率应达标　确保性成熟前鸡群的周增重与体重标准曲线有同样的增幅增长。体增重的增加情况和第二性征的发育状况是判断鸡群生长发育进展的指标，应保证群内和栏内足够的周增重、总增重和增重率达到标准要求。这个阶段，在不影响均匀度的情况下，可通过增加饲料量促进母鸡的生长，满足不同增长的周增重要求。此阶段适宜的周增重可以确保种母鸡的性成熟和向产蛋期平稳过渡。

（2）注重体重和周增重两条曲线　种鸡在15～24周的周增重是必须的，所有的体重纠正都应是逐渐的。种鸡管理人员必须在15周时对实际体重与目标体重进行比较，重绘平行于标准曲线的生长曲线，确保鸡群平稳地向性成熟进行生理转换。实际生产过程中，许多用户只注重周末体重，而对每周平稳周增重的重要性认识不足，尤其是预产期正是生殖系统发育的关键时期，它关乎生产性能的高低，有些不明原因的产蛋高峰不高，在排除饲料和疾病外，很可能就是此因。

## 二、合理控制均匀度

预产期不仅要保持鸡群体重和性发育方面的均匀度，而且要使种公母鸡的性成熟协调一致。均匀度的控制主要是体重和体型均匀度的维持、肌肉丰满度、换羽的整齐度、抗体水平、外观、性成熟的均匀度等。由于预产期种鸡的竞争性采食行为增强，均匀度更易出现两级分化，所以，应注意保持充足有效的料位，但也不能过多（表3-20）、提高加料速度等来维持均匀度的持续稳定，以确保鸡群的体重与性成熟的一致性和同步性。

表3-20　料位对产蛋性能和死淘率的影响

| 料位（cm/只） | | 产蛋性能 | | | |
| --- | --- | --- | --- | --- | --- |
| 育成期 | 产蛋期 | 平均每只入舍母鸡产蛋数（枚） | 平均日产蛋率（%） | 母鸡死淘率（%） | 公鸡死淘率（%） |
| 7.1 | 10.4 | 169.2 | 61.7 | 10.9 | 42.9 |
| 7.1 | 6.1 | 175.3 | 62.9 | 6.9 | 28.6 |
| 10.7 | 10.4 | 181.2 | 65.0 | 5.9 | 35.7 |
| 10.7 | 6.1 | 168.3 | 61.5 | 9.8 | 28.6 |

## 三、其他管理

肉种鸡预产期由于转群、疫苗接种等应激因素较多，再加上生长发育的负荷较大，造成这段时期死淘率较高，因此，有条件的尽量采用同栋鸡舍不转群连续饲养。

## 四、供给全价营养

肉种鸡在预产期迅速增重和发育，肌肉变得丰满，卵巢迅速发育，为产蛋作身体和营养上的贮备。为适应鸡只体重、生殖系统的生长和骨钙的沉积，在18~23周可使用预产料，适当提高饲料中的蛋白质、钙和维生素水平，同时做好饲料的逐渐过渡工作，因为鸡在一定时间内对饲料有很强的适应性，如突然改变饲料，易引起鸡的应激反应，严重者可诱发各种疾病。同时，有资料表明，预产期饲喂含钙日粮还有利于改善45周后的蛋壳品质。对于发育状况较差的鸡群，预产料饲喂应延长一周，以促进其生长发育。

## 五、减少应激

预产期有许多应激包括安装棚架、转群、安装产蛋箱、免疫操作特别是 AI、环境温度变化、换料、公母混群等，应特别关注。

### （一）安装棚架并转群

一般在 16~18 周安装棚架，18~21 周转群，为使种鸡有足够的时间熟悉和适应新的环境，减少环境变化而出现的应激反应，应将鸡群在开产前 2~3 周转入产蛋鸡舍，转群应安排在晚上进行，抓鸡要抓脚，不要抓颈抓翅，动作要轻而迅速；转群前后各 3d 在饲料或饮水中可添加抗菌药物及多种维生素；产蛋舍与育成舍的舍温要相近，不能悬殊过大，并要备足清洁饮水。

### （二）放置产蛋箱

一般在 18~22 周放置产蛋箱。

### （三）换料

一般情况下，18 周种母鸡由育成料换成预产料，23 周由预产料转换成产蛋料。24 周种公鸡由育成料更换成种公鸡料。

### （四）挑选鉴别误差公鸡

对母系的公鸡和公系的母鸡等鉴别误差的鸡均应挑出，如不挑选，属近交，商品肉鸡生长速度慢，同时个体差异大，均匀度差。

### （五）免疫操作要精细

预产期免疫频率较高，应坚持正确、准确、精确做好免疫工作，如 EDS、ND、IB、IBD、Reo、$AIH_5$、$AIH_9$ 等要注重免疫质量，不能只求速度。同时，应加强免疫前后的管理，通过改善饲养条件、添加营养物质和使用非营养性添加剂如寡糖或植物多糖、微生态制剂、使用中草药添加剂等来提高机体抵抗力。

# 第四节　加光至产蛋 5%

## 一、加光至产蛋 5%（23~25 周）的关键

确保周增重和增重率达标，检查种鸡的发育情况，做好开产前的准备工作，确定适宜的光照刺激时机等。

**（一）保持体重按标准增长**

在 20 周左右将大中小鸡彻底分开，确保每栏（群）鸡的周增重达标并按标准曲线平滑增长，避免曲曲弯弯的体重增长曲线；开产前 3 周的周增重非常重要，20 ~ 25 周是种公母鸡性成熟发育的关键阶段，15 周后应加大饲喂量以达到要求的周增重及体况，该阶段应经常评估鸡群以确定正确的光照刺激时间，饲喂过度或不足均会对鸡群的生产性能造成严重影响。

**（二）检查种鸡的发育情况**

检查换羽情况、母鸡丰满度、翅膀丰满度、体型评分、耻骨间距等。

**（三）做好开产前的准备工作**

（1）选留种公鸡 种公鸡要求健康、瘦而结实、体况良好、没有畸形、体重接近标准；淘汰腿、喙、背、体轻等不符合要求和多余的公鸡。将体重接近的公鸡混到同一栋鸡舍内；体重超过或小于标准的公鸡可作为后备。

（2）种公鸡穿鼻签 如有必要应在 20 ~ 21 周为种公鸡穿鼻签。为了更好的公母分饲，除了使用公母分饲系统外还利用鼻签来阻止公鸡偷吃母鸡料，控制公鸡体重，穿戴鼻签对公鸡生长不利，掌握正确的穿戴方法能减少对公鸡的损伤。公鸡鼻道是呈"U"字形的，所以，给公鸡穿戴鼻签时注意顺着鼻道方向，以免损伤鼻腔内组织造成伤害如呼吸困难、流血等。选择长度为 70mm 的鼻签，要求塑料表面光滑，中间有凹面；为减少对鼻道的损伤，起到消炎和润滑作用，可用红霉素软膏涂抹鼻签进行穿戴；注意鼻签的消毒，用 0.1% 新洁尔灭浸泡消毒 30min；操作过程中，两人配合，一人抓鸡，一人穿戴鼻签，动作要轻、慢、稳，且不可用蛮力，以免捏住鸡头时间过长，导致鸡只呼吸困难；穿好鼻签后，调整鼻签方向，使中间凹槽卡住鼻翼上端。

（3）公母混群 18 ~ 23 周可以一次性或分阶段混群，混群时公母比例为 9% ~ 11%，公鸡体重应是母鸡的 130% ~ 140%，比母鸡重 900g 左右。选择第二性征明显的如鸡冠大、红，脸红，脚胫直，关节无异常，喙闭合性好，羽毛完整、亮丽特别是颈部和尾部羽毛竖立，自信心和雄性特征明显的公鸡留作种用。①混群时间。如比较容易操作的话，种公鸡在晚上混入母鸡群中相对较好，但在两高一低鸡舍，如母鸡在棚架上育成，公鸡在中间育成，则应于 18 周左右混群，以提高早期受精率。②混群比例。根据公鸡状况来考虑混群比例，在公鸡数量充足的情况下，建议先混入 9% ~ 11%；如公鸡特别凶，混群后母鸡表现不愿接近公鸡，可以适当减少混入比例。如大群内性成熟存在差异，可先让性成熟的公鸡与母鸡混群，让未成熟的公鸡继续发育一段时间后再混群。混群后及时观察公鸡表现，根据表现及时调节混入比例。

（4）保持公鸡合理体重　两大应激影响公鸡生长，穿戴鼻签对公鸡无疑是较大的应激；混入一个新环境又是一个应激。避免公鸡体重忽高忽低，在实际生产中，往往混群后的公鸡体重没有增长反而下降，所以，在穿戴鼻签前一周，适当提高料量对以后的生长有利，如加喂 2g 饲料、增加多种维生素等。观察公鸡采食，给公鸡合适的采食位置和高度，种公鸡的采食位置不能过多，因为公鸡采食位置相对固定；合理的高度能防止母鸡偷吃公鸡料。要求在公鸡喂料器中料量均匀，防止料桶摆动影响采食。公鸡饲料中添加维生素 E，改善精液品质。掌握公鸡的采食时间能更好的判断鸡群状态。

（5）关注公鸡打斗情况　公鸡天生好斗，特别是在混群后建立群体次序时，往往打得头破血流，有的甚至被打死，在混群后的一个月需经常观察，及时挑出打斗鸡只，对伤口进行消毒止血处理如用甲紫溶液或和其他小棚内公鸡调换，以达到停止打斗的目的。给公鸡戴眼罩能有效抑制打斗行为。混群后 2 个月左右，公母次序建立好了后，打斗现象会有所减少。

（6）混群后的管理　混群后经常观察料桶（槽）高度并及时调整到最佳位置，防止母鸡偷吃公鸡料。检查有无公鸡偷吃母鸡料现象并及时修理隔离系统。如有鼻签甩掉及时补穿。观察交配情况，有无过度交配现象，并调整公鸡数量。及时挑出小鸡、采不到食的鸡，进行单独饲养。

（7）及时淘汰病弱残鸡　在 24 周进行整群工作，淘汰那些无治愈希望的病鸡、体重与群体水平相差甚远的弱鸡及失去饲养价值的伤残鸡，提高鸡群的整齐度、合格率及开产的一致性。

（8）实行不转群饲养　肉种鸡在此期间由于转群、疫苗接种等应激因素较多，再加上生长发育的负荷较大，死淘率较高，因此，有条件的尽量采用同栋鸡舍不转群连续饲养。为减少产蛋期改变饲喂方式所产生的应激，应在开产前 3 周使用种母鸡的饲喂器饲喂；公鸡在混群前 5 周或更长时间提前使用产蛋期的饲喂设备。

（9）育成后期及时补充料位　为避免均匀度下降，育成后期应观察鸡群采食情况，及时补充料位，如使用增位器来满足鸡群对料位的需求，见图 3 - 14。料线饲喂时注意料线出料口的调整、转角器和料箱的检查，避免溢料；辅料箱的料不要上的太多；育成期料箱内的料不拉完，禁停料线。

**（四）确定适宜的加光时间**

根据每批鸡的情况，参照饲养管理手册标准进行适当调整。高产鸡群应是性成熟和体成熟在开产时发育一致的鸡群。对体成熟推迟或性成熟提前的鸡群，应推迟 1~2 周进行光照刺激；而对性成熟和体成熟都提前的鸡群，则应

**图 3 - 14　使用增位器增加料位，减少劳动强度**

提前增加光照刺激。

## 二、维持均匀度的稳定

22 ~ 35 周期间的均匀度容易下降，体重增长不足及均匀度下降会造成部分鸡群身体状况下降，而影响产蛋率的维持见表 3 - 21。

**表 3 - 21　鸡群均匀度影响产蛋率及产蛋模式**

| 项　　目 | 低体重 | 中体重 | 高体重 |
| --- | --- | --- | --- |
| 21 周龄体重（g） | 1 380 | 1 880 | 2 350 |
| 距开产（d） | 38.3 | 4.14 | 5.18 |
| 种蛋数（枚） | 140.4 | 176.3 | 122.7 |
| 累计死亡率（%） | 14.7 | 3.5 | 7.8 |
| 歇产天数 | 72.6 | 66.2 | 71.3 |

## 三、开产前的准备

饲料类型和结构，理想的是鸡只整个一生中的饲料结构不应改变，通常用粗粉料。注意公母鸡的同步发育，及早固定饲喂方式。

## 四、日常管理

做好日常工作如检查隔鸡网，保持鸡数准确；每周对灯罩灯泡擦 2 次，坏灯泡及时更换；修理并维护鸡床，鸡床粪每周清理 2 次；料桶、产蛋箱和排风扇每周擦 2 次，保持室内干净卫生；每周给平养转角器加机油一次等。

# 第五节  产蛋期

肉种鸡经过长达24周的培育进入产蛋期，促进和提高种母鸡的产蛋性能包括早期蛋重、种蛋质量、产蛋高峰水平及产蛋持续性；管理好种公鸡的体重及公母比例，最大限度地提高受精率是产蛋期的中心工作。

## 一、监测体重、周增重、总增重、体况和公母体重差异

从25～35周应至少每周两次监测种公鸡的体重，以便及时了解和掌握其生长发育趋势。30周后放松对体重的控制，会明显破坏40周后的产蛋性能、正常蛋重、蛋壳质量和受精率。

### （一）每周监测体重

每周进行正确称重，整个产蛋期都应保持一定的增重。蛋重或体重增加不足或过多，说明营养摄入不正确，如果不做调整，势必导致较差的产蛋性能。产蛋上高峰期间最好每周称重2次，确保体重达到标准要求，种母鸡过度超重，最终将导致产蛋能力的下降。

### （二）确保周增重达标

保持体重稳定增长，不能失重。如果鸡群达不到15～20g的周增重，产蛋率和受精率将会受到影响。

### （三）开产至产蛋高峰期间体重的总增重应达标

如AA+肉种鸡24～31周的总增重应达到715～800g，体重涨幅为19%～21%；高峰后周增重应保持在20～15g，这期间的体重增加状况也决定了何时开始减料。体重每增加100g，饲料量应增加2.85%。

### （四）监测体况

每周称重时仍应监测胸肌的发育状况，避免体重超重或偏瘦。每周应至少两次监测鸡群的丰满度和性成熟状况，观察鸡群的脸、肉髯和鸡冠的颜色，并适时调整给料程序。

### （五）公母体重差异

20周公母鸡达到最大容纳性的目标体重差异是835～865g；24周末时公鸡的体重应是母鸡体重的1.26～1.31倍；性成熟时公鸡体重为3 620～3 650g，母鸡体重为2 950～3 065g；为达到最佳的受精率，25周的公鸡体重要比母鸡重22%～25%；在整个生产期间，公鸡的体重要始终比母鸡重22%～24%。一般来说，如果体重差异超过40%，母鸡对公鸡的容纳性和交

配效率就会降低。

## 二、监测均匀度

产蛋期间应保持均匀度的持续稳定。32～50周的均匀度容易下降，体重增长不足及均匀度下降会造成部分鸡群身体状况下降而影响产蛋率的维持。

## 三、监测产蛋率和总产蛋量

正常情况下，高产鸡群在产蛋上高峰前其日产蛋应稳步增加；必须每周分析产蛋的上升趋势，如周产蛋率上升慢，应及时查找原因。上下午所产的蛋应分开记录，产蛋高峰前上午产蛋数应占产蛋总数的80%以上，一般上午增，下午不增，如果下午产蛋数偏多，说明产蛋的潜力不足；如果连续5d出现在中午12：00前的产蛋量减少、下午产蛋量增加，总体产蛋量没有减少的情况，有可能是疫病问题。

## 四、监测蛋重和真实蛋重

### （一）蛋重

从产蛋率10%起，每日从第二次收集的种蛋中，抽取120～150枚监测蛋重并绘制曲线，如连续4d蛋重不增，应立即查明原因。如喂料量不足，蛋重将在4～5d内不会增加，可以加3～5g料。蛋重连续4～5d下降趋势如果没有及时发现，就可导致高峰产蛋水平降低，在高产鸡群，产蛋率在50%～70%，易出现蛋重下降现象。日产蛋率超过75%后若发生蛋重不足现象，建议不要采取任何加料措施，否则，极易产生鸡群体重超重问题。如鸡群在25周前产蛋率达到5%～10%，早期蛋重会大大降低，从而会影响商品鸡的生长速度。蛋重的增加特别依赖于对能量的需求，如所产蛋重增加2.5g，每只鸡每天所采食的能量必须增加18.1J。产蛋率同为60%的鸡群，所产蛋重为75g的母鸡比所产蛋重为67.5g的母鸡需多采食54.34J的能量。平均蛋重会由于每日的抽样偏差和环境影响而产生波动，为将这种波动降到最小程度，可在曲线图上将连续几天的蛋重中心点连接起来，标出实际的蛋重趋势及预测的蛋重曲线。除非环境温度超过30℃，蛋重比标准小3g需检查，如蛋氨酸、亚麻油酸的含量、黄曲霉菌毒素感染、药物使用不当等。

### （二）真实蛋重（产蛋值）

由于不同品系的母鸡对待临界能量需求的方式也不同。能量供给略有不足，一些品系首先会减少其蛋重以维持其产蛋数量（产蛋率），而另一些品系首先会减少产蛋数量以维持其蛋重。而作为生产者，不仅希望鸡群最大可能地多产蛋，而且还能产大蛋，因此，在实际生产中，仅监测平均蛋重指标还不足以反映鸡群对能量的真实需求，必须将蛋重指标和产蛋率指标结合起来考虑，通过对真实蛋重的监测来了解鸡群对能量的真实需求。真实蛋重由每日产蛋率乘以平均蛋重计算得出；用真实蛋重（g）乘以12.96J即可得出产蛋所需能量的大约数值。

## 五、监测鸡舍工作温度

环境温度的变化影响鸡只的能量需求，鸡舍理想温度为14～26℃，最佳温度为18～22℃。以20℃为基准，温度每降低1℃需增加20.9J能量，从20℃降到15℃，只日应增加大约125.4J的能量，从20℃上升到25℃，应减少大约104.5J的能量，超过25℃，饲料成分、料量和环境温度的管理应考虑减少热应激的因素。温度对能量需求的影响也随着鸡群年龄产生变化，作为指导意见，温度每升1℃，采食会下降1.25%。试验表明，温度在32～38℃时，温度每上升1℃，这种下降就会增加5%。

## 六、监测吃料时间

观察并记录每天的吃料时间，吃料时间的明显变化直接反映出料量是否过多或不足，是测量鸡群是否得到足够能量的最好方法。它起始于饲喂器开始运转，结束于饲喂器中尚有部分粉料为止。会因鸡群年龄、温度、料量、季节、饲料特性、适口性、饲料营养和质量而发生变化。一般情况下，种鸡的吃料时间20～28周为1～2h，29～32周为2～3h，33～66周为2～5h。高峰时常规采食时间，颗粒料1～2h，颗粒破碎料2～3h，粉料3～4h。

## 七、母鸡死亡率

正常情况下，产蛋期母鸡的周死亡率在0.20%～0.30%，如有异常应及时检查。

## 八、正确计算并合理添加高峰料量

种母鸡按照能够获得正常体重生长曲线的饲喂程序饲喂，并适时加光刺激，才能适时开产。开产后的种鸡必须定期增加料量，以获取适宜的周增重、丰满度和适时的开产时间和正确的生长发育。种母鸡在产蛋初期必须增加体重，最大限度的发挥其产蛋和孵化性能。但如果此阶段所接受的料量大大超过产蛋所需的料量，将会造成卵巢结构发育异常、体重超标及种蛋质量差等结果，如双黄蛋比例过大、孵化率下降、腹膜炎或脱肛造成死淘率高等。因此，合理添加高峰料量并在种鸡达到产蛋高峰后适时减料，是最大限度地提高每只种母鸡受精种蛋数量的重要工作之一。喂料设施管理不善及饲料分配不均是鸡群产蛋率和受精率低下的主要原因。光照刺激至 5% 产蛋率阶段如发生饲料、饮水或疾病方面的问题，将对整个鸡群的开产及开产后的生产性能产生重大影响。种公鸡偷吃母鸡料，特别是鸡群日产蛋率在 50% 至高峰期，会明显降低产蛋高峰水平。

**（一）添加高峰料量目的**

促进和提高种母鸡的产蛋性能，包括早期蛋重、种蛋质量、产蛋高峰和产蛋持续性等。

**（二）高峰料量的确定**

母鸡实际的饲料能量需求由 3 个因素决定，即维持生命、生长发育和产蛋，如果有足够的能量，母鸡会达到性成熟，并会利用能量去产蛋。确定高峰料量可通过以下方法计算得出。

（1）高峰料量 ME（代谢能）=（1.78 - 0.012T）× 1.45 × $W^{0.653}$ + 3.13 × $\triangle W$ + + 3.15 × E。T 代表舍温（℉），W 代表体重（g），$\triangle W$ 代表日增重（g），E 代表日产蛋（g）。如高峰产蛋鸡舍日均 12℃，体重 3 200g，日增 3g，产蛋率 82%，蛋重 60g，测算日需能量 2 027.3J，如饲料能量为 11 704J，则高峰料量为 173g。

（2）根据 鸡群的体重、产蛋率、蛋重、环境温度、均匀度、光照时间、饲料类型、饲养方式和饲料能量水平等确定高峰料量。高峰料量 =（高峰平均体重 × 3 344J + 平均日增重 ×12.96kJ + 平均蛋重 × 日产蛋率 ×12.96kJ + 温度变化 ×20.9kJ）÷饲料能量水平。光照 16h，每增减 1h，能量增减 26.33kJ；粉料相应增加 4% ~ 5% 的料量。饲养方式不同，高峰料量会有差异，如笼养与平养，同样的饲料，笼养的高峰料量要低。

（3）依据 实际使用饲料的营养水平 A（主要是代谢能）、8 周末均匀度系数 B、喂料方法系数 C、产蛋高峰时舍温系数 D 正确计算高峰料量。高峰料量 = 2 860 ÷A × B × C × D × 163（g/羽）。如某群鸡实际使用饲料的代谢能为 11 704J/kg，8 周末均匀度为 84% 系数为 1.01、料线喂料系数为 1.01、产蛋高峰时舍温 16 ~18℃ 系数为 1.1，那么高峰料量 =171.5g/羽。

**（三）合理添加高峰料量**

根据见第 1 枚种蛋前的料量和产蛋高峰时的料量之间的差异制定一个喂料

程序，然后根据鸡群的体重、生长状况、均匀度、吃料时间、产蛋率的上升情况、蛋重及增长的趋势、环境温度和饲料能量水平和预计的高峰料量制定加料程序，采用多次少量的加料方法逐步加到高峰料。蛋重、产蛋率和体重出现不足或超标时，应提前或推迟增加料量的时间。理想的状态下，每天都应观察和分析产蛋率、蛋重、体重及相关条件的变化并调整每天的料量。然而，实际生产中，饲料增加的次数和频率取决于对产蛋水平的变化和其他因素变化观察和反应的能力，应注意观察和分析体重、体况、产蛋率、蛋重、料量、吃料时间、总产蛋量、鸡舍工作温度、饲料中能量水平、环境温度等，确定每个阶段的料量需求。

（1）制定加料方案　喂料量的增加程序主要依据20周时的体重均匀度和丰满程度，这些特征决定开产前第一次的加料幅度。如鸡群的变异系数小于10%，应在产蛋率达到5%时开始第一次加料；大于10%应在产蛋率达到10%加料，然后料量的增加应完全按照鸡群的实际产蛋水平和蛋重水平来确定。根据品系、体重、蛋重及上升幅度、脂肪沉积、环境温度、活动量、产蛋率及上升幅度、吃料时间、双黄蛋的比例、死淘率等综合评定加料量和加料速度。预期产蛋高峰超过产蛋性能标准，应在产蛋率70%～75%以后进一步增加料量。高峰到达前大中小鸡群根据产蛋率上升情况分开增加料量，高峰后（约33周）统一料量。按产蛋率增料有利于饲料营养的合理利用，可以使种鸡在产蛋与体重之间建立营养平衡，从而使种鸡保持较好的产蛋体况，种鸡死淘率低、产蛋率高、能充分发挥种鸡的产蛋性能潜力。开产后鸡群产蛋率达到25%，表明有25%的母鸡在产蛋，而其余75%的母鸡未开产，如何饲喂75%的鸡群，需要耐心！如AA⁺种鸡在产蛋率达到70%～75%时应给高峰料，高峰采食能量1 939.52～1 968.78kJ。实际生产中，笼养鸡舍高峰料量一般为155～160g/羽，两高一低棚架饲养舍高峰料量一般为165～170g/羽。

（2）按产蛋率加料　如某鸡群25周末产蛋率达到5%，基础料为130g，预测高峰料量170g，在70%加至高峰，65个百分点加40g料，产蛋率上升1%加0.6g料，天天加料。

（3）为每批种鸡制定加料模式　每一批种鸡都应根据其生长状况、生产性能和环境条件提供具体的要求，并根据设施和设备条件制定最佳的管理程序。表3-22是鸡群在20℃的条件下密闭式鸡舍，鸡群在产蛋率5%前饲喂121g饲料，饲料能量水平11 975.7J/kg的加料模式1；表3-23是饲养在密闭式鸡舍的鸡群在20℃的条件下，鸡群在产蛋率5%前饲喂121g饲料，饲料能量水平11 975.7J/kg的加料模式2。

表 3 - 22　特定鸡群的加料模式 1

| 日产蛋率（%） | 料量增加 | 饲料总量[g/(d·只)] | 日能量摄入[J/(d·只)] | 日产蛋率（%） | 料量增加 | 饲料总量[g/(d·只)] | 日能量摄入[J/(d·只)] |
|---|---|---|---|---|---|---|---|
| 产蛋前 | 根据体重喂料 | 121 | 1 450.46 | | | | |
| 5 | 2.0 | 123.0 | 1 471.36 | 40 | 3.0 | 140.0 | 1 676.18 |
| 10 | 2.0 | 125.0 | 1 496.44 | 45 | 3.0 | 143.0 | 1 713.8 |
| 15 | 2.0 | 127.0 | 1 521.52 | 50 | 3.0 | 146.0 | 1 747.24 |
| 20 | 2.5 | 129.5 | 1 550.78 | 55 | 3.0 | 149.0 | 1 784.86 |
| 25 | 2.5 | 132.0 | 1 580.04 | 60 | 4.0 | 153.0 | 1 830.84 |
| 30 | 2.5 | 134.5 | 1 609.3 | 65 | 5.0 | 158.0 | 1 893.54 |
| 35 | 2.5 | 137.0 | 1 642.74 | 70～75 | 5.0 | 163.0 | 1 952.06 |

表 3 - 23　特定鸡群的加料模式 2

| 日产蛋率（%） | 料量增加（产蛋率每增加1%） | 饲料总量[g/(d·只)] | 日能量摄入[J/(d·只)] |
|---|---|---|---|
| 产蛋前 | 根据体重喂料 | 121 | 1 450.46 |
| 5～15 | 0.4 | 127.0 | 1 521.52 |
| 16～35 | 0.5 | 137.0 | 1 642.74 |
| 36～55 | 0.6 | 149.0 | 1 784.86 |
| 56～60 | 0.8 | 153.0 | 1 830.84 |
| 61～65 | 1 | 158.0 | 1 893.54 |
| 66～70 | 1 | 163.0 | 1 952.08 |

**（四）正确监测加料是否适宜**

关注并管理好开产的鸡群，重视以下重要参数的观察次数，体重及上升率、均匀度、鸡只状况包括丰满度和颜色至少每周 1 次，产蛋率及产蛋上升幅度、蛋重及蛋重变化、吃料时间、鸡舍最高及最低温度至少每天 1 次。监测产蛋率水平（记录并绘出每天的日产蛋率曲线）、母鸡每周的平均体重、吃料时间（记录种鸡每天的吃料时间）、蛋重（每日称取足够数量种蛋的蛋重并绘出蛋重曲线）。

（1）加料快慢的监测方法　双黄蛋的比例不超过4%；腹腔内1cm以上卵子的数量正常为 6～7 个，超过 9 个料加的快，少于 5 个料加的慢；平均蛋重的上升幅度与标准或标准增重基本相符。

（2）高峰料量不能太高　如高峰料量太高，可能会出现每天料量增加达

2g 或更多，在鸡群产蛋上升很快的同时带来鸡只的超重，高峰过后体重超 200～300g 或更多，双黄蛋的比例猛增，在加到高峰料量前后 1 周左右的时间里，每天的双黄蛋比例可达 10% 左右，这样就造成产蛋上升快但上不了高峰。如不惜牺牲体重控制，高峰料量加的太高，高的高峰料量可能会持续整个产蛋周期内增加腹膜炎、脱肛发生的比例和死淘率的上升，造成高峰后产蛋下降快。为避免前期增料过急，双黄蛋增多，脱肛鸡增加的现象，在产蛋率达到 5% 后，以前少后多的原则按产蛋率每增加 5% 每次增料或加到高峰料的时间由 21d 增至 25d 或产蛋率达到 75% 时加到高峰料量。

**（五）营养累积达标**

**（六）料量增加不能过快或过慢**

料量增加太快易引发鸡只卵巢过度刺激，将导致脱肛，腹腔产蛋和死亡问题，经过分刺激的卵巢产蛋连续周期会比正常周期要短，这也是某些鸡群产蛋率低的一个原因。料量增加太快容易导致每只鸡在正常的时间范围内吃不到其日粮配额，这种情况发生后鸡群也许会达到产蛋高峰，但 2～3 周后产蛋率将会出现较为反常的下降。小量频繁地增加料量是提高产蛋水平的最佳方法。料量增加太慢，起不到刺激作用，种鸡达不到产蛋高峰。

**（七）饲料原则**

在产蛋率上升期，饲料走在产蛋率前；在产蛋率下降期，饲料走在产蛋率后。

**（八）应把高峰料量的添加作为产蛋期的一项重点工作来抓**

见蛋开始，每天观察鸡舍情况，每天收集和汇总报表，从见蛋日龄、5% 产蛋间隔时间、每日产蛋涨幅、鸡群整体发育情况等综合考虑高峰料量添加模式，最好的方法是收集公司历史上产蛋性能最好鸡群的日报和自己多年饲养过的鸡群的日报，将上述数据和加料数据写在该批鸡预先制定好高峰料量添加模式的旁边，根据实际情况不断修正，达到产蛋增长与饲料涨幅的协调统一。

**（九）分栏饲喂**

应确保每栏的鸡数准确，避免串栏；按料位及吃料时间分配料量，以最小料量为基础，剩余料量单独添加；按每栏产蛋率的上升幅度分栏加料；死淘鸡及时减料，至少每周调整一次料量，最好每日调整，死淘多时必须每日调整。

## 九、高峰后适时减料

### （一）高峰后减料依据

产蛋高峰之后有必要使每只母鸡减料，使鸡只的脂肪积累不要太大，如脂肪积累太大，产蛋率下降会比正常水平快得多，而且受精率和孵化率也较低。高峰后减料需考虑的因素有最高产蛋率、高峰料量、能量、季节、母鸡体重及变化趋势、母鸡体况、采食时间、温度高低等。连续 5~7d 鸡群的产蛋率都无上升，说明已达到产蛋高峰；若连续两周产蛋率不再增加，且每周呈 1% 正常下降时，须开始减料以防止母鸡过肥。第 1 次减 1g，以后每周减 0.5~1g，每次减料 3~4d 后注意观察产蛋率、体重和采食时间的变化。

**（二）高峰料减料幅度**

一般 36~50 周减去高峰料量的 5.4%；51~64 周减去高峰料量的 4.8%。高峰后的整个饲料减少总量约为最大量时的 12.5%（约 18~20g），减料的总和不超过 292.6kJ/只（25g/只）。

**（三）减料方法和原则**

在适宜的温度条件下，下列情形可以说明种母鸡减料的一般原则。

（1）产蛋高峰≤79% 时，周产蛋率呈下降趋势时　①按 25.08~33.44kJ 能量/（只·d）减少料量。②等待一周，然后再按 16.72~25.08kJ 能量/（只·d）减少料量。③等待一周，每周按 4.18~12.54kJ 能量/（只·d）开始减少料量，直至减料量达到高峰料量的 10% 为止。④如料量减少，产蛋率下降比预期的要快，应将料量立即恢复到原来的水平并在 5~7d 后再尝试减料。⑤确保料量的变化适合环境温度的变化。⑥监测鸡群吃料时间，将有助于确定料量是否适宜。

（2）产蛋高峰 80%~83% 时　①按 16.72~25.08kJ 能量/（只·d）减少料量。②等待一周，然后再按 8.36~16.72kJ 能量/（只·d）减少料量。③按情形 1 中的 3~6 项执行。

（3）产蛋高峰≥84% 时　像这样高产的鸡群常常会体重不足，过量的减料会损害潜在的高产量，且易造成抱窝和换羽的问题。①密切注意吃料时间，按需要调整料量。②维持高峰料量直至产蛋率下降到 83%，然后以周为基础，按照 0.01MJ（2.5 大卡）能量/（只·d）的标准减料，直至减料量达到高峰料量的 10%~12% 为止。

（4）高产鸡群（产蛋率大于 85%）的首次减料时间不能早于 35 周　减料的一般原则为：< 35 周维持高峰料量；35~50 周逐渐减至最低 159g/（只·d）的料量（1 855.92kJ/（只·d））；> 50 周逐渐减至最低 150g/（只·d）的料量（1 759.78kJ/（只·d））。

（5）合理增减料　鸡群产蛋高峰正值炎热天气时，减料的幅度和速度应大些；然而，环境温度下降时则需要增加料量。鸡群产蛋高峰正值温度逐渐下降时，产蛋高峰后不应立即减料；温度开始上升时，减料的速度则需要快些。当遇到这些复杂多变的情形时，应密切观察鸡群的吃料时间，要想达到鸡群高产性能的结果，切勿忽略日常的观察监测工作。

**（四）减料要温和**

40～45周后鸡群更敏感，多种应激跌加如免疫特别是AI、昼夜温度剧烈变化、鸡群发病时，应暂缓降料。

**（五）密切观察**

27～29周即产蛋率在25%～75%时，产蛋上升幅度最快，实际生产中，鸡群易神经质和惊群，易发大肠杆菌，进出鸡舍要格外小心，操作轻便，讲话微声；必要时，使用一些抗生素如庆大霉素、环丙沙星等。

## 十、其他管理

**（一）维持产蛋后期种公母鸡均匀度的持续稳定**

体重增长不足及均匀度下降，会造成部分鸡群身体状况下降而影响产蛋率和受精率的维持。产蛋后期均匀度很容易出现下降，如维持不好，会造成种鸡群出现两极分化，有些会过肥，有些会偏瘦，从而导致生产性能下降的快。因此，在此期间仍应为种鸡提供充足有效的料位和水位、提高加料速度、布料要均匀；死淘鸡应减料并减少料位，以维持较好的均匀度。

**（二）定期对母鸡整群**

淘汰停产、寡产鸡，降低饲养密度，减少饲料浪费，节约成本，一般情况下一只母鸡在50%的产蛋率刚好保本。通过目测法和监测耻骨间距等整理母鸡群，如停产、寡产鸡被毛整齐，易躲在料槽、蛋箱下；脸部臃肿，肛门小而圆，色素沉积较多；耻骨间距小于两指的母鸡不产蛋等。

**（三）细致做好日常记录，绘制种鸡生产曲线**

**（四）产蛋期尽可能不用以下药物，以免对产蛋造成影响**

磺胺类、抗菌素如新生霉素、抗球虫药如尼卡巴嗪、氨茶碱、嘌呤类、金霉素（损害肝，与血中的钙结合，形成钙盐难溶，阻碍蛋壳的形成）等。

**（五）产蛋期不应轻易换人和改变饲养环境**

为减少应激，产蛋期间特别是上高峰期间尽可能不要换人。不要在秋冬季增加光照强度和时间长度，会引起产蛋率的下降。

**（六）防止热应激**

在炎热季节舍内气温增加3℃，生长率降低0.9%，饲料转化率减少2.1%；公鸡受害程度大于母鸡。热量压 = 华氏温度 + 相对湿度（%） = 150，以 155 为界，大于 160 超标；165 出现死亡；170 导致高死亡。在日粮中添加 0.02%~0.04% 的维生素 C 或 0.02% 的维生素 E 能减轻鸡热应激。

**（七）防止抱窝**

抱窝与内分泌有关，当脑下垂体分泌的催乳素增多时，母鸡卵巢萎缩，出现抱窝。外界环境如幽暗的环境、通风光照缺陷、蛋箱内蛋不取、气温逐渐升高的春末夏初等易出现抱窝，应通过改善饲养环境尽量避免。

**（八）防鸡羽虱**

使用蝇毒磷配成 0.25% 水溶液、马拉硫磷配成 0.5% 水溶液、2.5% 溴氰菊脂 1:400 稀释喷雾鸡体和药浴防止鸡羽虱，隔 7~10d 再施一次。

## 十一、夏季饲养管理

盛夏季节，大部分地区都会经受长时间持续 30℃ 以上的高温，产蛋期肉种鸡在高温环境下采食量下降、生长发育缓慢、生产性能包括产蛋率和受精率以及机体抵抗力下降，严重者还会造成一定比例的死亡，给业者造成较大的经济损失。与哺乳动物相比，家禽没有汗腺，这一先天不足的缺陷，又使家禽丧失了一个关键的散热途径。对于具有优秀遗传生产性能的肉种鸡，虽然，通过遗传育种技术，其身上的羽毛已经比传统家禽减少了很多，并且也具备一定的抗热应激能力。但是，由于其生产性能高，新陈代谢快，在大规模、集约化的饲养条件下，面对夏季滚滚热浪的天气，肉种鸡仍然面临巨大的挑战，需要饲养者采取各种综合管理措施，来降低和减少肉种鸡的热应激，最大限度地维持和提高肉种鸡的生产潜能。

**（一）防高温，控制鸡舍温度**

鸡舍内热量的来源主要是太阳的辐射热和鸡群体内代谢产生的热量，鸡的主要散热方式有呼吸、循环和排泄。种鸡产蛋期适宜的环境温度为 18~25℃，为保证种鸡群正常的生长发育，生产实际中采取以下方法有助于降低鸡舍温度。

（1）加强通风换气，增加风速，降低舍温，促进舍内空气流量　采用纵向通风的方法，在鸡舍的排风口处依舍内空间大小，均匀合理地设置一定数量的排气扇，沿鸡舍的纵轴通风，使鸡背水平风速达到 2.5m/s 以上，能达到较明显的风冷效果，开动风机后平均舍温可降低 2~6℃，舍内任何位置的鸡只均能感受到有轻微的凉风，有利于增强鸡只的舒适感；在舍内设置合理的挡风垂帘可使风冷效果更加明显，一般每 6~8m 设置一个。进风口的面积必须是所使用风机面积的 2.5 倍左右，以免进风不足造成缺氧。

（2）应用湿帘降温 在鸡舍进风口处设置湿帘，使外界热空气经湿帘冷却后进入鸡舍，进而降低舍内温度。开放式鸡舍可降低舍温 2～4℃；密闭式鸡舍的笼养种鸡，采用纸质湿帘负压通风（风速 0.8～1m/s），当气温高达30℃以上时，舍温可降低 3～6℃。气温越高，湿帘降温效果越好，特别是在高温季节，湿帘池中加入冰块可在原基础上再降 1～2℃。在使用湿帘降温时应特别注意鸡舍的密封性要好，不能漏风，以免降低通风效果；同时应确保湿帘工作正常，水流均匀，无干湿帘现象出现。如舍温在湿帘开启时仍然难以下降，可采取以下措施：加强带鸡喷雾消毒、增加进风口、门口喷雾、房顶洒水、对鸡喷水、在舍内放置冰块、安置风机及电风扇等，以减少损失。通过多年的生产实践发现，自然通风和横向机械通风模式，都不能很好地解决肉种鸡舍的降温问题，只有纵向通风和湿帘降温系统才是最佳的选择方案。纵向通风和湿帘降温系统的基本原理是水蒸发吸热原理，外界的高温空气通常是未饱和的，未饱和的热空气在引风机的负压作用下，穿过淋水湿帘，由于水的蒸汽压高于空气的蒸汽压，造成水分蒸发带走空气中的热量，使气体降温，降温后的空气进入鸡舍，自一端以层流状态流至另一端，最后排出舍外，从而达到通风、降温和换气的目的。

纵向通风和湿帘降温系统主要由 4 个部分组成，即引风机、湿帘、水循环系统（主要用于向湿帘提供充足的水量，同时，又要考虑到节约用水的问题，由水泵、集水池及其附件组成）和自动控制柜（主要用于协调控制风机电机和水泵电机）。纵向通风湿帘降温系统具有安装容易、操作简便、效果明显等特点，且成本相对低廉，在全国肉种鸡场已被广泛推广和运用。但是，在使用纵向通风和湿帘降温系统时，应注意以下几个问题：①纵向通风和湿帘降温系统在高温低湿的情况下，降温效果明显，但在高温高湿的"桑那"天气下，降温效果较差。需要在舍内采取吊顶或每隔两间在屋顶部加设一段隔断来降低鸡舍高度或安装接力风机等措施，来提高通过鸡背高度的风速（一般达到 2～2.5m/s 效果比较好）。②纵向通风和湿帘降温系统为负压通风，应注意鸡舍的密闭性，除水帘和风机出口外，其余必须密闭，以防热空气短路，影响降温效果。③为保证系统的正常运行，应经常检查风机电机皮带、风机扇叶、浮球阀、水泵过滤器、喷水管等是否工作正常，并及时更换受损的电机皮带、清洁风机扇叶、清除喷水管内的各种异物杂质。集水池应加盖密闭，以免异物混入堵塞喷水孔。④湿帘每年夏季使用前，应用软毛刷除去缝隙中的蛛网、粉尘等杂物；冬季应妥善保管，避免鼠害、变形等。发现缝隙过大时，应挤紧并另补加一小块湿帘补齐。⑤由于肉种鸡大都采用地面平养或两高一低的饲养方式，使用湿帘将增大舍内的湿度，造成垫料潮湿，各种细菌有可能大量繁殖，危害鸡群健康。因此，一方面可考虑定期给鸡群投一些预防性的抗生素；另一方面，只有当鸡舍内温度超过28℃以上时，才开始使用湿帘。

（3）保持风机运转正常　经常检查风扇皮带及风机的转速，保持风机叶片清洁和光滑，百叶窗板洁净，闭合顺畅，发现问题及时处理。

（4）降低辐射热　采取在鸡舍顶上安装遮阳网、在鸡舍周围绿化、房顶喷白、种植爬藤类植物等措施，降低辐射热量。

**（二）供给充足清凉饮水**

研究表明，饮水量增加20%，每次呼吸散热能增加30%。

（1）提供充足有效的水位　适当增加饮水时间及水的压力，乳头饮水器不能有断水现象；普拉松饮水器不能太高，水位不能过低，水位应至少调到1.5cm以上。

（2）每天记录鸡群的饮水量　如出现异常变化说明鸡群可能存在健康问题，必须及时查寻。

（3）降低饮水温度　炎热季节应保证饮水管道内水的流动，确保水温尽可能地低。可以饮用深井水或向水中加冰块。

（4）添加抗应激剂降低热应激　炎热季节在种鸡饲料中添加0.02%的维生素C，可明显降低死亡率，获得更好的生产性能；在热应激期间，给予高剂量维生素E有助于种鸡的免疫功能达到最佳；饲料中添加0.5%的小苏打能显著提高热应激条件下种鸡的采食量和采食速度，提高产蛋量，改善蛋壳品质。

**（三）降低饲养密度，防止热量蓄积**

一般安装风机湿帘设备的平养产蛋肉种鸡舍的饲养密度以5只/m² 为宜，适当分栏饲养，并合理安排饲喂设备，避免鸡群过度拥挤。

**（四）适时调整饲料配方，保证种鸡得到足够的营养**

由于鸡只摄入高能饲料产生高的代谢能量，加上14:00～17:00时鸡舍吸收太阳热量达到最大，往往此时容易造成热死鸡的现象。为预防高温应激，夏季应对饲料配方进行适当调整，提高饲料中蛋白质的含量，以增加采食量，满足种鸡的营养需求。进入夏季，除了加强各项基本的管理措施之外，某些饲养管理程序应及时调整，以降低肉种鸡热应激的程度。

（1）调整饮水程序　在炎热的季节，如种鸡缺水，将会加重热应激的程度，甚至会导致种鸡大量的死亡。因此，在育成期，若遇到炎热的天气，限饲日要停止采用"限水程序"，并保证种鸡全天供水。无论使用何种供水系统，都要保证种鸡拥有充足的饮水空间，并确保该系统随时能够正常运行。种鸡每天的供水量，除能保证其正常生命活动的最低需要量之外，还应保证其正常的生产活动（如产蛋）和防暑降温的需要。表 3 - 24 是不同温度条件下肉种鸡的最低饮水量需求（水料比）。

表 3 - 24　不同温度条件下肉种鸡的最低饮水量需求（水料比）

| 温度（℃） | 水/料 | 增减（%） |
| --- | --- | --- |
| 15 | 1.8 | - 10 |
| 21 | 2.0 | * |
| 27 | 2.7 | + 33 |
| 32 | 3.3 | + 67 |
| 38 | 4.0 | + 100 |

（2）调整光照和喂料程序　对于育成遮黑式鸡舍，各种遮光罩或遮光栅，都不同程度地影响通风系统的通风效率，通常影响程度达 25% ~ 50%，有时甚至达 70% 以上，因此，可考虑在下午天气最热的时间段如 13:00 ~ 18:00，暂时撤除部分或全部进出风口的遮光罩或遮光栅，以便增大舍内的通风量和风速。对于产蛋鸡舍，可将光照时间前移 2 ~ 3h，即由正常的早上 7:00 点开灯，前移至早 5:00 点或早 4:00 点开灯，同时，晚上关灯时间也相应提前。这样，有利于将喂料时间提前到早上最凉快的时候进行，以减少吃料后的热增耗对种鸡的影响。

（3）调整免疫程序和免疫时间　在确保安全的情况下，各项免疫活动应尽可能避开炎热的天气。对于产蛋期的鸡群，除饮水免疫外，其他各项免疫活动最好安排在晚上灭灯后进行。

**（五）加强日常饲养管理，减少应激**

（1）合理饲喂　饲喂时间选择在一天中最凉爽的时间进行；根据温度的高低及持续时间的长短适时改变饲喂程序；种鸡保持标准体重不可过重；确保设备设施正常运转，促进鸡只采食。

（2）正确转群　在过于炎热的时间应避免转群，如必须转群或扑捉时，应在一天中最凉爽的时间进行，操作时应使用风扇增加空气流通，在运输途中每箱所装的鸡数应减少。

（3）确保饲料新鲜　由于夏季高温和湿度的增加，饲料极易氧化和发霉变质，要根据需要储存，不要储存太长时间；饲料运输和保管中应避免阳光直射。

（4）预防首次热应激　在第一次高温来临之前，提前做好准备工作，防患于未然。发现中暑鸡只，立即放到通风口，喷雾消毒，房门口路面上洒水。

（5）尽力减少热应激对种鸡的伤害 高温对公鸡的精液品质影响很大，致使受精率降低，环境温度达到 38℃ 时，会对精子有暂时性的抑制作用，在高温环境中，精液品质逐渐下降，精子的死亡加快、受精率降低；种鸡长期处于热应激状态下，会严重影响其饲料摄入量、饲料转化率、增重、产蛋以及精液质量，还会引起各种疾病。因此，应通过采取改善饲养环境条件，定期消毒等措施，减少舍内蜘蛛网、灰尘的沉积、降低尘埃、净化空气，杀灭空气中的病原微生物。定期全场大消毒，灭蝇、灭鼠，减少疾病的传播，确保鸡群健康和生产稳定。

（6）使用遮阳网 在鸡舍向阳的一侧、水帘两侧或鸡舍屋顶罩上遮阳网，可以防止阳光直射鸡舍，有利于降低鸡舍内温度。

（7）高湿情况下的特别处理 湿度特别高的情况下，不要再在湿帘上用水，试图提高湿度冷却鸡只，趋于饱和的湿度使鸡只更为难受，不如将风机开足马力加大通风。

（8）加强值班巡查 关注天气预报，每日写出当日天气预报及近期气象信息；舍内不能断人，舍内每小时统计一次温度。每天的上午、下午和晚上分3 次对舍温进行统计归档，算出全月的总平均温度，作为下一年度的参考。

# 第六节 种 公 鸡

尽管种公鸡只占整个鸡群的 10% 左右，但对鸡群生产性能的影响却占到50%，公鸡质量差表明整个鸡群的生产性能差。管理种公鸡的目的是饲养足够数量高质量的公鸡，在 19 周时与母鸡交配，然后在产蛋阶段产下最多的受精蛋。高质量意味着公鸡在整个生产阶段具有维持高受精率的潜力；充足则要求23 周时公鸡应占母鸡数量的 9%～11%。公母鸡都是影响受精率的因素，而公鸡对受精率的影响更大。经过千辛万苦生产出来的蛋如果只是一堆无精蛋，更令人沮丧。选种时持续追求肉鸡性能并没对精子质量产生不良的影响。然而，现代的公鸡更容易倾向于长肉，从而可能降低交配效率。虽然不同的客户之间在公鸡的管理方法上存在差异，然而据观察要取得公鸡良好效果的关键是产蛋期的体重控制，特别是 7d 和 28d 的体重达标且 24 周末公鸡胫长 13.9cm 以上才能发挥最大潜力。种公鸡管理的成功与否始于育雏第一天，管理种公鸡的技术不是"高新技术"，注意现场和细节，育成期注重公母鸡的体重控制和均匀度、选择发育最佳的公鸡混群、母鸡达到适当的体况并且观察耻骨状况才进行光照刺激；监控和维持正确的周增重以及体型可以减少受精率下降问题的发生；观察公鸡的行为并对此作出正确的反应，有助于保持公鸡的质量，从而提高受精率。

## 一、按照种公鸡的生长发育规律培育种公鸡

种公鸡的管理不仅要注重体重而应综合考虑体重、体型、均匀度、体况以及公母比例等，关键是体重和饲料从 1 日龄到产蛋应逐渐增加，产蛋期的体重经过控制确保生长速率合适，体况与日龄相符。公鸡发育不良的主要原因是因为密度过大，造成垫料潮湿、均匀度低、一些公鸡睾丸发育不良和其他一些公鸡早熟。让公鸡的体重、周增重沿着标准曲线平稳、均匀地增长；提供最好的饲养环境，避免各种应激；保持公鸡较高的均匀度；确保公鸡良好的生长发育是公鸡饲养管理中的重中之重。

### （一）组织器官的生长发育

1~6 周是种公鸡消化、心血管、免疫等系统、羽毛和骨骼的最佳发育阶段；6~10 周是肌肉、肌腱、韧带的快速发育阶段，骨架继续发育；10~15 周骨架发育基本定型，公鸡睾丸开始发育；15~25 周是性成熟最关键时期，性器官快速发育，体重快速增加；25~30 周性器官继续发育，30 周达到体成熟；35~40 周以后睾丸开始萎缩，繁殖性能开始下降。

### （二）体重生长模式

公鸡早期生长良好很重要，7d、14d、21d 和 28d 体重应达到目标体重，如果 28d 的体重满足要求，均匀度也达到最佳，在接下来的时间里要求将鸡群按等级重新分群也会减少。适当的体重和增重对公鸡的性成熟、睾丸的发育和维持非常重要（表 3 - 25 和表 3 - 26）。公鸡体重和周增重曲线都会影响骨架和睾丸的发育及大小，而睾丸大小和重量与精子生产直接相关。

表 3 - 25　种公鸡不同周龄的体重标准

| 周　龄 | 目标体重（g） | 周增重（g） |
|---|---|---|
| 4 | 755 | 230 |
| 6 | 1 130 | 185 |
| 10 | 1 670 | 125 |
| 15 | 2 295 | 125 |
| 20 | 3 035 | 160 |
| 24 | 3 675 | 160 |
| 30 | 4 150 | 30 |
| 51 | 4 775 | 25 |

表 3-26　超重对受精率的影响

| 体　重（g） | 睾丸重（g） | 受精率（%） |
|---|---|---|
| 4 260 | 36 | 98.2 |
| 5 360 | 45 | 87.5 |
| 5 570 | 34 | 77.6 |

### （三）睾丸的生长发育

睾丸发育（包括精液、精子的数量和质量）的好坏与育成期体重增长及饲养管理等有很大的关系。其发育分为以下几个阶段（表 3-27）。第一阶段，0~15 周，精元细胞数量的增加非常快，精元细胞不但提供将来精子生长发育所需要的营养，而且其数量多少对睾丸产生精子的能力有很大的关系，精元细胞越多，受精率越好，10~11 周后的体重和生长曲线非常重要，因为此阶段睾丸开始发育，期间尽可能避免妨碍公鸡生长发育的各种应激如饲养密度、饲喂方式、饲料质量、鸡舍环境等，从 10 周开始，在生长速度上保持营养充足是很重要的。第二阶段，16~24 周，睾丸开始迅速发育，体重增长必须跟上，否则受精能力会推迟或者消失，15 周后公鸡睾丸重量的增加开始加快，以后发育不能中断，否则会影响睾丸发育和受精率。限饲影响公鸡的体重和周增重，同时也影响激素水平，而这对性成熟和精子的生产是很重要的，试图将体重超标的公鸡带回标准体重，会造成睾丸功能的完全停止；睾丸重量在加光刺激 3 周后增加更加明显，实际表明，在 18~23 周过度限饲会对精子生产造成永久伤害，从而影响受精率；16~20 周公鸡不能受到热应激，因为这会对公鸡的受精能力造成极大影响。第三阶段，25~35 周，性成熟期，输精管发育良好，并且睾丸上有良好的血管分布及健康的色泽；睾丸重量和精液数量最高峰一般在 28~35 周（加光时间早晚会有影响）。第四阶段 35 周以后睾丸开始自然萎缩，颜色苍白，睾丸上的血管分布、输精管颜色和大小变差，精液数量及质量也逐步下降，受精率也随之逐步下降，保持公鸡良好的体重、增重和体况能延缓高峰后受精率的下降速度。

表 3-27　公鸡生殖系统的发育

| 周　龄 | 阶　段 | 发育情况 | 睾丸重量（g） |
|---|---|---|---|
| 0~2 | 发育前期 | 性腺开始发育 | |
| 3~12 | 发育前期 | 精原细胞分裂 | |
| 13~20 | 发育期 | 睾丸开始发育并产生精子 | 0.5~2 |

（续表）

| 周　龄 | 阶　段 | 发育情况 | 睾丸重量（g） |
|---|---|---|---|
| 20~24 | 快速发育期 | 睾丸发育的75%是在光照刺激之后完成 | 25~30 |
| 25~30 | 性成熟期 | 睾丸发育完成产生精子最多时期 | 35~45 |
| 40~65 | | 睾丸开始退化 | 25~30 |

### （四）体型发育

早期骨架（胫长）的生长发育对于将来的受精率非常重要，大约85%的骨骼发育在前8周完成，大约95%的骨骼发育在前12周完成如表3-28，不要错过这个种公鸡骨架发育最好的阶段，如错过则没有机会再去做任何努力进一步影响骨骼大小的发育；12周时公鸡的体重小，腿会短，以后的腿始终较短，体重和胫长不同受精率会产生较大的差异（表3-29）。

表3-28　种公鸡胫长的发育

| 周　龄 | 胫长（mm） | 周　龄 | 胫长（mm） | 周　龄 | 胫长（mm） |
|---|---|---|---|---|---|
| 1 | 39.9 | 9 | 112 | 17 | 135 |
| 2 | 53.5 | 10 | 116 | 18 | 136 |
| 3 | 64.7 | 11 | 120 | 19 | 137 |
| 4 | 76 | 12 | 124 | 20 | 138 |
| 5 | 84.9 | 13 | 127 | 21 | 139 |
| 6 | 93.1 | 14 | 129 | 22 | 139 |
| 7 | 101 | 15 | 131 | 23 | 139 |
| 8 | 107 | 16 | 133 | 24 | 139 |

表3-29　早期体重和骨架对受精率的影响

| | 胫长（cm） | | 体重（g） | | 受精率（%） |
|---|---|---|---|---|---|
| | 4周 | 20周 | 4周 | 20周 | |
| A | 6.4 | 10.4 | 360 | 2 530 | 84.2 |
| B | 6.9 | 11.1 | 475 | 2 700 | 85.0 |
| C | 7.1 | 12.9 | 560 | 2 910 | 91.7 |

### （五）体况发育

良好的体况不仅能影响公鸡睾丸的发育，而且影响公鸡的交配效率。

## 二、重视种公鸡不同时期的管理重点

### （一）加强育雏期的培育

0~4周主要是体重、骨架、均匀度、胸肌的生长发育。育雏是成功的关键，育雏不当，影响鸡群的均匀度和品种生产性能的正常发挥。育雏的目标是让种公鸡获得理想的体重、骨架发育、尽可能高的均匀度以及良好的健康状况。应确保雏鸡有一个良好的开端，保持合理的体重增长曲线，较低的饲养密度，足够的采食面积，合理的饲喂及饮水管理，提供良好的饲养环境。

（1）有明确的育雏计划　进鸡之前应做好育雏计划包括饲养密度、光照程序、免疫和饲喂计划、体重目标等并照此执行。雏鸡到达之前，为每400羽公鸡准备一个保温伞，提前准备好隔网及围栏，确保设备运行良好。

（2）雏鸡到达时的管理　尽快将雏鸡公母分开放入保温伞下，开水开料同时进行；观察雏鸡饮水采食情况，确保其很容易饮到水吃到料；仔细观察雏鸡行为，观察有无温度变化、贼风等情况，雏鸡应比较安静，没有异常叫声。

（3）提供高质量清洁的饮用水和足够的饮水器　雏鸡到达的第一天或尽早就应使用正常的饮水设备，刚开始时可使用一些额外的辅助饮水器，饮水设备的更换对鸡是一个较大的应激，雏鸡重新认识新饮水设备有一个过程，对均匀度及以后的生产性能会造成影响。

（4）确保前4周的体重达标　早期体重一定要达标，适当的骨架大小对保持公鸡的体重、体况的协调很重要，对公母鸡交配效率有影响；4周的目标体重为755g，公鸡体重若偏离标准超10%要比低10%好；3~4周时可多次称重，有利于体重控制；推荐的饲料量仅作参考，体重才是最重要的指标，避免使用过量的饲料，4周体重达标后就应限饲并将育雏料转换成育成料。

（5）精确断喙或烫喙（图3-15）。

（6）确保种公鸡早期体重达标　湿拌料饲喂，可以解决脱水，更利于采食和增进食欲，但饲料不宜拌的过湿、过多，判断标准是手抓可捏成团，放下又散开，一般拌1~2次即可。每次加料时更换新料盘，上新料，实践证明，在每次加料时更换新料盘并添加新料有助于刺激雏鸡采食，增进食欲，利于早期体重达标。种公鸡第一周应累积采食2 838.22J的能量、47g平衡蛋白质，大约245g全价饲料。

### （二）强化育成期的管理

育成期管理的重点是体重和体型均匀度的控制及维持、确保体重达标和公母鸡体型配比合乎标准要求、确保育成后期群内和栏内均衡的周增重和增重率

图 3 - 15　对公鸡精确烫喙

达标、体型形态发育良好、换羽整齐、性成熟一致。

（1）公母分开饲养　育成期公鸡喂料设备应与产蛋期一样，公鸡通常采用盘式喂料器或料桶，不应采用链式喂料器；不要在混群前用盘式喂料器或料桶，而在混群后改用链式喂料器，公母混群前 4 周应将公鸡喂料器放置在将来要放置的位置。

（2）体重控制　要获得理想的骨架和健壮的腿，必须按照手册标准控制公鸡的体重增长特别是早期阶段；根据鸡群体重情况分成不同的小栏，重新制定体重控制曲线；分群后至 15 周的目标是根据各栏鸡群的情况饲喂，继续保持骨架发育，控制体重过度增长，管理好 7～15 周限饲较严格的阶段。保持公鸡生长曲线的流畅，特别是 15 周后，每周的体重增加必须均匀、稳定而持续，确保公鸡的生长发育不能间断。公鸡体重调整应逐渐进行，公鸡料量的增加应和体重的增长一样，避免饲料和体重"之"字形曲线。控制好性成熟时的体重、适当的周增重以保持理想的胸肌发育。一般来说，体重控制较轻的公鸡对高峰受精率影响不大，而对后期受精率的维持有好处；超重的公鸡容易引起后期受精率下降过快。

（3）控制均匀度　公鸡的均匀度是受精率好坏的重要因素，分群饲养有利于提高均匀度，分群时间非常重要，一般为 3～4 周、6～8 周和 10～12 周（如有必要）。目标是在混群时公鸡体重适合、均匀度高。

（4）密切关注育成后期的管理　15～24 周的周增重和增重率应达标，周增重不达标的原因主要有公鸡互相竞争、料位不足、转群、公鸡穿鼻签偷吃不到母鸡料、偷食情况控制不好等造成 2～3 个群体，控制偷食尽可能晚些公母混群。

（5）体型形态的评估。

（6）混群前公鸡的管理　在转到产蛋舍之前，必须对公鸡进行最后选种，确保累积营养摄入足够。及时穿鼻签，鼻签的颜色可以用来观察替换的公鸡，鼻签不能弯曲。适时公母混群，保持适宜的公母比例，初期公母比例不宜太高，后期公母比例不宜太低，定期淘汰状态不好的公鸡，整个产蛋期保持有效的公母比例。一般 18～23 周每 100 羽母鸡一次性混入 9～11 羽公鸡，能使鸡群比较快而稳定地建立公母鸡群体间的社会次序；同时可根据公鸡的状态作适当调整，公鸡体况非常好混 6%～7.5%、良好 7.5%～8.5%、一般 8%～10%、较差 9%～12%；如公鸡太凶可采用分阶段混入公鸡，混群数量 23 周5%，24 周 2%，25 周 1%，26 周 1%。避免公母比例太高产生过度交配，造成母鸡害怕公鸡，母鸡死淘率高，躲在棚架上；公鸡争斗（饲料、母鸡），受精率差；交配不足，错失交配机会造成早期孵化率较低。

（7）检查精液品质　24 周检查种公鸡的精液品质，淘汰精子活力低于0.7 的公鸡。

**（三）关注产蛋期的管理**

种公鸡产蛋期保持体重和料量持续小幅均衡增长，24～31 周的总增重应达到 665g，体重涨幅应达到 14%；25～30 周保持 50～80g 的周增重，30 周后保持 30～25g 的周增重。维护好饲养设备和棚架，确保公母比例，经常观察公鸡采食情况，每周对公鸡进行称重，了解其体重的生长趋势，检讨饲喂程序，称重时进行体况评估，及时淘汰不合格和低于或超过平均体重 12.5% 的公鸡，确保公鸡体况与良好的性成熟特征。加强喂料器的管理，关注开产至产蛋高峰及产蛋高峰后均匀度的变化，混群后由于公母鸡有相互偷吃料的问题，应根据实际体重的变化调整料量；避免公鸡在产蛋高峰前过于肥胖，产蛋期体重控制不当如超重、体重下降或增重不足，公鸡状态差，均匀度下降，影响受精率。定期做精液检测，及时淘汰精液质量较差的种公鸡。

（1）体重控制　每周进行称重，确保达到真正的称重目的。每周应保持种公鸡 25～30g 均衡的周增重，不能失重，否则会影响受精率（表 3-30）。产蛋期体重不能变轻，微小下降都会令精子质量下降（表 3-31）。产蛋期体重也不能过度超重，体重不应超过 5kg，否则交配效率降低；通过解剖 60 周公鸡发现，体重过大（大于 5.5kg）胸肉过多的公鸡睾丸已经萎缩，完全丧失交配能力。

**表 3 - 30  睾丸重量对受精率的影响**

| 周　龄 | | 30 | | | 50 | |
|---|---|---|---|---|---|---|
| 睾丸重量（g） | 24 | 38 | 41 | 31 | 36 | 35 |
| 受精率（%） | 86 | 92 | 95 | 91 | 93 | 91 |

**表 3 - 31  公鸡体重下降与精液质量的关系**

| 体重下降 | 小幅下降 | 5 周内大于100g | 5 周内大于500g |
|---|---|---|---|
| 对精液量和品质的影响 | 精液品质降低 | 精液量和品质降低 | 精液产生停止，而且可能永远无法恢复 |

（2）监测种公鸡的体况  每周应至少两次监测种公鸡的丰满度和性成熟状况，观察鸡群的脸、肉髯和鸡冠的颜色并适时调整给料程序。种公鸡胸肌的发育必须坚硬而不能松软；过于肥胖的种公鸡会降低交配活力，从而影响受精率，而且腿病问题的发生率也较高。检查公鸡的体况和性行为特征之一，如泄殖腔周围的红圈和胫骨上的红斑点。

（3）加强垫料和棚架管理  防止垫料出现潮湿、结块、发霉、缺少以及棚架管理不善对种公母鸡的脚掌造成损坏，从而影响受精率。

（4）及时淘汰不合格的公鸡，确保种公母鸡的合理配比。

（5）公鸡肛门评分  优秀公鸡的特征是脸色鲜红、胸肌瘦而结实、肛门红润、羽毛破损、胫长、腿部健康、体重符合品种标准。应细致观察，淘汰不合格的公鸡。交配频率高，公鸡肛门颜色十分红艳。对相同来源的 15 只公鸡的肛门状况进行评估，1 = 苍白、干燥；2 = 苍白、湿润；3 = 湿润、柔韧、微红；4 = 湿润、较红；5 = 很红、周边没有羽毛。

（6）减少产蛋期饲养种公鸡出现的问题  产蛋期在种公鸡饲养管理上容易出现体重超重或不足、体型过大、公鸡死淘率较高、公鸡腿病及足部肿胀、感染、混群以后公鸡均匀度出现明显下降、25～35 周部分公鸡状态下滑、45周后受精率下降较快、产蛋后期公母比例不够或有效公鸡数不足等问题，应采取切实有效的措施加以避免。

（7）保持公母鸡同步性成熟  避免公鸡体重超标、性成熟早对母鸡的伤害。未成熟的公鸡不应与母鸡混群，如公鸡性成熟早，则混群后公鸡会很凶，造成母鸡死亡率高、受精率低、生产性能下降。如发现公鸡死亡多，一般认为是喂料量不足，表现为脸发白，躲在暗处。

（8）观察过度交配情况  种公鸡过多会造成过度交配，主要表现为种母鸡颈部、背部羽毛异常脱落、皮肤被抓、撕破；母鸡不下棚架；公鸡打斗严重，不仅造成母鸡体况下降，产蛋率降低，而且由于公鸡对母鸡的过度竞争妨碍母鸡的最佳交配次数，从而影响高峰受精率的维持。从 25 周开始应每周 2 次（26～27 周应更多）密切观察，刚开始可按每 200 只母鸡淘汰 1 只公鸡的比例淘汰多余的公鸡，以保持公母最佳比例。

**（四）鸡舍内日常检查**

（1）受精率检查　种鸡进入 40 周后，每群种鸡每周抽 100 枚种蛋进行检查，了解受精率的变化趋势，以便及时进行公鸡替换。

（2）孵化率检查　①走动次数。实践证明 40 周后每天在舍内增加走动次数，能改进孵化率，如表 3－32。②羽毛覆盖。羽毛覆盖的好坏影响孵化率。大部分鸡群羽毛覆盖指数处于 2～3 较好（1＝很好；5＝很差）；羽毛覆盖差会增加饲料需求及降低孵化率，见表 3－33。

**表 3－32　走动次数与孵化率**

| 走动次数 | 5～6 | 3～4 | 1～2 |
| --- | --- | --- | --- |
| 累计孵化率（%） | 82.5 | 80.5 | 79.8 |

**表 3－33　羽毛覆盖和累计孵化率**

| 周龄 | 羽毛覆盖和孵化率（%） | | |
| --- | --- | --- | --- |
| | 好 | 中 | 差 |
| 30 | 81.7 | 77.5 | — |
| 40 | 81.8 | 79.2 | 74.1 |
| 50 | 82 | 80.1 | 75.9 |
| 60 | 82.1 | 80.2 | 76.5 |

**（五）饲喂管理**

控制喂料量对体重的保持相当重要，应特别关注育雏期（0～4 周）、育成后期（15～24 周）和开产初期到高峰期（25～35 周）这 3 个关键阶段。根据体重进行限饲，一般原则 40g 体重需增加 1g 料量，适用于小栏及大栏的鸡群，调整饲喂量，不要调整采食位置，不要通过调整各栏的大小来增加饲喂量，饲料分配好后将额外的饲料加到喂料器内，10 周后必须每周增加一定的料量。喂料时相关人员必须在场观察鸡群的采食行为，以便及时发现解决问题。料量不增加或减少会影响受精。

（1）合理选择饲喂器　由于公鸡限饲严、采食速度快，所以，料位必须足够，饲料分配均匀且速度要快，使用同时升降料槽或料桶有助于提高受精率。

（2）正确饲喂　先喂母鸡，10min 后再喂公鸡，公鸡喂料器高度应适当，每羽公鸡的采食位置保持固定，每死淘 8 羽公鸡应减少一个料桶。

（3）选择合适的公母分饲方式　采食均匀可以保持公鸡间平等竞争避免出现群体分离。采用有横杠的母鸡喂料器、网格顶部安置 PVC 管、限饲网罩、公鸡不剪冠、20～21 周给公鸡穿鼻签等有助于公母分饲。

（4）产蛋期饲喂　至少在母鸡移入前 7d 先将公鸡移到母鸡产蛋舍内，这有助于公鸡觅食和饮水。公鸡在 30 周前必须根据生长情况进行饲喂以确保其生理和心理达到成熟状态，30 周后公鸡每周增加一定的料量，周增重应保持在 30～25g，体重数据应与其他信息一起综合考虑决定饲喂量。公鸡的饲喂量取决于公鸡能从母鸡喂料器中采食程度、母鸡能从公鸡喂料器中采食程度、公鸡鸡冠情况、鼻签的使用、饲料能量水平、公母分饲是否彻底等。正常情况下，25 周饲喂量大约 129g/（只·d）（1 513.16J 能量），25～30 周饲料量应每周增加 1～2g/羽，30 周饲喂量大约 136g/（只·d）（1 588.4J 能量），35～65 周饲料量应每周增加 0.5g/羽。公鸡料量不增加或减少会造成体重、社会等级下降、胸肌松软，体重下降的公鸡精液的生产量减少或停止，公鸡死淘率也较高；生长速率的损失会推迟受精时间，对后期受精也不利。公鸡饲喂过量会导致公鸡胸肌发育过度，体重超标，这些都会对母鸡造成伤害，在与公鸡交配时以及脚垫产生更大的应激，过分超重的公鸡交配活动完成也相对较困难，影响受精率。研究表明，公鸡体脂多、肥胖与精液生产及质量成负相关，母鸡一旦接受公鸡的交配，公鸡就会非常活跃，应仔细观察公鸡的体重及周增重，必要时可多增加饲料。

### （六）饮水管理

产蛋期尽可能在垫料位置提供一定数量的饮水器。保持一定的水流量，将水源用 40～50μm 孔径的过滤网进行过滤可防止饮用水含钙盐或铁离子较高时造成的饮水系统中的水阀和水管堵塞。定期检查水质的细菌污染情况，确保水质清洁卫生，使用钟型饮水器必须每天清洗，防止病源微生物生长繁殖（表 3－34）。

表 3－34　不同类型饮水器细菌污染情况（微生物/ml）

| 乳头饮水器 | | 钟型饮水器 | | 微生物（个） |
|---|---|---|---|---|
| 第一个乳头 | 最后一个乳头 | 第一个饮水器 | 最后一个饮水器 | |
| 640 | 330 | 160 | 17 000 | 总细菌数 |
| 130 | 230 | 10 | 8 000 | 大肠杆菌 |

（续表）

| 乳头饮水器 | | 钟型饮水器 | | 微生物（个） |
|---|---|---|---|---|
| 第一个乳头 | 最后一个乳头 | 第一个饮水器 | 最后一个饮水器 | |
| 10 | 90 | 90 | 600 | 埃希氏大肠杆菌 |
| 5 | 120 | 20 | 3 600 | 链球菌 |
| 240 | 7 000 | 860 | 14 000 | 总病原微生物（饮水未经处理） |

### （七）光照程序

建议采用遮黑式鸡舍饲养，采用简单的光照程序，公鸡体重3 000g加光反应较明显。对于遮黑鸡舍，光照延迟越久越能改善均匀度。对于开放式鸡舍，20周之前如果光照时间逐渐减少，在13周将光照时间固定下来。

### （八）公鸡的营养

公鸡的饲料利用分维持需要（正常生存必要的呼吸、血液循环等）、生长需要（体重增加、必要的运动、采食、饮水等）和性活动需要（交配）3部分。应为种公鸡提供充足的营养，确保其正常的生长发育。

## 三、替换公鸡

由于公鸡的交配欲望下降（35～40周后自然出现）、精子质量下降（55周以后自然出现）、交配有效性降低（管理不善导致公鸡生理条件变差如体重、腿病等）和公鸡死亡过多导致公母比例下降，所以，45周出现的受精率下降的情况，最好在35～40周进行公鸡替换（包括更新公鸡和内部交换两种），一般45周之前或公母比例不少于8%时进行，通常互换的数量为25%～30%。如果公鸡管理好没有必要更换公鸡。

### （一）更新公鸡

采用更新公鸡有助于提高受精率如表3－35，但疫病风险较大。加入的新公鸡体重应比其即将加入的母鸡的平均体重20%～25%，比例至少占到原来公鸡数量的20%，并且应是25周以上，体重在4kg以上发育良好的公鸡；确保加入的公鸡在掺入后2～3d内有额外的饲料（0.5～1kg/100只鸡）；记录老公鸡与掺入公鸡的死淘率；特别留意公鸡饲槽高度，并监测掺入公鸡的体重和体况，在公鸡称重时，观察其腿和脚是否有疾病或太重，垫料是否有潮湿或结块的现象，肛门是否开张或紧闭？开张的公鸡是成熟的，肛门小而紧闭的则是未成熟。

**表 3 – 35　不同掺入方法对受精率的影响**

| 周　龄 | | 46 ~ 55 | 57 ~ 65 |
|---|---|---|---|
| 受精率（%） | 一次掺入 | 85 | 91 |
| | 多次掺入 | 86 | 90 |

### （二）内部交换

从 40 周开始，同日龄不同鸡舍之间或同鸡舍不同栏之间进行 25% ~ 30%的种公鸡交换，具有刺激种公鸡交配行为的效果，可持续 6 ~ 8 周增加交配活动，孵化率提高 1% ~ 1.5%。用后备公鸡栏 25 周以后交换公鸡、从大群中挑选出体重较轻及体重很大的公鸡、确保后备栏公鸡的采食、饮水及棚架和大群一致，可以提高种公鸡交配的活跃性。

## 四、认真记录，绘制报表曲线

做到"五勤"即手勤、口勤、脑勤、眼勤、腿勤。记录公鸡的不同体重相同配比或相近体重不同配比的全程受精率并进行综合分析，找出公鸡的最佳体重范围及最佳配比，发现问题，及时纠正解决。

# 第四章　肉种鸡生产的基本要素

## 第一节　体重控制

### 一、体重控制的基础

#### （一）以体重为基础
以累积能量和蛋白为标准，参考手册标准料量。

#### （二）确保鸡数准、称料准、加料准
各舍、各栏的鸡数要准确；饲料计算、抽样称重要正确，并有专人负责；避免设备漏、洒料；做好各舍及各栏的体重、周增重、料量、死淘曲线记录并认真分析。

#### （三）根据体重合理调整料量
喂料量是影响种鸡体重的主要因素之一；每周定期称重是检验喂料量是否准确的主要依据。在确定饲料量和饲喂程序时，饲料量应根据实际与标准体重的差异及饲料的能量水平进行计算。公母鸡应按体重大小进行分栏饲养，并建立各自体重一致的均匀群体。

#### （四）通过分栏饲养调整体重
在大多数情况下，鸡群的变异系数在12%左右时就应进行分栏，根据变异系数将鸡群按体重大中小分成2~3栏。无论如何分栏，分栏后各栏的饲养密度应保持一致，栏间的隔网应便于移动和固定，能及时调整各栏的大小，确保其饲养密度、喂料和饮水位置基本一致；同时隔网应坚固，进出各栏的门应便于开关，防止串栏。

### 二、不同饲养阶段的体重控制要点

#### （一）育雏期（0~4周）
紧跟手册标准走，根据体重进行饲喂，体重不符合，可对料量进行调整；

母鸡应与标准体重一致或略超标准 20 ~ 40g，公鸡可以略超标准体重；28d 前每周称重两次以上有助于体重控制。

（1）骨架发育　育雏期是骨架发育最快的阶段，对公鸡将来的成功交配很重要，应把胫骨长作为骨架均匀发育的指标。控制母鸡骨架不要太大，每周平稳生长可以获得较好的骨架发育。

（2）提高体重均匀度　均匀度是反映育雏管理好坏的指标之一，体重均匀度越高，骨架均匀度越好，将来体况均匀度也越好。育雏期均匀度越高，对于下一阶段的管理更容易，该阶段饲料转化率最好，更容易通过调整料量以提高均匀度。

（3）净化空气　进鸡前应对舍内的甲醛气味彻底净化，清除福尔马林熏蒸残渣、排净福尔马林气体。甲醛气味大马上就能造成鸡群的均匀度问题以及影响早期的生长速度（表 4 - 1），并且也影响疫苗的免疫效果。

表 4 - 1　福尔马林气体残留对种鸡第 1 周的影响

| 项　目 | A* | B* | C | D | 平均 |
|---|---|---|---|---|---|
| 死淘率（%） | 1. 1 | 0. 87 | 0. 53 | 0. 71 | 0. 86 |
| 周末体重（g） | 135. 5 | 124. 7 | 152 | 159 | 145 |

\* 甲醛气味大

## （二）育成前期（5 ~ 10 周）

该阶段是父母代种鸡快速生长发育的阶段之一，必须用调整饲料增加量的方法控制体重增长，饲料量的少量变化可对体重产生巨大的影响，因此监测体重尤为重要。重点是应确保体重达标和公母鸡体型配比合乎标准要求，体重沿标准曲线走。

（1）控制体重生长　分栏后各栏应达到调整的体重目标，均匀分配饲料是关键。

（2）体型配比　育成前期公母鸡体型配比的好坏对受精率会产生重要的影响，因此，应确保体型配比合乎标准要求。

（3）通过控制饲料量使体重达标　在育成限饲期间，无论公母鸡都要提供足够的料位。喂料时必须观察料位是否真的合适，并据体重标准每周调整饲料增加量。在鸡群采食期间，要减少工作人员在舍内的巡视工作以减少对鸡群采食的影响。为保证鸡群必要的增重和良好的均匀度，必须根据不同的周龄，采用不同的限饲方式保证鸡群有足够的采食时间。限饲程序取决于饲喂量、饲料分配及采食时间如表 4 - 2。

表4-2 建议不同周龄的限饲程序

| 周　龄 | 限饲方式 | 饲料类型 |
|---|---|---|
| 0~4 | 每日 | 育雏料 |
| 5~12 | 4~3 | 育成料 |
| 13~20 | 5~2 | 育成料 |
| 21~24 | 6~1/每天 | 预产料 |
| 25周以后 | 每日 | 产蛋料 |

### （三）育成中期（11~15周）

此阶段主要是体重和体型的控制。种母鸡在12周完成95%以上的骨架发育，种公鸡在15周完成95%以上的骨架发育，胫长与骨架发育和体重相关。保持适当的生长发育和群体的均匀度，以便使种鸡向性成熟阶段顺利过渡，少量多次的增加饲料量，促进早期生长均匀。大鸡适当少涨料1~2g，如大鸡体重严重超标，可以停饲1d；中鸡给标准料量；小鸡补喂10%~20%的饲料，当其体重达到标准体重时，停止补喂。至20周时，全群料量一致。应特别注意15周后的大鸡不能少涨料，保证每周体重的涨幅。

### （四）育成后期（16~24周）

重点是确保群内和栏内均衡足够的周增重、总增重和增重率达标，体型体况发育良好；同时在不同周龄，尽可能多的查看和触摸鸡体的胸肉形状，并进行统计分析，以便及时掌握鸡群的情况，确定正确的光照刺激时间。此阶段适宜的周增重可以确保种母鸡性成熟发育一致。15周到光照刺激期间是生长期最关键的阶段，期间增重的多少对适时开产和产蛋高峰影响最大。16~20周体重涨幅为33%~35%，如鸡群在此期间的体重增长不足，会导致22周后的体重超标、开产时间推迟；如鸡群在此期间的体重增长过多，会导致体重超标、死淘率高、高峰后产蛋下降快。22周到开产前饲料增加可适当减慢，避免过度刺激母鸡。

### （五）产蛋前期（25~32周）

重点是体重不能过大或过小，体况发育良好，公母鸡不互相偷吃料。

（1）监测体况　每周应至少两次监测鸡群的丰满度和性成熟状况。

（2）监测体重　产蛋期至少每周称重一次，24~31周体重涨幅在19%~21%；整个产蛋期都应保持一定的增重。

（3）监测总产蛋值　正常情况下，最大产蛋值为52.3g，最大产蛋值一般出现在产蛋高峰后2周并持续几周，所以，高峰料应维持一段时间。

（4）重视产蛋高峰前的饲喂，控制体重增幅。

**（六）产蛋后期（33～66周）**

根据产蛋率和体重进行饲喂，达到最大产蛋值后才开始考虑减料，并监测母鸡体况，温和减料，以保持母鸡体重平稳增长，高峰后周增重为15～20g。鸡群降料过多会损害产蛋性能，同时易造成鸡只抱窝和换羽。体重超标的鸡群不能通过加快降料幅度来控制体重，相反，体重超标的鸡群维持需要更大，反而其降料幅度要小、降料速度要慢。注意观察羽毛覆盖情况，如母鸡羽毛覆盖差，易受伤，应激也大，躲避交配，同时还会增加饲喂需要量，而且影响产蛋率和受精率。关注鸡群的周增重趋势，增重比标准体重有增加趋势的，减料要快；增重不够或负增长的不减料或适当加料。在关注目标体重的同时，还应重点关注适合的体型、体况和脂肪沉积，防止母鸡体重下降或体重的周涨幅不够15g，造成产蛋下降。

**（七）种公鸡的特殊管理**

（1）种公鸡4周末的体重应达到755g 将公鸡进行分群饲养 大栏使体重在12周左右达到目标；中栏按目标体重；小栏调整料量使体重在12周左右达到标准。公鸡应有很好的早期增重以确保良好的体型发育，4～6周的标准体重应作为最低的目标，但公鸡体重超标过多将严重影响今后的种蛋受精率和孵化率（表4-3）。确保早期骨架发育良好和后期周增重达标，育成期不能过度超重，超重后期受精率下降快，太大的骨架会影响后期受精率的维持。8周时85%的骨架发育基本结束，此时如果没有一个良好的骨架，会趋于矮小肥胖，易沉积脂肪，产蛋后期体型会更差，直接影响交配的成功率。

**表4-3 公鸡早期体重对孵化率的影响**

| 项目 | 6周体重（kg） | 15周体重（kg） | 20周体重（kg） | 25周体重（kg） | 26周孵化率（%） | 高峰孵化率（%） | 65周孵化率（%） |
|---|---|---|---|---|---|---|---|
| A | 2.59 | 2.95 | 3.32 | 3.95 | 62 | 76 | 54 |
| B | 2.34 | 2.79 | 3.21 | 3.78 | 61 | 81 | 67 |
| C | 0.93 | 2.03 | 2.80 | 3.60 | 76 | 90 | 76 |

（2）控制体重以维持受精率 ①保持良好的公母分饲系统。每天检查公母饲喂系统，公鸡料位20cm/只，淘汰公鸡时应减少公鸡采食位置。确保公鸡喂料器高度正确，防止大公鸡变太凶，小公鸡变差。②控制公鸡体重与体况。每周检查公鸡胸肌与身体状况，检查公鸡体重及增重情况。③保持有效的公母比例。每周淘汰状态较差的公鸡，所有大群内的公鸡都应是有效的，即使降低

公母比例，也应保持大群内的公鸡都有效，如有必要可以在 45 周前后替换一些新公鸡。

# 第二节　称重管理

体重和均匀度控制的关键是称重管理，称重贯穿于肉种鸡生产的全过程，是判断鸡群的用料、生长发育及产蛋情况的重要手段之一。

## 一、称重原则

### （一）坚持"七同时"

同一天的同一时间（限饲日或喂料后 4 ~ 6h）、同一地点、同一人（读称的人）、同一衡器、同一精度（称的精度 0 ~ 6 周 5g、7 ~ 24 周 10g、产蛋期 20g）、同一称重比例（育雏育成期♀10%，♂15%、产蛋期♀5%，♂10%）随机抽样进行称重，利用体重分析表格记录体重。

### （二）抽样要有代表性

取样点应分布在鸡舍的前、中、后；在围鸡前应在舍内来回走动。所有围的鸡必须全称，除非这个鸡要淘汰。

### （三）抽样工具要科学

最好使用电子秤。

## 二、称重设备

### （一）自动称重器

安放在鸡舍内的自动称重器可以监测出鸡群每日的体重状况。但这些自动称必须定期校准并与手动称进行互校。

### （二）电子秤

精确度较高的电子秤可自动记录个体体重，并能自动计算鸡群的统计数据。

### （三）机械称

常规机械式或圆盘指针式称重器劳动强度较大且需人工进行记录和计算。

## 三、称重方法

### （一）称初生重

雏鸡入舍后，用分度值为 1g 的电子秤按 3% ~ 5% 的比例随机抽样称重，统计记录路途死亡、实际入舍数并计算 1 日龄鸡群的均匀度（表 4 - 4）。

**表 4 - 4　进鸡记录**

| 项　目 | 入舍数（只） | 路途死亡数（只） | 初生重（g） | 初生重均匀度（%） |
|---|---|---|---|---|
| 母鸡 | 7 280 | 5 | 42.5 | 82.6 |
| 公鸡 | 1 092 | 2 | 41.2 | 81.3 |

**（二）抽样称重**

从 1 日龄开始每周实施抽样称重，通过对鸡群的抽样称重并对其与各个时间阶段的体重标准进行比较，评估和管理鸡群的生长发育。

**（三）全群称重**

在鸡群均匀度低于 70% 以下时，有必要在 3 ~ 4 周和 6 ~ 7 周对鸡群进行全群称重；全群称重后 6 周前群体及大、中、小鸡栏均匀度在 80% 以上，不必再全群称重；8 周后鸡群骨架已基本形成，鸡群均匀度在 80% 以上不必全群称重。在全群称重前，抽样称重计算群平均体重，尽量缩小中鸡范围，使其在鸡群平均体重的 ±8% 以内；先称 200 只，正常情况下大、小鸡各 35 只左右，中鸡 130 只左右，如大、小鸡差异大，必须及时调整中鸡的上限或下限；在 3 周关灯后进行全群称重分大中小栏的同时，将大鸡群分成特大和大鸡群，小鸡群分成特小和小鸡群。全群称重后，根据鸡群间体重差异调整料量，所增减料量不得超过周加料量，在任何时候日料量不能减少；料量调整时，任何体重范围鸡群的料量都不能减少。全群称重后，通过控料日、免疫日和周末称重等不断调整鸡群；调群时只能顺序调整即大鸡中的小鸡只能调到中大鸡，不能越级调整，避免造成应激；10 周内大群内调整，10 周后大、中、小群内调整；10 周后不应再做任何分栏工作，以维持自然的均匀度。

## 四、称重要求

**（一）称重比例**

育雏育成期按栏进行称重，每栏称重的比例一致；产蛋期按五角星法抽样称重，要求均匀布点，比例一致。

**（二）围鸡**

每次抽样时圈内的鸡必须全部称完，不准挑鸡称重。

**（三）公鸡定号**

混群后公鸡称重必要时可定只或定号，即在公鸡头部羽毛上做标记或腿上带编号，称重记录明确到只。

**（四）交替称重**

生产经理至少4周一次抽舍称重，每周场长和区长固定参加一栋称重，以便撑握真实的体重情况。育雏育成期可各栋进行交替称重，有必要时可以周中进行称重，以检验加料的正确性。

## 五、称重计算

正确的计算平均体重，只有真实的体重才能把握和指令饲养工作。

**（一）称重记录**

使用手动称重器时，将每次称重后的体重数据，准确地记录在"体重记录表"上。每次称重结束后，计算鸡群的平均体重、周增重、体重范围、体重分布状况、变异系数（CV%），把鸡群的平均体重和周增重描绘在体重曲线表上。

**（二）计算方法**

（1）变异系数（CV%） 是一种表达鸡群均匀度的数学方法，可以更加精确地确定鸡群中有多少百分比的鸡只需要特殊的关照和管理，以免发生均匀度问题。变异系数的精确计算方法为标准差÷平均体重×100 = CV%，标准差可用电子计算机计算得出或通过电子秤自动输出。购买能以变异系数自动计算均匀度的电子秤不愧为是一种明智的选择。如此法不太可能，可用以下方法计算 CV% =（体重范围×100）÷（平均体重×F值），式中F值是不同抽样规模的固定值（表4-5）。

表4-5 抽样规模和F值

| 抽样规模 | F值 | 抽样规模 | F值 |
| --- | --- | --- | --- |
| 25 | 3.94 | 75 | 4.81 |
| 30 | 4.09 | 80 | 4.87 |
| 35 | 4.20 | 85 | 4.90 |
| 40 | 4.30 | 90 | 4.94 |
| 45 | 4.40 | 95 | 4.98 |
| 50 | 4.50 | 100 | 5.02 |
| 55 | 4.57 | >150 | 5.03 |

（2）鸡群±10%的均匀度 按照平均体重±10%的范围内鸡只数量占称重鸡只总数的百分比来表示鸡群的均匀度。该方法可以准确地显示出接近于平

均体重的鸡只数量，但却不能像变异系数那样能够清晰地展示出鸡群中体重特别小和特别大的鸡只数量。

（3）均匀度与变异系数的关系 变异系数越低，鸡群的体重差异越小，达到目标体重的鸡只数量就越多。均匀度越好的鸡群，达到目标体重范围的鸡只数量越多，通过监测和管理鸡群的均匀度，尽可能降低鸡群的差异性。均匀度好的鸡群（变异系数低）比均匀度差的鸡群更能准确地预测鸡群的生产性能。表 4 - 6 可以说明，正常体重分布情况下变异系数与鸡群 ±10% 平均体重之间的关系。良好的鸡群均匀度母鸡应不低于 85%、公鸡不低于 90%。

**表 4 - 6  鸡群体重正态分布下变异系数与 10% 均匀度之间的关系**

| CV% | 5 | 6 | 7 | 8 | 9 | 10 | 11 | 12 | 13 | 14 | 15 |
|---|---|---|---|---|---|---|---|---|---|---|---|
| ±10% | 95.7 | 90.7 | 84.9 | 79.1 | 73.6 | 68.5 | 63.8 | 59.7 | 56 | 52.6 | 50 |

### （三）准确计算鸡群的平均体重、均匀度和离均度

通过计算对均匀度较好、离均度较差的鸡群重点整群；对均匀度、离均度都差的鸡群必要时进行全群称重。正确计算平均体重，实际抽样称重的数量应回归到标准抽样称重比例进行计算，避免出现计算偏差（表 4 - 7），以便能正确反映鸡群的真实情况，正确给予下周指令料量。表 4 - 7 中该群鸡实称体重429g，比偏差计算平均体重438g 低了约 9g，均匀度实际为 72%，比偏差计算高了 3%。准确称重计算后，将抽舍体重情况与舍实际称重进行对照，对体重变化异常的鸡群必须采取相应的措施，决不能拖延，要做到事不过夜。

**表 4 - 7  AA⁺4 周末称重记录及计算**

| 栏　号 | 1#小 | 2#中 | 3#中 | 4#大 | 合计 | 平均体重 (g) | 均匀度（%） | |
|---|---|---|---|---|---|---|---|---|
| | | | | | | | 实际 | 偏差 |
| 舍存鸡数（只） | 666 | 2 448 | 2 422 | 694 | 6 230 | — | | |
| 实际称重鸡数（只） | 42 | 260 | 252 | 98 | 652 | — | | |
| 偏差计算每舍平均体重（g） | 332 | 426 | 431 | 532 | — | 438（偏差） | | 69 |
| 偏差计算总体重（g） | 13 940 | 110 760 | 108 610 | 52 140 | 285 450 | | | |
| 应称数 | 67 | 245 | 242 | 69 | — | | | |
| 应称总鸡数（只） | 22 240 | 104 370 | 104 300 | 36 710 | 267 620 | | | |
| 实际平均体重（g） | — | — | — | — | — | 429 | 72 | |

## 六、称重考核

为确保称重的准确性，避免乱称乱记，应制定考核制度和标准，奖罚分明。对不按要求操作者，每次罚款 50 元；弄虚作假者，每次罚款 100 元；记录不全者，每次每项罚款 30 元，以取得真实的体重结果。

## 七、称重评估

正确评估鸡群每一群体的平均体重和均匀度，确保饲喂程序可以达到预期的目标。根据实际情况，可采取改变喂料量、饲料分配状况、采食和饮水位置、饲养密度、饲料类型或成分，诊断疾病并采取相应措施。经验告知，体重每低 50g，在恢复到正常加料水平之前，每只鸡每天需额外增加 54.34J 的能量，才能在 1 周内恢复到标准体重。

## 八、称重细节

同一鸡群多次或反复称重都必须使用同一类型的称重器具。计算变异系数有几种不同的方法，因为使用不同的计算方法，最终得出的数字结果会略有不同，所以在育雏育成阶段必须自始至终使用同一种方法计算均匀度。用于捕捉鸡只的围栏应轻便、牢固、便于携带，且不易伤鸡，捕捉围栏大小以每次围圈 50 ~ 100 只鸡为宜。不应只称取鸡舍角落或料箱周围的鸡只。所有的称重器具在每次称重前必须用标准砝码进行校准，检查称重器具是否称重准确，每次抽样称重开始和结束时都要进行校准。育成期最好每周称重 2 次；早期生长有问题的鸡群，称重次数应更加频繁。如果抽样称重所得到的结果与以往称重的数据或所预计的目标相距甚大，应立即进行第二次称重，核实所称重的结果，然后再确定料量。这样可以发现某些潜在的问题如抽样喂料计算错误、疫病、饮水器问题、串群问题等。

# 第三节　均匀度控制

肉种鸡的均匀度是评价整体鸡群生长发育的一个重要指标。均匀度的高低直接影响鸡群的产蛋水平，一般均匀度高 5%，入舍母鸡每羽累计多产合格种蛋 2 ~ 3 枚，18 周后均匀度自然上升至 90% 以上，入舍母鸡每羽累计产蛋将超标准 10 枚左右。

## 一、评估均匀度的方法

### （一）体重均匀度

### （二）体型均匀度

是鸡只外形总体衡量尺度，主要是骨骼器官的均匀度，技术人员通过测量胫骨和胸骨长度来测定。

### （三）体况均匀度

主要是种鸡的丰满度，由肌肉和脂肪所决定。

### （四）抗体滴度均匀度

免疫成功与否，HI 抗体的均匀度和平均度很重要，如离散度大，易发病。

### （五）换羽均匀度

主翼羽的更换与性成熟存在一定的关系，换羽是判断种鸡生长发育、繁殖情况正常与否的重要方法之一。

### （六）性成熟与体成熟均匀度

15 周后第二性征开始出现，鸡冠、肉髯、脸、面部、眼逐渐变红。性成熟一致的鸡群鸡冠发育高大且鲜红、脸部红润，羽毛已更换为成年羽毛，羽毛油光发亮光滑。

## 二、如何提高均匀度

实际生产上我们不能左右遗传成分，但可以通过改变管理方法来提高均匀度。均匀度并不是机械的，它是自然的，是养出来的，不是称、挑出来的；即使养不出来，但早期决不能放松均匀度的控制，应通过分群和挑鸡来提高均匀度；分栏后，栏内均匀度应至少达到 90% 以上。不同的饲养阶段有不同的均匀度控制重点，必须遵循种鸡的生长发育规律合理调控均匀度使其达到理想状态（表4-8）。

表4-8　不同周龄的均匀度标准

| 周　龄 | 4 | 8 | 10 | 12 | 15 | 20 | 24 | 25 |
|---|---|---|---|---|---|---|---|---|
| 体重（g） | 420 | 800 | 990 | 1 180 | 1 500 | 2 170 | 2 810 | 2 960 |
| 均匀度（%） | 78 | 85 | 84 | 83 | 80 | 84 | 85 | 85 |

### （一）重视生产全过程均匀度的控制

以体重为依据，在无疾病的前提下，尽早尽快抓好均匀度包括体重、体型和自然均匀度的控制等。

（1）育雏期（0～4周）　重点是体重和体型均匀度的控制，确保公母鸡体型配比合乎标准要求。①提供充足有效的料位、水位和饲喂空间。开灯后喂料喂水时应检查料盘水位是否充足，并随日龄增加，逐渐增加料盘和饮水器数量。更换饲养设备时应逐渐进行，料位和水位是由始至终的检查重点。在保证温度的前提下及早扩栏，以降低密度。②把好喂料关。从1日龄开始，采用拟定料量与自由采食相结合的饲喂方法，使不同栏内的雏鸡每天每只采食量相等，缩小雏鸡体重差异，使雏鸡都有同样的机会获得良好的开端，有利于全群称重前均匀度的提高；尽快减少喂料次数，提高采食的均匀性，定料后的匀料工作仍是管理重点。③准确断喙或烫喙。根据是否实施遮黑饲养、遮黑时间的早晚、遮黑程度的高低，合理准确掌握断喙强度。断喙时挑出小鸡放在公鸡栏旁单独饲养，用1～2周的时间，使其体重逐步赶上鸡群平均体重，完成"小"向"中"的靠拢。④及早分栏。当均匀度很低时，小范围的挑鸡已经不能迅速提高均匀度，此时必须进行全群选鸡。但是，全群选鸡不等于每只鸡都称一遍。训练有素的工人可通过"随手掂量"而判断出鸡只的近似重量，从而减少鸡群的应激，提高工作效率。

（2）育成前期（5～10周）　通过调整各栏的喂料量，正确控制各栏鸡群的体重增长，使鸡群获得均匀的骨架发育和正确的公母鸡体型配比。①分栏饲养。尽早按体重进行分栏，分栏后通过3～4周使其体重达标。为了保证均匀度的持续稳定，每周都应安排挑鸡，挑鸡的数量和范围视均匀度的变化而定。②全群称重。缩小鸡只个体间的差异，使鸡群同时达到性成熟。全群称重后特大、特小鸡分别占鸡群数量的3%～5%；小鸡、大鸡分别为鸡群的12%～15%，中鸡为鸡群的70%。如称得大小鸡数总和占群的比例与预定比例差异较大，而大小鸡各自比例基本相等，应及时调整中鸡体重范围；如称得大小鸡数总和占群的比例与预定比例差异较大，而大小鸡各自比例差异较大，应及时调整中鸡体重范围和上下限。称重后，根据鸡群间体重差异调整料量，所增料量不能超过周应加料量，在任何时候料量不能减少。全群称重时动作要轻，称重要准，做到全称，防止逃漏和放错鸡；各舍称重必须在一天内完成，每次全群称重前都要称重计算平均体重。③正确计算料量。调群的依据是称重结果，根据称重结果，计算该栏所挑出鸡的体重范围及数量与相应栏调换；规定完成调群的时间，如果时间发生变化时重新计算；10周前各等级鸡的料量差异不大，采用群内调但不能越级；计算的调换数有差异时，不要硬凑数以能挑的最小数为准；调群时除体重外还要关注所换鸡的体型，如小鸡与中鸡交换时，小鸡中挑出的大鸡其骨架大些为好，中鸡挑出的小鸡其骨架小些为好，同时要关注所挑鸡是否畸形，发现畸形母鸡均挑至特小栏，公鸡立即淘汰。④采用合适的限饲方法。从第4周开始采用5/2限饲法，第7周可改为4/3法，此法控料时间越长鸡群的肌胃磨碎速度越快，胃肠消化功能越强，均匀度就越高，一般此法可持续至11周；12周改为5/2法；19~22周改为6/1法；23周起每日限喂；无论采用何种限饲法其日料量不能超过产蛋高峰料量的90%，以免涨嗉影响均匀度。

（3）育成后期（11~24周）　重点是均匀度的维持、体型形态发育良好、换羽整齐、性成熟一致。10周后均匀度的高低直接影响鸡群性成熟和体成熟的均匀度，对确保每个个体周增重达标的一致性影响较大，同样影响生产性能的发挥，尤其对产蛋中后期的影响较大。10周后均匀度的高低取决于10周前均匀度的高低和真实性、料量平稳正确的添加、消化系统对饲料的消化利用率以及员工每周工作的细度，难度较大，因此应抓好称重关，一方面准确称重可尽早发现问题尽快控制解决，另一方面在称重过程中可触摸个体，掌握其体况发育。在20~23周混群时进行一次大调群，分成小1、小2、中鸡和大鸡栏。

（4）产蛋期（25~66周）　重点是维持好均匀度，确保有效的料位和水位，及时淘汰病弱残次鸡，保证料位足够但也不能太富余，以免鸡群之间个体差异拉大。

（5）种公鸡的特殊管理　公鸡的均匀度是受精率高低的关键，分栏饲养能提高均匀度。重视种公鸡饲喂的细节管理。

**（二）　正确称重、计算和评估均匀度**

只有正确的称重计算、评估均匀度，确保均匀度的真实性，才能真正发挥品种的遗传性能。准确计算鸡群平均体重、均匀度和离均度，正确评估均匀度。

# 第四节　分栏技术

有效的分栏能使各栏鸡群的变异系数达到8%以下。为确定鸡群的目标体重与饲喂计划，分栏后对各栏鸡群重新称重和计数以确认分栏后各鸡群的平均体重和均匀度。如分栏后各栏鸡数不准确会造成饲喂量不正确；每一栏鸡群都应有各自独立的饲喂系统，如无法做到这一点，补充饲喂时须保证饲喂系统能够均匀地分配饲料及足够的采食位置。分栏后的管理很重要，应使各栏鸡群在预期转群时的体重达到同一个目标；确保鸡群的饲养密度、采食及饮水位置与推荐的标准保持一致特别是在分栏期间隔离栏作了调整以后。分栏后继续观察每周体重，从 63d 龄起停止各栏鸡群互换；任何体重低于标准的鸡群都应重新制定目标体重使之在 105d 龄时达到标准体重；如鸡群在 63d 龄时体重仍然超标，应重新制定目标体重使之高于并平行于标准体重；不要试图将超重的鸡群体重拉回标准，这将推迟鸡群的性成熟及降低高峰产蛋率。如产蛋期鸡数大于育成期鸡数，在转群时需合并鸡群；合并鸡群时，必须确保体重和饲喂量相近。建议使用自动称重系统以获得正确的称重结果。

## 一、分栏的目标

如 3 ~ 4 周分群，使所有各栏鸡群在 9 ~ 10 周时平均体重达到标准体重，10 ~ 12 周之前尽可能将鸡群的均匀度保持在 80% 以上或 8% 以下的变异系数。

## 二、分栏的原则

动物群体间的差异可通过变异系数（%）来测定，变异系数可在称重时自动计算或由人工根据称重记录计算。雏鸡入舍时，鸡群的体重应呈正态分布，差异较小。即使一日龄在一个群体内也存在自然的差异，随鸡群的生长，由于群体内的个体鸡只对于管理因素如免疫、疾病、采食竞争能力不同，应答也不尽一致，鸡群的差异性也会随之增加，21d 龄会达到 10% ~ 19%，如不进行分栏，产蛋开始时鸡群的变异系数将达到 15% 以上。鸡群差异性较大会影响整个鸡群的生产性能且整个鸡群的管理也更为困难。一般来说，鸡群差异性的增加主要是由于群体内体重较小的鸡只数量增加而造成，为使整个鸡群达到比较好的均匀度，小的、体重轻的鸡只应挑选出来进行分栏饲养和分别管理（分成 2 个栏）；有时鸡群的变异系数会大于 12%，这就需要在分栏时同时把体重小和大的鸡只分别挑选出来进行分栏饲养（分成 3 个栏）。通过分栏和分栏管理，所有的鸡只对饲养管理如光照刺激及饲喂量的增加应答都比较一致，整个鸡群的均匀度会提高且整个鸡群更易管理。

## 三、分栏的周龄

均匀度良好的鸡群比均匀度较差的鸡群更易管理，鸡群中绝大多数鸡只均处于相似的生理发育状态，对于饲养管理的应答会更加一致。分栏的目的是将整个鸡群根据不同的平均体重分成 2 ~ 3 个群体，对每个群体进行分别饲养管理，使整个鸡群在开产时达到非常好的均匀度。骨架均匀度应从早期开始，尽可能早地进行分群如7～10d龄；分栏的最佳时机是在3～4周，此时鸡群的变异系数通常在10%～14%；如分栏太晚，鸡群恢复均匀度的有效时间会明显不足（理想的时间是63d龄）且分栏效果也差。为达到此目的，简单的分栏方法是在雏鸡入舍时就准备好将来分栏所用的空栏或空鸡舍。为防止特殊情况如变异系数大于12%，饲养种公母鸡的面积必须能够分为2～3个小栏。如舍内整群鸡需在本栋鸡舍内分栏，舍内应留有1～2个可以调整的小栏以隔开不同的鸡群。一般3～4周、6～7周进行全群分群，根据需要11～12周可再次进行分群。

## 四、分栏的方法

### （一）分栏前准备

随机抽样称重，计算平均体重、变异系数或均匀度，确定各栏体重分界点，然后全群称重与分群。

### （二）分栏后

重新计算各栏鸡群数量、平均体重及变异系数或均匀度以确保分栏的准确性，分栏后各栏的变异系数应小于8%或大于80%的均匀度。饲养密度、采食位置、饲料分配及其他管理因素应满足鸡群的要求，逐渐地使小或大鸡栏的平均体重恢复到标准体重。

### （三）转群前分栏

在分栋舍饲养的鸡舍可在转群时将小、中与大体重鸡群分别转到不同的鸡舍，小体重鸡群一般比较胆小，很难与体重大、比较凶的大体重鸡群竞争，同一鸡舍内体重相似的鸡群对于饲喂及加光的反应也较一致。

## 五、分栏的步骤

实际分栏步骤取决于鸡场或鸡舍的设计和管理方法（各栏的安排和饲喂系统的灵活性）及鸡群28日龄时的均匀度，根据鸡群的均匀度分栏时，各栏体重分界点即分栏后各栏鸡数的百分比见表4－9。生产实践中通常有隔离栏可调整和固定隔离栏两种分栏方法。不论采用何种分栏方式，分栏前变异系数小于12%采用两栏方式分群，变异系数大于12%采用三栏方式分群；称重时要进行圈鸡，所有被圈在栏内的鸡都须称重，为避免出现选择性误差，每个栏至少抽样2%的鸡数或不少于50只鸡，取数量多者。分栏后应对建立好的每个小栏鸡群重新抽样称重，计算各小栏鸡群的平均体重、变异系数及实际鸡数；分栏后整个鸡群的变异系数没有变化，小体重鸡群和中等体重鸡群的变异系数都会得到改善；中等体重的各栏鸡群平均体重较相似，这些栏可作为同一个群体来对待。管理人员须了解每一栏鸡群的平均体重，任何与计划目标出现的突然偏离应立即进行调查分析；从小体重鸡群到中等体重鸡群，各栏的体重应以图表的形式与标准体重进行比较，必要时重新制定各栏的体重增长曲线使各栏鸡群的体重在 63d 龄时达到标准体重。根据鸡群实际与标准体重的偏离程度调整饲喂量。注意分栏后小体重鸡群也许不必立即增加饲喂量；小体重鸡群因为和大体重鸡群的竞争减少，体重会增加，所以没有必要一开始就增加饲喂量。

**表 4-9　分栏时的体重分界点**

| 鸡群均匀度变异系数（%） | 分栏后各栏鸡数比例 | | | |
|---|---|---|---|---|
| | 分成 2 栏或 3 栏 | 小体重（%） | 中等体重（%） | 大体重（%） |
| 10 | 2 群 | 20 | 80（78~82） | 0 |
| 12 | 3 群 | 22~25 | 70（66~73） | 5~9 |
| 14 | 3 群 | 28~30 | 58（55~60） | 12~15 |

### （一）隔离栏可调整的分栏方法

两栏方式分群，如在分栏前整个鸡群饲养在 4 个不同的小栏内，另留一个空栏在雏鸡入舍时准备好为将来分栏时使用。每个栏随机抽取一部分鸡只进行称重并记录数据。建议使用可记录个体体重和计数、自动计算鸡群标准差和变异系数的电子秤，这些电子秤计算出的结果可作为分栏时确定体重的分界点。如没有自动电子称，可靠人工记录体重并计算。将整群鸡分成小和中等体重两个群体，两个群体的大概鸡数比例依次为 20% 和 80%。随机抽样确定最小体重的分界点，然后整个鸡群的每一只鸡都逐一称重，挑选出小体重鸡只转到空栏内，据各栏鸡数的变化调整每一个栏的饲养面积。3 栏方式分群，如将鸡舍分成 5 个小栏，分栏前鸡群分别饲养在 4 个小栏内，雏鸡入舍时留有一个空栏为将来的分栏做准备。每个栏随机抽取一部分鸡只进行称重并记录数据，计算称重结果作为分栏时确定体重的分界点。将整群鸡分成小、中和大体重 3 个群体，3 个群体的大概鸡数比例依次为 29%、57% 和 14%。然后确定小、中和大体重鸡群的分界点，一旦确定了分栏体重分界点，鸡群内所有的鸡只都要逐一称重，挑选出小体重和大体重鸡只进行分栏饲养。由于分栏后不同体重的鸡群数量差异很大，各栏的大小应重新调整以适应分栏后各栏新的鸡数、饲养密度及采食与饮水位置。

## （二）固定隔离栏的分栏方法

有些鸡舍的分隔栏不能调整或改变，各栏的大小是固定的。两栏方式分群，如将鸡舍被分隔成4个大小一样的小栏，分栏前鸡群分别饲养在3个小栏内，雏鸡入舍时留一个空栏为将来分栏做准备。每个栏随机抽取一部分鸡只进行称重并记录数据。在隔离栏可调整的情况下，分栏后各栏的鸡群比例分别为小体重鸡群占20%，中等体重鸡群占80%；但在固定隔离栏的鸡舍，各个小栏是被均匀分隔且大小一致，如将鸡舍分成4个大小相同的小栏，每栏鸡群占到总数的25%；因此分栏后小体重鸡群占到总数的25%，中等体重的鸡群占到总数的75%。一旦确定了分栏体重分界点，鸡群内所有的鸡只都要逐一称重，将小体重鸡只挑选到空栏内进行分栏饲养。3栏方式分群，如将鸡舍分成4个大小均等的小栏，其中的一个空栏为将来分群准备。每个栏随机抽取一部分鸡只进行称重并记录数据。在隔离栏可调整的鸡舍，分栏后各栏的鸡群比例分别为小体重鸡群占29%，中等体重鸡群占57%，大体重鸡群占14%；但在固定隔离栏的鸡舍，各个小栏被均匀分隔且大小一致，鸡群应被均匀分配到各个小栏内，每栏鸡群应占到总数的25%；因此分栏后小、中、大体重鸡群占总数的比例依次为25%、50%和25%。然后确定小、中和大体重鸡群的分界点，一旦确定了分栏体重分界点，鸡群内所有的鸡只都要重新称重，将小体重鸡和大体重鸡分别挑选到空栏内进行分栏饲养如图4－1所示。

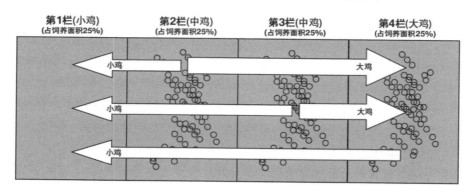

图4－1　固定隔离栏的分栏方法

# 六、分栏后鸡群管理

28d龄分栏后鸡群的管理必须使各栏鸡群均匀协调达到标准体重。

## 七、分栏后体重管理（63d 龄前）

分栏时据鸡群原有的变异系数将鸡群分成 2～3 个群体；28 日龄后继续关注各栏鸡群的周增重；调整饲喂量以满足目标体重的要求，目标是使每一栏鸡群在骨架生长发育阶段（63d 龄前）均匀地达到目标体重。

### （一）体重低于标准

分栏后鸡群平均体重小于标准体重 100g 以上，目标是使鸡群在 63d 龄达到标准体重。重新制定体重增长曲线使鸡群在 63d 龄时恢复到标准体重；分栏后第一周，小体重鸡群应维持分栏前的饲喂量，不要增加饲喂量；由于减少了与大体重鸡群的竞争行为，体重仍会增加；之后应据鸡群实际与目标体重的偏离程度增加饲喂量。

### （二）体重与标准一致

目标是使鸡群的体重继续沿标准增长。

### （三）体重超过标准

鸡群的平均体重超过标准 100g 以上，应重新制定体重增长曲线，使其在 63d 龄时体重回归到标准。为使鸡群达到重新制定的体重增长曲线，饲喂量可少增加或推迟增加但绝不允许减少饲喂量。

## 八、分栏后体重管理（63d 龄后）

在 63d 龄时应重新评估各栏鸡群的实际和标准体重的差异情况，体重和饲喂量相似的鸡群可以在此时合并，差异较大的应重绘体重增长曲线。

### （一）鸡群小于目标体重

如鸡群在 63d 龄时体重仍小于标准，应重新制定目标体重增长曲线使鸡群的体重沿着新制定的曲线在 105d 龄时逐渐达到标准，通过提前增加饲喂量达到这一目标，目标是继续保持体重与标准一致。

### （二）中等体重鸡群

目标是继续保持鸡群的体重与标准一致。

### （三）鸡群体重大于标准

如鸡群体重在 63d 龄仍超标，应重新绘制目标体重增长曲线使之与标准体重曲线平行；试图把鸡群的体重拉回到标准体重，将会降低高峰产蛋率。鸡群对饲喂量的要求应达到重新制定的目标体重曲线，需注意种母鸡在这个阶段保持超重会使性成熟提前；在与标准体重一致的种公鸡进行混群时可能会因种公母鸡性成熟不同步而造成很多问题，这时各栏鸡群应按不同的体重增长曲线进行生长发育，从此时起超重的鸡群应保持超重，此阶段不建议将各栏鸡群进行互换。

## 九、减少体重问题的措施

如鸡群育成期的平均与标准体重相差 100g 左右或以上，应重新抽样称重，如体重确实如此，则应考虑下列情况。

### （一）在 105d 龄之前体重小于标准体重

对于当前的鸡群可将下一次加料提前，必要时可考虑增加饲喂量，直到鸡群的体重逐渐恢复到标准。对于将来的鸡群可延长育雏料的使用时间；饲喂营养浓度水平较高的育雏料；21d 龄前提供较长的光照时间等，有助于刺激鸡群的采食量及提高增重。

### （二）在 105d 龄之前超重

不要将饲喂量降低到当前水平以下；减少下一次饲料增加量，如每只鸡增加 2g 而不是 4g；推迟下一次加料；检查饲料能量水平是否高于预期等。

# 第五节 饮水管理

## 一、饮水质量

提供给鸡群的水应干净卫生、无污染，水质（包括理化及微生物指标）必须定期检测，水中微生物和矿物质含量要达到标准要求。

### （一）水质达标

饮用水应清洁干净，矿物质含量不超标，无任何病原微生物、有机物或悬浮物（表 4-10）。水质特别是井水和浅表水应每月检查，确保总细菌数不超过 100/ml，大肠杆菌数不超过 50/ml。同时应定期检查饮水中的硬度、盐分和硝酸盐含量等。

表 4-10 饮用水标准

| 项 目 | 标 准 |
| --- | --- |
| 不溶解物质 | 300~500mg/kg |
| 氯化物 | 200mg/L |
| pH 值 | 6~8 |
| 硝酸盐 | 45mg/kg |

（续表）

| 项　目 | 标　准 |
|---|---|
| 硫酸盐 | 200mg/kg |
| 铁 | 15mg/L |
| 钙 | 755mg/L |
| 铜 | 0.055mg/L |
| 镁 | 305mg/L |
| 锰 | 0.055mg/L |
| 锌 | 55mg/L |
| 铅 | 0.05mg/L |
| 粪杆菌 | 0 |

### （二）对饮用水消毒，防止水被污染

进入鸡舍的干净卫生的水也可能被暴露在鸡舍环境中的细菌所污染，见表4-11。建议使用氯化物来改善鸡舍饮水的卫生，饮水中加消毒剂消毒，特别是开放式饮水系统，如加水易净或漂白粉（免疫时除外）使其有效氯浓度达到3~5mg/kg，开放式饮水系统应保持3mg/kg，封闭式在系统末端饮水处应达1mg/kg。紫外线照射也能有效控制水中的细菌污染。

**表4-11　饮用水暴露在肉鸡舍空气中后细菌的增加情况**

| 项　目 | 总数量 | 金黄色葡萄球菌 | 大肠杆菌 |
|---|---|---|---|
| 清理消毒后 | 0 | 0 | 0 |
| 1d龄 | 0 | 0 | 0 |
| 5d龄 | 40 000 | 15 000 | 10 000 |

### （三）检查水的硬度

观察水线、水表及湿帘系统的堵塞情况。检查水的硬度<100，硬度低，较好，没有问题；>100，硬度高，满意，对家禽没有问题，但会影响到皂类及其他很多消毒剂的效果以及通过饮水使用药物的效果。

### （四）酸碱度

水的pH值，家禽建议范围为6.5~8.5；<6不好，影响生产性能，腐蚀饮水系统；6.0~6.4不好，有潜在问题；>8.6不满意。pH值位于6.0~7.0时，氯化物消毒效果最好。

### （五）总氯（结合氯＋游离氯）

总氯范围4~10mg/kg；游离氯建议范围3~5mg/kg。

## 二、提供充足有效的水位

应为种鸡提供充足有效的饮水位置，摆放位置与布局恰当合理，分布均匀，雏鸡在最初 24h 不出 1m 的范围就能找到水；育成及产蛋期间种鸡不到 3m 的距离都能找到水源。

## 三、重视水温

### （一）育雏期的饮水温度

理想的饮水温度为 18~21℃；水温小于 5℃，太低，饮水量减少；大于 30℃，太高，饮水量减少；超过 44℃，鸡群拒绝饮水。育雏温度可使病原微生物繁殖速度加快，每 20min 一个细菌就可翻倍，7h 内就会超过 200 万个。因此，在育雏的前 7~10d 最好使用凉开水，并应特别重视水温对雏鸡的影响。

### （二）育成期及产蛋期的水温

饮水温度保持在 10~12℃，水温过高或过低都会减少鸡群的饮水量。炎热季节应保证饮水管道内水的流动，确保水温尽可能的低。

## 四、合理限水

育成期实施限水程序有助于保持良好的垫料管理、降低舍内湿度，提高饲料消化率，改进鸡只整个肠道系统的健康。育成期间，饲喂日应连续饮水 3~4h，喂料前 0.5~1h，吃完料 1~2h 后停水；下午供水 2~3 次，每次 20~30min。非饲喂日每次清晨供水 30~60min；下午供水 3~4 次，每次 20~30min。温度大于 30℃，每小时应供水 20min；大于或等于 32℃，禁止限水。产蛋期不提倡限水。

## 五、水线高度、水位和水压

### （一）水线高度

（1）乳头饮水系统　随鸡群的生长逐渐调整饮水系统的高度，以有利于鸡只的正常饮水（表 4 - 12）。水线的高度调整要照顾到大群，特别娇小的喝不到水的鸡要及时挑出，单独饲养。水线要平直，饮水器下方的垫料或垫网要平整，如有凹陷，可适当调低该位置的水线高度；水线两端要稍微抬高一些，以防水线内发生气塞；水线高度始终保持在鸡抬头可以饮水的位置，鸡从水线下通过时，鸡冠不能碰到乳头。

表4-12　水线的调整方法

| 周　龄 | 1 | 1 | 2 | 3 | 4 | 5 | 6 |
|---|---|---|---|---|---|---|---|
| 调整日龄（d） | 1 | 5 | 12 | 19 | 26 | 33 | 40 |
| 水线高度（cm） | 5 | 13 | 17 | 21 | 25 | 27 | 34 |

（2）钟型饮水器　应为种鸡配备足够的饮水器，放置在舒适区域且分布均匀，并随日龄增加，逐渐增加饮水器的数量。饮水器放置高度应适宜，太高易导致脱水、体重及均匀度差；太低易造成垫料潮湿、滋生细菌、诱发球虫；每天检查并调整饮水器的高度。

**（二）水位**

钟型饮水器内水位的高度为1.9cm。

**（三）水压**

水压过高会造成漏水和垫料潮湿；过低会降低鸡群的饮水量并由此减少采食量。

（1）乳头饮水器平均流水量　水表必须和水压及水流量匹配。育成期35~50ml/min，产蛋期大于70ml/min。每条水线长度不应超过40~50m。

（2）水压的调节　先将水线调平，确认水线不漏水；调节调压器使水压计的水压达到适当的高度。0~7d 2.5~5cm水柱压力；1~2周5~10cm水柱压力；2~4周5~15cm；4周以上10cm以上。注意水压的变换不能过快，否则影响鸡群饮水；药罐与外界水塔的水压不同，在二者之间变换时，注意调节调压阀。

（3）控制管理好水线　每天检查乳头，及时更换漏水、出水不均匀或不出水的乳头，确保不漏水不缺水。

（4）各个时期的数据要求　不同时期的数据要求见表4-13。无论任何时候都必须保证乳头饮水器中有水，且饮水系统中的压力要遵循设备厂家的说明，这两点尤为重要。

表4-13　各个时期的数据要求

| 生长期 | 水位高度（cm） | 鸡头与水线角度 | 饮水位置（只/个） |
|---|---|---|---|
| 育雏期（0~3周） | 10 | 45° | 15~20 |
| 育成期（4~21周） | 20 | 母鸡45°、公鸡75° | 12~14 |
| 产蛋期（22~66周） | 30 | 70° | 8~10 |

## 六、供水系统的消毒、保养和维修

应定期维修水泵、管道、水线等设备设施；定期消毒水线确保所有的减压装置和水管规格正确有效。为减少阀门或水管容易被高硬度水造成的水垢堵塞现象，建议用 40～50μm 的过滤器处理饮用水。

### （一）消毒饮水系统

每周可选择白醋、柠檬酸、氯、双氧水、有机酸、二氧化氯、氧处理、紫外线等对饮水系统进行消毒处理，以去除水管内壁附着的杂质有细菌、药物残留物及生物膜附着物；每周用消毒水擦洗水线管道一次；每周抽取水样检测是否有大肠杆菌类细菌（表 4-14）；对冲洗消毒检测不合格者应检查原因并重新冲洗消毒。试验表明使用过氧乙酸消毒液连续浸泡 5 个夜晚后，可使水线中的细菌由浸泡前的平均 3 042 个/ml 降至 25 个/ml。

**表 4-14　某公司育雏前对冲洗消毒效果的检测（大肠杆菌群）**

| 鸡　舍 | 3# | 4# | 6# |
|---|---|---|---|
| 水　线 | 2/3 | 1/4 | 1/4 |
| 饮水器 | 0/3 | 0/4 | 0/4 |

### （二）经常冲洗饮水系统

（1）水线的冲洗　水线正常使用时，冬天 3～4d、夏季 1～2d 冲洗 1 次，高温时每日冲洗；疫苗免疫前后及用药期间，必须冲洗。冲洗水线时，关闭水罐阀门，直接把水线与水塔相连，并打开水线一端开关，调压器水压调到最大，先冲洗水线的一半；冲洗完毕后，关掉水线进水阀门和一端的开关，然后打开另一端的开关和进水阀门，冲洗另一半。冲洗是否干净以末端流出清澈的水为标准。冲洗水线时排除的水要通过软管排到鸡舍外，不能流到鸡舍内。对于水箱水线的清洗，排净水箱和水管内的水，用净水冲洗水管，清除水箱内的水垢和污物并排到鸡舍外；水箱内重新注满洁净的饮水并添加清洁剂，用含有清洁剂的水箱水冲罐整个饮水系统，确保不要出现气阻现象，再次将水箱注满水，保持其正常的水位和水压，添加适当浓度的消毒剂并盖上水箱盖，使其至少停留 4h，将水再次排放掉，用清水冲洗；雏鸡进场前注满洁净的饮水。正常水压下，每 30m 水线冲洗一遍至少需 1min；灌注长 30m，直径 20mm 的水线，大约需要 30～38L 的消毒液；如果 150m 长的鸡舍，有两条水线，最少要配制 380ml 的消毒液。步骤为打开水线排水；将消毒液灌入水线；观察从排水口是否有消毒液的特征如泡沫，充满后关闭阀门，停留24h以上后排空；然后再冲洗水线，冲洗用水应含消毒药（1L水加30g 5%的漂白粉制成浓缩消毒液，然后再以每升水加7.5g的比例稀释浓缩液，可配制成含氯3～5mg/kg的冲洗水）。经硝酸银稳定处理的50%的双氧水，是非常有效的消毒剂和水线清洁剂，不会损伤水线，但应注意碳酸盐和pH值的碱性会影响双氧水的效率。

（2）清洁普拉松饮水器 对普拉松饮水器应每天上下午各擦洗1次。损坏的及时更换修理，避免出现无水或水溢出的现象。

（3）去除水垢 柠檬酸具有除垢作用，将110g柠檬酸加入1L水中制成浓缩液，按7.5g：1L的比例灌注水线保留24h，要达到最佳除垢效果，pH值必须低于5；用洁净水再冲刷水线。不能把酸化剂用作水处理的唯一方法，因其可造成细菌和真菌在水线中生长增殖。

（4）生物膜 因水管内壁附着的杂质有细菌、药物残留物及生物膜附着物，应采取下列方法进行处理。①对使用加药器水线的特别处理。此类加药器的注入比例范围是1：500～1：64，当注入比例是1：128时，按4L水加15～22ml浓度为35%的双氧水，用加药器注入到水线中对水线进行浸泡。②对使用水箱水线的特别处理。每500L水加15～22ml浓度为35%的双氧水；生物膜是细菌滋生的温床，采用酸碱消毒液只能杀灭管道内表层细菌，不能去除生物膜，还会腐蚀乳头的不锈钢部件，双氧水可以有效去除生物膜。具体操作是水箱1/10水中加8～10倍消毒剂，关闭饮水器阀及排水阀，将消毒液压至饮水系统内，20～30min后再打开排水阀排除消毒液，用清水冲洗8～10min。对水箱每周至少刷洗一次，刷洗时应关闭出水口，以避免沉淀物进入饮水系统，刷洗污物应通过水箱排污阀门排出。

**（三）清洗过滤器滤网**

每月清洗过滤器，清洗过滤器滤芯时，切勿用刷子刷洗；加药器不能用任何酸碱化合物，有可能对其塑料部件造成损害。

**（四）清洁储药罐**

每次饮药、饮水免疫前后，都要对药罐的内外部进行清洗。使用药罐进行备水时，药罐里面的水最多保存一天后就要更换一次，防止细菌滋生。

## 七、细心观察记录

### （一）每日记录鸡群的饮水量

育成期的种鸡特别是6～22周期间，容易出现过量饮水的现象。每栋鸡舍都应安装水表，每天如实记录鸡只实际饮水量（每天记录水表读数），根据不同季节和饲料量，掌握总的饮水量。每天通过水表监测鸡群的饮水量非常重要（表4-15）。鸡只的饮水量受年龄、性别、环境温度、水温、饲料、水流量等的影响。

表4-15　21℃时每100只鸡每天正常的饮水量　　　　（单位：L）

| 周龄 | 1 | 4 | 10 | 15 | 21 |
|---|---|---|---|---|---|
| 饮水量 | 1.9 | 8.3 | 17 | 22.3 | 27.2 |

### （二）监测水料比

为保证鸡群获得足够的饮水，每天应观察采食量和饮水量的大致比例，不仅可以监测某些系统的状况，还可以监测鸡群的健康状况及评估生产性能。

### （三）触摸嗉囊

经常触摸嗉囊可以确定正常的饮水量；嗉囊应该柔软顺滑，如饮水不足，则嗉囊坚硬，有可能引起嵌塞，导致坏死。

# 第六节　饲喂管理

## 一、确保料量准确均匀

每日按照鸡只存栏数量准确计算料量，称料器具经常校正，减小误差。

### （一）校称

定期用标准重量砝码校称，称料前称要调零，称料时要去皮重。

### （二）称料检查

准确称取每栏应备的饲料量，使用料桶喂料向栏内悬挂的料桶加入该栏应加的料量，摇匀每个料桶中添加的饲料，放料时要求快速均匀；使用料线喂料应以最低栏的料量为基础，均匀加至主副料箱中，多余料量手工加入料槽中；不定时检查各栏所算料量尤其是零头料量。称料准确，并对周末舍存料进行盘查，以免出现喂料不准或不正确。

### （三）饲喂器具检查

使用料桶，每月至少清理一次，注意料桶高度及数量；使用料线，平养舍转角器应定期清理，防止饲料霉变；笼养舍中间笼内不能缺鸡或无鸡，料槽干净完好，以免喂料不均匀。关注喂料均匀性、平养舍转角器、料槽等的检查；注意料线出料口的调整，避免溢料；观察后期料位的情况，发现不足及时补充，以免均匀度出现下降；辅料箱的料不要上的太多。

**（四）周末舍存料盘存**

盘存有助于减少错误。周末舍存料量＝上周末存料＋本周进料量－本周用料量。

**（五）喂料均匀性检查**

料线喂料根据总料量及时调整出料口高度；料桶喂料检查桶内上料是否均匀；料槽喂料严格控制每根料槽料的厚度，避免人为原因造成喂料不均匀。

## 二、料位足够

料位有效充足是保证鸡群同时均匀吃料的前提条件，过多或过少的料位会降低均匀度，随周龄增加应逐渐增加料位，管理人员要坚持每天观察鸡群采食情况，确保各个料桶（盘）中的料量尽量一致；确保每个料桶（盘）内的饲料分布应均匀，不能倾斜，确保所有种鸡在同一时间采食同样数量的饲料。

**（一）平养的料位与鸡数**

栏应存母鸡数＝栏料槽长度÷总料槽长度×总母鸡数，做到 2 周调整一次，公鸡也同样调整。

**（二）鸡群应分布均匀**

上料后往往出现鸡群分布不均匀的现象，在上料前后饲养员要采取引、赶、抱等措施，确保鸡群分布均匀。

**（三）保证种鸡有足够的采食位置但又不能太富余**

布料均匀，速度快；使用料桶喂料时，每个料桶应配相同的料量，料桶下配重量坠保持桶的稳定性。随日龄的增长，逐步调整料桶高度以方便采食。确保有效料位并保持干净卫生（表 4 – 16）。

表 4 – 16　建议的采食与饮水位置

| | | 饲喂系统（cm） | | | 饮水系统 | |
|---|---|---|---|---|---|---|
| | 年龄 | 链槽式 | 盘式 | 钟型（cm） | 乳头式（只/乳头） | 杯式（只/杯） |
| 种公鸡 | 15~20 周 | 15 | 11 | 1.5 | 8~12 | 20~30 |
| | 20 周至淘汰 | 20 | 13 | 2.5 | 6~10 | 15~20 |
| 种母鸡 | 15~20 周 | 15 | 10 | 1.5 | 8~12 | 20~30 |
| | 20 周至淘汰 | 15 | 10 | 2.5 | 6~10 | 15~20 |

**（四）经常检查母鸡料线**

注意检查料线中各个料槽中间的格丝是否变形弯曲、料槽连接处是否有格鸡网、料箱或辅料箱的进出口隔鸡栅是否损坏等。

## 三、采用合适的限饲程序

如鸡群在整个育成期一直保持每日限饲，鸡群的采食时间会变得非常短（30min 之内），比较弱小的鸡只采食不到足够的饲料量。为了控制肉种鸡的体重，解决由于每日喂料量太少而不能确保在整个饲喂系统中均匀分配，从而影响到鸡群的增重和均匀度，必须对种鸡进行限饲，每种限饲方法的日最大喂料量为隔日限饲 90g、4/3 限饲 110g、5/2 或 6/1 限饲 120g，如超过应在下周及时过渡，否则会给鸡只带来损伤，影响饲料利用率和正常的生长发育。如果要对鸡群进行分群，在分群前不要改变饲喂方式。

## 四、正确使用饲喂系统

从 140d 开始，鸡群应使用产蛋期的喂料系统，以减少产蛋期间更换喂料设备所造成的应激，从地面饲喂转为料线饲喂的最初几天应先将喂料器上的格栅去掉。最重要的是 18 周后，不能使鸡觉察到任何日营养摄入量的减少，密度过高和日营养供给量减少是这个阶段以后鸡群均匀度降低的主要原因。

### （一）使用槽式料线

第一次使用料线时，放到最低点；随日龄增长，料线高度要适宜，鸡只可以从料线下自由穿过；料箱出料口应随日龄的增长调整，料线运行过程中，检查主、辅料箱是否有溢料，料线接口处是否跑料，当有手工料时，料机停后再均匀加入各栏中。栋舍两边料箱饲料量应保持均匀一致，掌握料仓出料口大小和转料时机，料线运行以转整圈为原则，起始时间固定，定时转料，料箱出口大小一致，育雏育成期要求将全天的饲料量一次转完再停止，保证饲料在整个饲喂区域内迅速分布均匀。喂料完毕，巡视鸡群状况，检查喂料系统，如图 4-2 所示。

### （二）盘式饲喂系统

通过饲喂系统上方充满饲料的料管内搅龙的转动，快速均匀地将饲料分配到各个料盘内，如图 4-3 所示，防止喂料时鸡群分布不均及饲料颗粒分层现象，并应注意及时调整出料口大小，经常检查有无堵塞现象，以免喂料不均匀。

### （三）料桶饲喂

使用料桶喂料时，可以用钢管串起，防止倾斜（图 4-4）。随日龄增长，料桶上边缘与鸡背高或比母鸡背部高 3cm。

图4-2 槽式喂料

图4-3 盘式料线

## （四）公母分开饲喂，防止公母鸡相互偷吃料

种鸡一生中公母鸡分开饲喂有利于体重控制。公母鸡使用不同的喂料器，
至始至终都不改变。饲喂料槽（桶）高度适当，确保每只鸡吃料均匀，一旦
母鸡不再偷吃公鸡料，应将公鸡料槽（桶）尽量放低，以利于体型小的公鸡
吃料和整体均匀度的保持。

## 五、重视不同阶段的饲喂

### （一）育雏期

种母鸡1～4周累计消耗868g育雏料，大约10 241kJ的能量和165g平衡

图4-4　公鸡料桶饲喂，用钢管固定防止倾斜

蛋白质，一般在25～28d。以体重为基础，培养早期食欲，科学合理增强肌胃的强度，肌胃强度直接影响生产性能的发挥，严格控制育雏料的饲喂时间，尽早减少饲喂次数，增加4/3法控料时间，加强饮水、温度、通风等的管理，确保骨骼尤其是龙骨的正常生长发育。

**（二）育成期**

（1）合理控制不应期（10～15周）累积蛋白和能量　此期间可适当调整大、中、小鸡的料量差（不应期是指生长发育不反应期，是鸡的正常生理特点）。

（2）准确计算称量当天所需的饲料量　一般来说，4～8周开始出现饲料分配不均的现象，因此，使用自动喂料器时，不要断续运转，否则鸡群中较霸道的鸡会比较柔弱的鸡吃料多，导致均匀度差。炎热季节不允许到了下午料槽里还有剩料。对母鸡而言，延长供给低钙日粮较好，提早供给高钙日粮将会引起食欲下降和死淘率上升。

（3）正确增料　育成期每只鸡每周所增加的料量不应超过7g（依体重和周增重而定）；15周前每周的饲喂量可以维持或增加，15周后每周的饲喂量必须保持增加，增加幅度通常在7%～10%，否则鸡群易患病，导致死亡率较高和均匀度问题。

（4）避免饱食性休克　在限饲过程中，应注意种鸡出现饱食性休克现象，主要是由于嗉囊过多的饲料对静动脉挤压过大，脑供血不足，致鸡麻痹；有时器官也会被压扁，导致窒息甚至死亡。出现后应把种鸡放到通风处、饮些水或切开嗉囊，最重要的是在喂料前至少供水1h。

（5）限饲时要密切关注鸡群的健康状况　鸡群患病、接种疫苗及转群等应激时要酌量增加饲料，并增喂抗应激的维生素 C 和维生素 E。

（6）为鸡群上料的时间越快越好　如果鸡只全天的配额尚未供足之前，饲喂器中暂断档无料，有些母鸡就会离开饲喂器，当更多的料来时，它们也不会回来。通常母鸡停止吃料一小段时间，即使其真正达到最大产蛋性能的总需求还未满足，但它们的食欲已经达到满足。

（7）采食时间　采食时间太长、太短都对提高鸡群均匀度不利，目标是让鸡群不超过 60min 吃完；只有当采食时间低于 30min 时，才能换成 6/1 限饲。

（8）饲喂砂砾　从 42d 开始，平养的育成鸡每周饲喂 1～2 次 2～4mm 的不溶性砂砾，每次 3～5g，有助于磨碎种鸡可能食入的垫料和羽毛。

**（三）产蛋期**

产蛋期饲料的能量是至关重要的因素，如果未给予母鸡所需的能量，既不会得到最大的产蛋水平也不会得到适宜的蛋重。能量缺乏将严重影响鸡群产蛋量，缺乏能量的鸡只或许会达到产蛋高峰，但 2～3 周后产蛋率将会出现较为反常的下降。按产蛋率的上升速度及时合理添加高峰料量，并据实际蛋重和预期蛋重曲线的偏离程度适时调整喂料量，高峰后及时减料。

**（四）种公鸡**

饲喂的目的是达到目标体重，平均体重决定饲喂量的多少；体重调整避免忽高忽低，不要过度饲喂，会造成较严重的问题。

## 六、笼养鸡的特殊饲喂

笼养鸡喂料要做到快、准、匀。育雏期分笼饲喂，每笼鸡数一样，留一个活动笼，确保每笼的料量一致，每笼每次同时加料且加料量一样。育成和产蛋期每天更换上料的方向，同时称准料量；每次喂料前，先计算好每层笼所需的料量，用簸箕反复装料进行练习，喂料时应进行两次匀料，鸡群喂完时最好留余料，再根据情况重点的进行补料，以保证每只鸡面前的料量均等合理；上料时料车中不能有剩料，不能把料撒到地面，不能漏料槽，每个料槽上料要均匀；最好的方法是用器具称量后每笼单独饲喂。由于笼养鸡更容易出现饱食性休克，育成期一般采用 5/2 或 6/1 限饲，如出现这种情况，应在开灯后先给 1h 的饮水后再喂料。

# 第七节 种蛋管理

## 一、生产并保持种蛋质量

采用棚架饲养是生产高质量种蛋的最好方法之一；产蛋期保持垫料干燥清洁、正确饲喂、饲料配方符合营养要求、保证种鸡无病、通过营养及生物安全措施等有助于确保良好的蛋壳质量；蛋壳质量出现问题会直接影响孵化率。

## 二、正确管理产蛋箱

### （一）产蛋箱的管理

产蛋箱应为种鸡提供一个干净卫生的产蛋环境，产蛋箱适宜的管理可最大限度地提高种鸡在产蛋箱内产蛋的比例。产蛋箱内应铺设柔软舒适、弹性适度、清洁新鲜的垫料。保持产蛋箱的通风透气良好，夏季防止窝内高温高湿，冬季防止窝内潮湿阴冷，同时观察进风管或进风口是否直吹产蛋窝。

（1）使用栖架　在育成鸡舍内使用栖架有助于鸡只熟悉产蛋箱的高度，训练种母鸡逐渐在开产时使用产蛋箱。4周后在鸡舍内为每羽鸡准备3cm的栖架或棚架占据鸡群20%的空间进行训练。

（2）正确管理产蛋箱　产蛋箱应至少在鸡群开产前3周打开，因为此时母鸡已开始寻找产蛋巢窝。最后一次集蛋之后应将所有的产蛋箱内的种母鸡拿出并关闭产蛋窝，防止种母鸡在内栖息导致粪便污染产蛋窝，熄灯后将所有产蛋窝都打开，以便第二天早晨开灯时种母鸡可以进入产蛋。至少在见蛋前1周打开产蛋箱上一层产蛋窝，见第一枚蛋开下一层蛋窝。

（3）使用优质的产蛋箱垫料　产蛋箱中的垫料、草垫或其他铺垫材料必须干燥、洁净、充满到产蛋箱护板1/3～2/2处。外购垫料到场后进行检测；每月监测鸡舍中产蛋箱垫料的细菌、霉菌污染情况；禁止室外储存垫料；从30周起每10周彻底更换一次。平时应坚持做好蛋窝垫料的管理，每周三、周日逐个蛋窝补充垫料一次；每月清洁蛋窝草垫一次。每次集蛋发现粘有鸡粪、破蛋的垫料时，要及时清出蛋窝。

（4）适时安放产蛋箱　18～22周在鸡舍中央纵向设置两排产蛋箱，产蛋箱应均匀分布于整个鸡舍如图4-5。保持产蛋窝与种母鸡之间的比例，每个窝供4只母鸡产蛋。产蛋窝的规格大约为30cm×35cm×25cm。产蛋箱每层都应有内壁，两个靠在一起，背靠背在其间放一铁网防互串，但应保证蛋箱空气流通且无贼风；蛋箱顶部安装铁网防止鸡只栖息。棚架前沿距垫料高度为35~40cm，底层比上层长10cm。除产蛋箱之外，鸡舍内任何地方都不得存积种蛋；确保产蛋箱牢固稳定。巡视时，及时发现在垫料上做窝的鸡只，驱赶鸡只远离墙边和角落，若发现母鸡在鸡舍角落或公鸡料桶下刨坑产蛋，要抱起母鸡把其关闭在产蛋箱里面直至产出鸡蛋来。

**图4-5　产蛋箱的摆放**

（5）加强地面垫料管理　鸡舍地面垫料应保持干燥洁净，保证种母鸡进入产蛋箱时不污染产蛋箱。开产时不要在地面上添加新的垫料，新鲜垫料应加在产蛋箱内，厚而干燥的垫料会吸引母鸡产地面蛋，同时造成灰尘过大；地面垫料要保持25%的相对湿度和5~7cm的厚度。

**（二）减少窝外蛋**

窝外蛋包括地面蛋和棚架蛋，一天中母鸡的占巢率不是均匀分布的，因为大部分种蛋在光照后6~7h产下。公鸡能影响母鸡的产蛋行为，一旦养成产地面蛋或棚架蛋的习惯，很难根除，并且其他母鸡模仿。母鸡在产蛋行为上的生理习性是寻找清洁、干燥、昏暗、有遮挡、通风并且没有贼风、僻静的环境产蛋。因此，采取以下措施有助于减少窝外蛋，以防止细菌感染（表4-17）。

**表4-17　不同种蛋表面细菌数**

| 时 间 | 刚产出 | 干净种蛋 | 污点蛋 | 脏蛋 |
|---|---|---|---|---|
| 0 | 300~500 | | | |
| 15min后 | | 1 500~3 000 | 25 000~28 000 | 390 000~430 000 |
| 1h后 | | 20 000~30 000 | | |

（1）育雏育成期　适时转群，避免延迟转群；光照分布均匀；体重达标和较好的均匀度有助于种鸡性成熟和体成熟的一致性，同时也有利于减少窝外蛋。

（2）产蛋期　①确保产蛋箱牢固稳定。保持所有设备运转良好特别是产蛋箱，产蛋箱对鸡应有吸引力。②训练。初产时每天的第一任务是检窝外蛋，应经常巡视，至少每小时拣地面和棚架上的蛋一次。见蛋到产蛋高峰每小时走动一次，慢慢走动尽可能使鸡群使用产蛋箱，在地面行走时，速度一定要慢，不要打扰产蛋窝中的鸡。③重视公鸡对母鸡的影响。公鸡和母鸡的体重和性成熟应该和周龄一致，过凶或过多的公鸡能影响母鸡选择产蛋箱地点，过度交配使地面蛋和棚架蛋增多。有效控制早期的公母比例，减少过度交配导致窝外蛋增加的现象。④光照。鸡舍内光照分布均匀，光照强度在60lx以上；光照刺激应与标准周增重协调一致；减少可能诱引鸡只产窝外蛋的黑暗、隐蔽区域。⑤饮水。饮水器类型和水流量应满足最低标准，并应经常检查饮水器高度和水压。⑥饲喂。为每只母鸡至少准备15cm的有效料位，检查饲料运转次数和喂料器高度，避免饲料溢出，喂料时间尽量避开产蛋集中的时间。⑦通风。避免风速分布不均以及风向直接对准产蛋箱，避免夏天产蛋箱内温度上升，并注意季节变化时的通风管理，保证所有产蛋箱通风良好。⑧使用棚架和爬梯。检查从地面到棚架的高度最高为45cm；有斜度的爬梯其角度应小于10°。⑨鸡舍温度。温度过热会使鸡群早晨将蛋产于棚架上，使用排风扇、喷雾器、纵向湿帘通风和蒸发冷却系统保持鸡舍温度均匀。⑩控制寄生虫。产蛋期应定期驱虫，重视外寄生虫如鸡羽虱的综合防治。

### （三）使用自动产蛋箱减少窝外蛋的策略

随着人员工资的不断增加和养殖企业的特点招工难，许多企业正在逐步使用自动化系统，自动集蛋系统就是其中之一。如使用鹤壁博龙平养自动集蛋系统，窝外蛋率约1%~2%，脏蛋率低于2%，破蛋低于2%。减少窝外蛋的策略有：自动产蛋箱需高于地面，符合鸡的喜好，有利于鸡进产蛋箱产蛋；鸡舍水线需放置在自动产蛋箱对面，方便鸡饮水；自动产蛋箱摆放合理，开门时间合理，不能提前或推迟打开；产蛋鸡舍应避免有阴暗的角落；产蛋期间不应进行喂料；及时捡地面蛋；刚产蛋时垫料要薄，垫料厚了会增加地面蛋；保持产蛋箱内草垫卫生。

### 三、及时收集种蛋

#### （一）制定合理的捡蛋表

根据季节及人员设备情况制定合理的捡蛋程序表，常温下每日至少捡种蛋5次。收集种蛋的准确时间取决于开灯和喂料，一般头2次收集占全天总蛋数量的30%～35%，后2次占15%～20%，一次超35%时应增加集蛋次数。气候过冷或过热时增加集蛋次数。捡蛋前应先打扫工作间的卫生，清理和消毒集蛋车，使用事先消毒好的干燥蛋盘；饲养工必须洗手消毒后才开始捡蛋；拣蛋动作要轻尤其是产蛋窝内有鸡时，尽量减少对鸡的应激。及时分拣出淘汰蛋，将双黄蛋、脏蛋、破蛋、畸形蛋等淘汰蛋放在指定位置并与种蛋区分开，以免造成污染。

#### （二）净蛋与脏蛋不能混装

收集种蛋应使用孵化器的蛋盘或纸蛋托，保证蛋盘清洁并加以消毒，纸托每次用后应废弃；不用沙纸打磨粘有粪便的蛋；拣蛋的同时不要捡死鸡；如舍内粉尘太大，蛋上应有遮盖。每次拣蛋前特别是拣地面脏蛋后需洗手并消毒。

### 四、严格挑选种蛋

#### （一）挑选种蛋

饲养人员可根据种蛋的外壳质量、形状、大小、颜色和干净程度进行挑选，把破蛋、薄壳、畸形、沙粒和脏蛋等单独挑出。

#### （二）种蛋质量

一般符合下列条件的种蛋才可入孵，蛋重52g以上、清洁、鸡蛋形状、蛋壳颜色正常、质量良好无畸形；高峰前的种蛋应按重量大小分级挑选入孵；不入孵地面蛋和脏蛋。

### 五、正确对种蛋进行消毒

#### （一）正确消毒

种蛋产出后应在2h内捡出并熏蒸入库；若种蛋不经消毒，室温下蛋壳上细菌和霉菌会迅速繁殖，最终穿过蛋壳进入其内部，为防止此现象的发生，最好在种蛋刚产出，还没有冷却时，尽快熏蒸消毒，熏蒸时温度24℃，相对湿度80%，每立方米空间40ml浓度30%的福尔马林溶液＋20g高锰酸钾或用10g固体福尔马林；熏蒸20min后，对熏蒸室彻底通风换气；熏蒸残渣每次都应清理，熏蒸箱周围要干净无杂物。有些消毒液（如季胺）会影响孵化率。

### （二）配置消毒剂

应使用优质水，确保用水中无微生物、铁镁离子少、硬度低且 pH 值不过高或过低；种蛋经过消毒后要确保它们只能与清洁的设备和蛋盘相接触；消毒后的种蛋需加以遮盖以防尘土污染；尽量减少搬动消毒种蛋的次数；种蛋暴露在蛋箱外时不要清扫地面。

## 六、合理储存运输种蛋

### （一）种蛋储存永远大头朝上

各阶段的最佳蛋重见表 4 – 18，正常条件下，在 40 ~ 42 周的产蛋期内，不可售商品蛋的比例是总产蛋量的 4% ~ 5% 见表 4 – 19。

表 4 – 18　各阶段的最佳蛋重

| 周　　龄 | 25 ~ 35 | 36 ~ 45 | 46 ~ 55 | 56 ~ 66 |
|---|---|---|---|---|
| 蛋重（g） | 60 ~ 62 | 60 ~ 65 | 65 ~ 70 | 大于 70 |

表 4 – 19　不可售商品蛋的比例

| 类　　型 | 第一类占总产蛋的比例（%） | 第一类占不合蛋总数的比例（%） |
|---|---|---|
| 破蛋 | 1.66 | 39.56 |
| 小蛋 | 0.71 | 16.90 |
| 双黄蛋 | 0.65 | 15.45 |
| 脏蛋 | 0.48 | 11.44 |
| 气孔过多 | 0.35 | 8.33 |
| 异形蛋 | 0.35 | 8.33 |
| 合计 | 4.2 | 100.00 |

### （二）保持蛋房清洁

每周用消毒剂擦洗蛋房顶棚、墙壁和地面。储蛋间应配加湿器，并每周用消毒剂擦洗消毒清洁。储蛋间顶部应高于储蛋位置1.5m左右，种蛋储存通风时应避免气流直接吹向种蛋。

### （三）避免种蛋出汗

种蛋一旦冒汗，细菌很容易侵入，入蛋前先将种蛋推到摄氏23℃的预温室内预温6~18h，升温后的种蛋不得再推回蛋库。不要将尚且温暖的种蛋装箱，应在种蛋冷却12~24h后再进行包装，以防种蛋出汗。蛋库中应备有准确的温度计和湿度计并每月至少校准一次确保其准确性，每天至少4次记录其温度和相对湿度；蛋库温度不可波动太大，不正确的湿度可造成种蛋出汗。

**（四）种蛋的储存时间越长，所需的孵化时间越长且孵化率越低**

一般情况下，种蛋贮存超过4d，贮存每多一天，出雏时间就会推迟30min，孵化率降低1%。要达到最佳孵化率，50周以下贮蛋时间3～5d，50周以上2～4d。正常情况下，贮蛋间应保持在18℃，相对湿度75%～80%，如要延长种蛋贮存时间，温度应略低一些。种蛋入库前应让其自然冷却1～2h，根据贮存时间来设定15～18℃的贮存温度，贮存时间短，温度设为18℃，相对湿度80%；超过6d时，设为15℃。预备贮放7d以后才入孵的种蛋，必须先在蛋库内预冷6～8h，然后将种蛋装入箱内或用塑料布覆盖打包将种蛋颠倒置放，使其大头朝下。老鸡龄的鸡群产的种蛋不耐储。

**（五）使用清洁灭菌、带有空调的车辆将种蛋运抵孵化厂**

运输种蛋应轻拿轻放，车行速度应缓慢，尽量避免烂蛋出现，减少种蛋被污染。

# 第八节　鸡群的日常管理

## 一、日常记录

日常记录是调查鸡群问题，提供客观数据的重要方法。肉种鸡群的日常记录主要包括饮水量、采食量、吃料时间、体重、周增重、均匀度、产蛋率、双黄蛋比例、蛋重、受精率、孵化率、免疫接种、疫苗批号及有效期、药物治疗时间及剂量、抗体监测等。

## 二、现场观察

### （一）设备设施观察

（1）饲喂设备　槽式喂料系统应注意是否有洒、漏料现象，每天都要检查种母鸡饲喂器的隔鸡栅是否有损坏、移位或间距是否符合要求。盘式喂料器必须连续运转，防止有些料盘出现无料。悬挂式料桶应尽量减少晃动。公鸡料线高度是否平直，加料是否均匀，料位是否不足或富裕，料桶是否倾斜及干净。

（2）饮水设备　①水线乳头。水压是否过高过低，乳头是否缺水、漏水或出水不均匀及不出水，水线高度是否一致及平直、乳头是否垂直向下。②普拉松饮水器。是否干净卫生、水位是否适中，高度是否合适。

（3）产蛋箱　蛋箱垫料应干净卫生，踏板损坏应及时修理。

（4）隔鸡网、门　确保隔鸡网、门完好无损，随手关门

（5）其他设备　鸡床应完整没有损坏，损坏及时修复；风机运转正常。

**（二）鸡舍环境观察**

（1）舍温　鸡舍理想的温度为 14～26℃，最佳温度为 18～22℃。

（2）空气质量　要在鸡舍内停留足够的时间并询问有关问题。在鸡群高度检查饮水器、喂料器和空气流动情况。观察通风变化后鸡群的行为，观察时应集中于某栋鸡舍并停留在鸡舍某处；早晨第一件事情是检查有问题的鸡舍，有利于评估晚上的通风情况。培训生产管理人员，利用温湿度关系表和一定的工具如测温仪和风速仪等监测实际生产中的情况，采取必要的措施进行改进提高。

（3）灯光　应定期检查鸡舍的遮黑效果特别注意进风口、出风口、门框、气眼等进入任何光线。每天校验定时钟，保证时间准确；应定期清洁灯泡，定期清洁灯泡，发现损坏及时更换，所有灯泡性能良好，光照分布均匀，避免出现阴暗区域。

（4）垫料及鸡床棚架　垫料应勤翻换，避免发霉、结块变质；每周铲除棚架上的粪便，减少脚垫及腿病的发生。

**（三）鸡群观察**

观察鸡群的饮水、吃料、活动、呼吸、粪便等情况。

（1）饮水　饮水量的变化是第一警兆，饮水量突然变化预示着问题的出现，如饲料中盐分太高、高温以及疫病问题等。

（2）喂料　①称料检查，料量是否准确。②加料观察，如没有高温因素，采食减少3%以上应密切注意。③料位应足够但又不能太富余。④公母鸡是否互相偷吃料。⑤饲料是否有结块、发霉、变质、异味等。

（3）吃料时间　吃料时间是一项确保鸡群获得足够能量水平行之有效的管理手段。

（4）精神状态　鸡群应均匀分布在鸡舍中，如分散不均、扎堆、不爱动、怕冷、羽毛松乱，则可能是温度过低。如张口呼吸、伸展两翼、伏地多而站立少、呼吸频率明显加快、饮水量增加等则表明鸡群正经受热应激的考验。

（5）粪便　鸡正常的粪便应是锥圆形、成形、软硬适中，颜色应呈成条状，灰绿色带一层白色。如鸡群粪便颜色出现异常的灰绿色稀粪、带血、蛋清

样粪、拉稀等应密切关注，检查鸡群是否经受高温、饲料中的盐分含量是否过高、肠道紊乱、疾病等。如当鸡群粪便发干、变细如蚯蚓状情况占到鸡群正常粪便数量的30%时，有可能是新城疫的前兆，应结合抗体监测和剖检变化及时作出诊断，及时进行疫苗接种，以免延误接种时机，造成减料、降蛋而造成不必要的损失。

（6）听声音　熄灯30min后到鸡舍静听鸡群的声音，是否有异常叫声如呼噜、咯咯、打喷嚏等。如新城疫出现的呼噜声音象吸水烟袋的声音、一声大一声小、有来回扯的现象；禽流感主要是咳嗽，在安静的环境下可听到哼、哼、哼的声音。如果鸡群免疫、环境等一切正常，又没有出现过较大的应激，而夜晚静听鸡群呼吸情况发现异常，并有逐渐增多的趋势，2～3d呼吸异常情况发展严重，在排除传鼻、传喉、禽流感等外，应考虑疑似新城疫。对各种情况分析结合抗体监测和剖检确诊后，果断采取措施，如单纯是新城疫问题，应密切观察，在呼噜情况占大群比例30%时，应及时紧急接种。

（7）闻气味　进鸡舍是否有刺鼻腥气味、氨气味，是否有闷气的感觉等。

（8）掉毛　羽毛断裂或相互啄食应查营养；如脱毛是停产，可能是水、饲料、光照受阻或营养与疾病等。

**（四）产蛋期的特殊观察**

（1）种母鸡的观察　①蛋壳颜色。正常蛋壳颜色为深褐色，如有野毒侵入或抗体水平逐渐低下，发病前蛋壳的病理变化有一个过程，先从深褐色逐渐变淡到淡粉色，而后到浅白色、畸形病变等。蛋壳颜色发白、畸形蛋比例升高要查营养特别是维生素、高温、应激、疫病等。②蛋重和真实蛋重。除非环镜温度超过30℃，蛋重比标准小3g需检讨。③产蛋率。正常情况下，高产鸡群在上高峰前其日产蛋应稳步增加。④总产蛋量。⑤死亡率。一般正常情况下，产蛋期周死亡率在0.20%～0.30%，如有异常应及时检查。⑥体况发育良好。⑦体重、周增重和总增重达标。

（2）种公鸡的观察　主要是观察有无过度交配现象，关注种公鸡的体况。由于种公鸡都分散于整个鸡群之中，管理起来要比种母鸡困难的多。为了了解和判断种公鸡的体况变化，要建立良好的日常检查程序，观察以下情况。①料量不足。常见于35周以后，种公鸡突然表现为迟钝、无精打采、而且减少活动和鸣蹄。鸡冠和肉髯松弛、肌肉缺乏弹性、脸部不是正常红色而是略带紫色并开始换羽，肛门颜色开始变淡，应及时发现采取措施。②公鸡超重。如果种公鸡体重控制较差，鸡群中就会出现一部分胸部发育过大，体重超大的种公鸡，与母鸡交配时会对母鸡造成额外的伤害而且交配成功率低。通常如果超重种公鸡的比例相当大，种母鸡就会开始躲避交配。同时，超重的种公鸡需要更多的营养维持自己的体能，如果营养略有欠缺，其睾丸会首当其冲地开始萎缩，从而交配行为开始较少，受精率开始下降，应及时淘汰。③机敏性和活力、身体状况、羽毛、吃料时间和肛门颜色等。

# 第五章 不同年龄阶段的管理目标和生长发育评估

## 第一节 不同年龄阶段的管理目标

### 一、入舍前的准备

健全良好的生物安全体系，减少病源微生物在鸡舍内外环境中的留存，所有的鸡舍和设备必须彻底冲洗消毒并在雏鸡入舍前进行检测，确保冲洗消毒的效果。雏鸡入舍前对鸡舍提前预温。

### 二、雏鸡入舍

达到最佳的环境温度（表5-1）。鸡群的感觉温度取决于干球温度和相对湿度，如果相对湿度偏离60%～70%，鸡背高的温度应做相应的调整。经常观察雏鸡行为，以保持温度适宜。从1d龄开始确保给雏鸡提供一定的新鲜空气，提供最小通风量，避免出现贼风和背流风，地面高度的风速应低于0.15m/s或越低越好。

**表5-1 育雏期的温度与湿度**

| 日 龄 | 0～4 | 5～8 | 9～12 | 13～15 | 16～18 | 19～21 |
|---|---|---|---|---|---|---|
| 温度（℃） | 32～35 | 27～32 | 25～30 | 24～26 | 22～24 | 20～22 |
| 相对湿度（%） | 65～70 | 55～65 | 40～50 | 40～50 | 40～50 | 40～50 |

### 三、育雏期（0～4周）

确保鸡群育雏期骨架、体重、均匀度、胸肌等均匀健康的生长发育。

#### （一）0～3日龄通过精细的管理，培养刺激食欲

确保足够有效的采食和饮水位置，勤赶鸡和匀料，提供高质量的颗粒破碎

饲料，保持最佳的环境温度，随时观察雏鸡行为。利用嗉囊充盈度作为评判雏鸡食欲培育情况的指标，一般来讲，雏鸡入舍开水开食2h后，在不同的地方抽查100只鸡，满嗉囊鸡所占的比例达到75%；8h达到80%以上；12h达到85%以上；24h达到95%以上；24h达到100%。

**（二）7～14日龄达到目标体重**

从10日龄开始为鸡群提供连续不断但较短的光照时间，提倡遮黑饲养，建议密闭式鸡舍育成期使用8h的光照时间，如体重低于标准，在21日龄前可适当延长光照时间。

**（三）14～21日龄个体称重**

从第2周开始个体称重并记录，计算均匀度和变异系数。

**（四）21～28日龄体重应达标**

4周末公母鸡体重必须达到或略超过标准体重20～40g。4周时如鸡群的变异系数在12%左右时就应进行分栏，将鸡群按不同的平均体重分成2～3栏饲养，分栏后每栏的变异系数应小于8%。

**（五）育雏成功与否的评判**

通过对均匀度的评估判断育雏是否有缺失，正常情况下，雏鸡到场时的均匀度一般为78%～82%；1～4周期间均匀度如果大幅降低，则说明育雏期管理存在问题；如1～4周每周的均匀度和1日龄基本一致，则说明育雏效果较好（表5-2）。

表5-2　育雏效果好坏的评判

| 变异系数（%） | 0 | 1 | 2 | 3 | 4 | 5 | 5以上 |
|---|---|---|---|---|---|---|---|
| 评价 | 非常好 | 很好 | 好 | 一般 | 差 | 很差 | 不能接受 |

# 四、育成前期（5～10周）

通过调整各栏的喂料量，正确控制各栏鸡群的体重增长，使鸡群获得均匀的骨架发育。公鸡12周前95%的骨架几乎已发育完成，12周公鸡体重小，腿就短，将来的腿也短。分栏后，重新制定体重生长曲线，控制好栏内鸡群的体重，以确保各栏鸡群在7周达到标准；8周后必须每周增加一定的料量，稳定栏内鸡群的饲养数量，定期检查平养的料位与鸡数（表5-3），以达到正确的周增重。

表5-3　平养的料位与鸡数调整

| 内容 栏号 项目 | 1 | 2 | 3 | 4 | 5 | 6 | 合计 |
|---|---|---|---|---|---|---|---|
| 栏现存数 | 1 124 | 1 136 | 1 138 | 1 136 | 1 136 | 1 130 | 6 800 |
| 栏应存数 | 1 126 | 1 137 | 1 137 | 1 137 | 1 137 | 1 126 | 6 800 |
| 补减数 | +2 | +1 | -1 | +1 | +1 | -4 | 0 |

## 五、育成中期（11~15周）

保持正确的周增重，增加饲料量刺激生长，10周时应重新审核各栏鸡群的体重并与标准体重比较，制定平行于标准体重的生长曲线。15周时再次审核鸡群体重，必要时重新制定新的体重生长曲线。10~15周期间应制定一个计划，尽可能使体重在15周之前调整完成。15周以后鸡群开始性成熟发育，必须关注这个时间，这个周龄以后已经来不及再把体重调整回标准体重，到了这个点我们只能接受之前所犯的"错误"，如果这时体重超重也必须作相应的管理。

## 六、育成后期（16~24周）

确保提供适当的饲喂量，达到正确的周增重和体况发育良好，17周后尤为重要；维持均匀度的持续稳定；确保公母分饲，适时进行公母混群和光照刺激等；21~25周应在见第一枚蛋时换成产蛋期饲料或最晚在产蛋5%时饲喂产蛋料。

### （一）育成后期群内和栏内的周增重和增重率应达标

确保群内和栏内均衡的周增重、总增重和增重率达标。如周增重不够将会影响产蛋高峰；如周增重及总增重过度则会影响到产蛋维持。

### （二）确保体况发育良好

在16~24周每周称重时通过目测和触摸对鸡只的胸部、翅部、耻骨、腹部脂肪等进行监测观察，确保丰满度发育适宜。

### （三）公母混群

18~21周对公鸡进行选种，淘汰鉴别误差鸡；21~24周根据鸡群的性成熟情况进行公母混群；未成熟的公鸡不应与母鸡混群；如公鸡性成熟早于母鸡，应分步混群，2~3周后达到所要求的公母比例见表5-4。防止过度交配伤害母鸡，因公鸡太凶造成母鸡躲避，羽毛破损；交配不足，错失交配机会，早期孵化率较低；混群太晚公母鸡性成熟过度，影响产雏数。

表 5-4　建议的公母配比

| 日龄 | 147~154 | 210 | 245 | 280 | 315~350 | 420 |
|------|---------|-----|-----|-----|---------|-----|
| 周龄 | 21~22 | 30 | 35 | 40 | 45~50 | 60 |
| 混群比例 | 9.5~11 | 9~10 | 8.5~9.75 | 8~9.5 | 7.5~9.25 | 7~9 |

**（四）光照管理**

育成期保持恒定的光照时间 8h，首次增加光照时间最多 3~4h，由 8h 增加至 12h，2 周后再增加 1h，以后每周再增加 1h，最长 14h。光照强度比育成期增加 10 倍，尽可能采用简单的光照程序。计算并记录鸡群的均匀度，评估鸡群适宜的加光时机，加光前检查母鸡耻骨状况，利用耻骨间距管理光照刺激，因其与母鸡性成熟直接相关，未达到性成熟的母鸡会造成脱肛，性成熟的母鸡会有较好的产蛋性能，变异系数大的鸡群耻骨间距也不均匀，光照延迟越久越能改善均匀度。

**（五）公母分饲**

防止公母鸡相互偷吃料，公母鸡使用不同的饲喂器饲喂，自始至终保持公鸡 20cm/只的采食位置。

## 七、产蛋前期（25~34 周）

保持正确的周增重和总增重，强调性成熟的均匀度。为满足产蛋率、体重和蛋重的需求增加料量，23~28 周开产后根据产蛋率、蛋重及体重情况增加饲喂量。观察鸡群的行为，加强种公鸡管理，对胸肌发育进行评分，淘汰不合格和不交配的公鸡，并维持好公母比例。确保公母鸡同步性成熟，公母分饲及公母鸡体况发育良好，通过饲喂管理好种公母鸡的体重，为鸡群提供最佳的饲养环境包括有效的鸡舍降温和加热系统，保持适宜的温度、湿度、通风、密度等，减少应激。

## 八、产蛋后期（35 周至淘汰）

**（一）种母鸡 35 周至淘汰**

产蛋达到高峰后 35d 左右，一般在 35~36 周开始减料，并据鸡群的产蛋率、蛋重、总产蛋状况及体重进行减料，控制体重和蛋重过度增长。

**（二）种公鸡 30 周至淘汰**

根据体况管理公鸡，淘汰体况差的公鸡，保持适当的公母比例。

**（三）创造较好的鸡舍条件**

为种鸡提供合理的鸡舍条件见表 5 - 5 和表 5 - 6；保持合理的饲养密度见表 5 - 7；保持最佳的群体大小，一般种鸡群体大小适宜为 3 000 只母鸡。

表 5 - 5　鸡舍宽度对孵化率的影响

| 鸡舍宽度（m） | > 15 | 12.5 ~ 15 | < 12.5 |
|---|---|---|---|
| 孵化率（%） | 79.8 | 80.1 | 82.6 |

表 5 - 6　鸡舍长度对孵化率的影响

| 鸡舍宽度（m） | > 70 | 55 ~ 70 | < 55 |
|---|---|---|---|
| 孵化率（%） | 79.7 | 82.1 | 81.4 |

表 5 - 7　饲养密度对孵化率的影响

| 饲养密度（只/m²） | < 7.4 | 7.4 ~ 7.6 | > 7.6 |
|---|---|---|---|
| 孵化率（%） | 81.7 | 80.6 | 78.4 |

# 第二节　控制和监测肉种鸡的生长发育

## 一、监测体重达标

### （一）确保组织器官的生长发育

根据种鸡不同阶段的生长发育特点及各年龄阶段的生理发育规律，在每一阶段，采取相应的管理措施，满足各个阶段不同组织器官发育的需求，确保种鸡不同年龄阶段的生长发育。

### （二）体重和周增重应达标

4 周前确保体重达标或略超标，5 ~ 10 周体重沿标准曲线走。11 周后实际体重按标准走，确保群内和栏内足够的周增重、总增重和增重率达标，此阶段适宜的周增重可以确保种母鸡的性成熟发育一致；25 周后重点是体重不能过大或过小；产蛋上高峰期间总的增重应达标，整个产蛋期都应保持一定的增重，体况发育良好。

### （三）体型配比合理

育成前期公母鸡体型配比的好坏对受精率会产生重要的影响，因此，应确保体型配比合乎标准要求。

### （四）公母分开饲喂

## 二、监测种鸡的生长发育

正确评估鸡群每一群体的平均体重和均匀度，确保饲喂程序可以达到预期的目标。

### （一）正确抽样称重并评估均匀度

（1）真实均匀度　均匀度的评估不能只是追求数据的高低，要重点关注其均匀性和平稳性，更重要的是要关注其真实性。只有确保均匀度的真实性，才能真正发挥品种的遗传性能。

（2）避免假的均匀度　体重的均匀度必须建立在全程正确的加料基础上，减少各种应激的发生，通过强制性增减每栏体重缩小体重差异、增加全群称重次数、10周后频繁调群及10周后通过减少高体重栏周增重所获得的高均匀度均为假的均匀度，应绝对避免。

（3）光照均匀度　必须坚持严格的遮黑育成和育雏期至补光前光照强度和时间渐减的光照原则，任何破坏光照原则和遮黑不彻底所获得的高换羽均匀度为假均匀度。

（4）维持均匀度　从第1周开始就应该重视均匀度，10周前抓好均匀度，均匀度的目标必须达到85%以上或更高。10周后重点是维持好均匀度。

### （二）监测种鸡的体况

（1）体型形态的评估　鸡群均匀生长除了正确的体重增长外，另一个重要的方面在于良好的骨架发育。评估种公母鸡丰满度的3个特别重要的阶段是16～24周、30～40周和40至淘汰。种鸡身体方面有4个主要部位需要监测包括胸部、翅部、耻骨、腹部脂肪，在16～24周每周称重时通过目测和触摸对鸡只进行监测观察。母鸡丰满度过度会影响到产蛋高峰，而且对高峰后的产蛋率造成持续性的影响。母鸡过肥会使卵巢发育过盛，将导致双黄蛋率过高；母鸡偏瘦，产蛋率会推迟或不产蛋。产蛋期每周应至少两次监测鸡群的丰满度和性成熟状况，观察鸡群的脸、肉髯和鸡冠的颜色，并适时调整给料程序。①胸部丰满度。15周时种鸡的胸部肌肉应完全覆盖龙骨，胸部的横断面应呈现英文字母"V"形；20周时胸部的横断面应呈现较宽大的"V"形；25周时胸部的横断面应像窄细的英文字母"U"形；30周时胸部的横断面应像丰满的

"U"形。②翅膀丰满度。翅膀的肥瘦程度通过挤压鸡只桡骨与尺骨之间的肌肉来监测。20周时翅部的脂肪很像人手掌小拇指尖上的程度；25周时翅部丰满度应发育成类似人手掌中指尖的程度；30周时翅部丰满度应发育成类似人手掌大指尖的程度。③耻骨开张。测量耻骨开张的程度可以判断种母鸡性成熟的状态。④腹部脂肪的累积。丰满度适宜的宽胸型肉种母鸡在产蛋高峰期几乎无任何脂肪累积。⑤体型评分。

（2）换羽 主翼羽的更换与性成熟存在一定的关系，胸骨长度与性成熟相关。换羽是判断种鸡生长发育正常与否、繁殖情况正常与否的重要方法之一。一般来讲，应从第9~10周开始观察和记录种鸡的换羽情况，至25周止。第一根主翼羽更换是从9周开始，自脱落到新羽长完需6周。旧羽边缘残缺，羽片陈旧污秽，羽轴坚硬透明；新羽边缘整齐，羽片清洁，羽轴柔软粗大，不透明，有时还可看到血红色。

（3）育成后期 主要是长宽即胸部长短、宽窄的均匀度，外观、性成熟等的发育要均匀一致。如果性成熟未达到要求，首先要评估蛋白质的摄取量，再评估能量的摄取量。青年母鸡增重主要取决于能量摄取，然而均匀度和性成熟的速率则绝大部分取决于光照刺激前鸡只所摄取的蛋白质总量。

### 三、监测累积营养达标

作为一般原则，在鸡舍环境温度20℃的条件下，20周母鸡累积采食能量112.97MJ，1 500g以上的平衡蛋白质；公鸡累积采食能量138.07MJ，1 850g以上的平衡蛋白质。25周时种母鸡应至少摄入145.46MJ能量和1 875g平衡蛋白质，大约12.2kg全价饲料；种公鸡应摄入171.38MJ能量和2 300g平衡蛋白质，大约15kg全价饲料。能量蛋白累积不足会影响产蛋期产蛋的持续性，降低生产性能的发挥。

## 第三节 鸡群体况的评估

肉种鸡从雏鸡入舍到鸡群淘汰整个生产周期保持鸡群最佳的体况非常重要，应至少每周进行一次体况如丰满度、腿部和脚爪等的评估。这应作为鸡群管理的一项日常工作，通过定期评估，从感官及感觉上了解鸡群在各个周龄的发育状态，有助于种鸡场管理人员较好地掌握现场饲养管理技术，改进饲养管理及发现解决问题。

## 一、评估鸡群体况的方法

### （一）监测体重

体重均匀良好但骨骼大小参差不齐的鸡群身体发育状态有很大的差异，这种鸡群对光照和饲料水平变化的反应并不同步，这会导致光照刺激开始后性成熟均匀度较差，从而影响种鸡的生产性能。

### （二）胸部丰满度

15周时种鸡的胸部肌肉应完全覆盖龙骨，胸部的横断面应呈现英文字母"V"形；20周时胸部的横断面应呈现较宽大的"V"形；25周时胸部的横断面应像窄细的英文字母"U"形；30周时胸部的横断面应像丰满的"U"形。

### （三）体型评分

将胸肌大小分为1~5个档次，1为太瘦、状态差，2为瘦而健康、活跃，3为理想、龙骨有些外露，4为胸肌稍大，5为胸肌太大。如在30周希望公鸡胸肉形状介于2~3；而在60周则应介于3~4。从15周起，每周评估种鸡的体型形态，检查记录胸肌的发育情况并进行综合评分，根据周龄进行评判，以采取相应的对策。

### （四）体况指数评分系统

最新技术是采用CT（电脑X线断层摄影技术）扫描仪获取影像来评估鸡只体况（胸肌）的评分系统，将体况按照1~3级进行评估如图5-1和表5-8，根据每只鸡的胸肌大小及形状评判其所得指数的分数并记录下来，每周计算鸡群的周平均指数并对其不同阶段的体况趋势进行监测。得分1表示胸肌发育不足，得分2表示胸肌发育比较理想，得分3表示胸肌发育过大。

表5-8　CT扫描影像评估鸡只体况

| 体况指数 | 1分 | 2分 | 3分 |
| --- | --- | --- | --- |
| 胸肌形状 | "V"形 | 窄"U"形 | 宽"U"形 |
| 龙骨 | 易感，胸部凸出 | 凸出不明显，平滑 | 平常不太明显，严重时经常出现锯齿状（可见凹窝） |
| 胸肌 | 胸肌较少（厚度或宽度）可感到下凹部分肌肉状态不良 | 胸肌良好，圆润，肌肉状态良好 | 胸肌过大，宽厚有余，肌肉状态良好 |

## 二、评估鸡群体况的途径

评估鸡群体况的途径有两种，一是在对鸡群进行称重时。鸡群称重时是

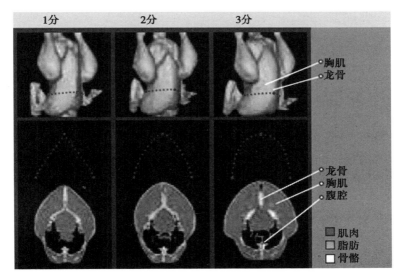

图 5－1 用 CT 扫描影像评估鸡只体况。40 周的种公鸡影像照片，上面 3 张表示整个鸡体，点状线位置表示获取的截面影像位置；下面 3 张表示胸部横向截面

评估鸡群体况的理想时机，至少每周一次并最少抽取 50 只或 2% 的种母鸡，取数量大者及 10% 的种公鸡在称重时评估并记录具有代表性鸡只的信息，以确定鸡群的总体身体状况。二是在鸡舍内"巡视"时。至少每周一次"巡视"鸡群并最少随机抽取 20～30 只种母鸡及 15 只种公鸡进行体况评估。

## 三、评估鸡群体况的步骤

评估胸肌形状与胸肌发育时应抓住种鸡的两条腿，手沿着龙骨表面触摸龙骨突起以及评估龙骨两侧的胸肌大小、形状及硬度。如 26 周的种公鸡，龙骨应很易感觉到但没有突起，触摸胸肌应较结实而呈弧形，龙骨两侧之间应能感觉到间隔（体况指数 2）。在考虑鸡群体况指数的同时，还应结合体重和均匀度，在此基础上对鸡群管理作出适当调整如表 5－9。不同的鸡群体况指数会有所不同，最好每周由相同人员进行体况评估。此外，如某一鸡群的种公鸡平均体况指数是"2"，不同的鸡群最佳体况指数可能会在理想范围上下有轻微的区别。

表 5 – 9　将种公鸡体况评估与体重结合运用以制定适当的饲料管理策略

| | 鸡群周龄 | 平均体重 | 38 周龄平均体况指数* | 39 周龄平均体况指数 | 40 周龄平均体况指数 | 管理策略 |
|---|---|---|---|---|---|---|
| 样本 1 | 40 周龄 | 标准 | 2.0 | 2.0 | 2.2 | 体重达标、体况良好，按建议增加饲料量 |
| 样本 2 | 40 周龄 | 标准 | 2.0 | 1.9 | 1.8 | 体重达标但体况指数在下降，在推荐料量的基础上考虑额外增加饲喂量，查找体况下降的原因 |
| 样本 3 | 40 周龄 | 低于标准200g | 1.9 | 1.8 | 1.4 | 体重低于标准，体况指数较低（太瘦），检查体况指数是否正确，额外增加饲喂量，检查饲喂量、饲料分配和公母分饲系统的效果 |
| 样本 4 | 40 周龄 | 高于标准200g | 2.0 | 2.2 | 2.5 | 体重超标且体况指数较高（太肥），核实饲料分配与公母分饲系统是否处于最佳状态，饲喂管理以保持体重增长 |

* 平均体况指数来源于公鸡抽样称重数

## 四、评估鸡群体况的时间

种鸡生产周期的不同阶段如性成熟发育期、产蛋高峰期或产蛋后期等，鸡群的最佳体况会有轻微的区别。在任何阶段，鸡群的体况不佳（丰满度不足或太瘦）或体况超标（丰满度过大或太胖）会对其生产性能造成负面影响，应避免这种情况的发生。应特别关注鸡群体况的重要阶段，一是母鸡开产前这个阶段（19~24 周），二是执行种公鸡淘汰计划时整个产蛋期种公鸡的体况。综合评估鸡群的各项身体状况，更有效地反映鸡群的身体条件及健康状况，以便提供更好的管理决策如饲喂量和执行种公鸡淘汰计划等。

## 五、种公鸡体况评估

体况好的种公鸡受精率较高，整个生产周期对种公鸡体况进行日常评估有利于确保获得最佳受精率，在抓鸡时应小心谨慎且须进行适当的培训。

### （一）育成期

育成期鸡群达到目标体重及鸡群均匀地生长发育很重要。骨架大小与胫骨长度是从外观上判断种公鸡发育的有效管理方法。到 63d 龄时，体重、骨架及胫长呈正相关。育雏育成期鸡群如达到目标体重，胫长与骨架也会获得良好均匀的发育。饲喂时，在喂料器或乳头及钟型饮水器位置观察鸡群胫骨长度的差异是判断鸡群是否存在较大差异的较好时机，应对造成这样差异的原因进行调查分析如饲料分配不均匀、采食位置不足或健康原因等。育雏育成期如鸡群按推荐的体重曲线生长，能够获得比较满意的体况。但是，定期与日常监测公鸡的胸肌发育与体重能够提供更准确的体况综合指数，制定更适合的管理与饲喂方案。要达到这一目标，应从雏鸡入舍开始至少每周称重时检查一次，15周到开产这个性成熟准备期更需特别关注，当然也需了解种公鸡的总体健康状况、机敏性及活跃性。

### （二）产蛋期

每周称重时评估鸡群体况，为保持最佳受精率，产蛋期必须执行种公鸡淘汰计划，根据种公鸡体况的总体评估情况确定要淘汰的种公鸡，按计划执行公母比例减少程序。为了淘汰种公鸡而对其进行体况评估是种公鸡淘汰计划的一部分，从鸡群中淘汰体况较差和交配不活跃的种公鸡，保持最佳有效的公母比例。体况评估时必须全面包括体重、机敏性与交配活跃性、体况、腿与脚趾、头部、喙部、羽毛、肛门颜色、站姿等。

（1）体重　体重应符合标准要求，不能过大或过小。体重是肉用种公鸡管理决策的主导因素，但是，只关注种公鸡体重可能会造成误导如同一周龄相同体重的两只种公鸡很有可能外观与体况不同，为了达到较高的受精率，这样的种公鸡管理要求也不尽相同，也就是饲喂量和饲喂时机会有所区别。种公鸡产蛋期应保持体重和料量持续小幅均衡增长；24～31周的总增重应达到665g，体重涨幅应达到14%；25～30周保持50～80g的周增重，30周后保持30～25g的周增重；从25～35周应至少每周两次监测种公鸡的体重，以便及时了解和掌握其生长发育趋势。

（2）观察种公鸡的体况　胸肌形状与胸肌松弛或结实程度是观察鸡群体况较好的指标特别适用于种公鸡。种公鸡胸肌太大或太小更易造成交配及受精率问题。整个生产周期观察和了解种公鸡的体况十分重要。种公鸡达到并保持最佳体况，且确保在任何阶段不出现体况下降是获得较高受精率的关键。应特别关注开产时和产蛋高峰后种公鸡的交配活跃性，确保获得最佳的早期和全程受精率。

（3）机敏性与交配活跃性　应在一天的不同时间段观察种公鸡的交配活跃性、采食、休息地点、白天及灭灯前的分布情况。种公鸡应机敏、交配较活跃且光照期间绝大多数的时间应均匀分布于垫料区域；不应集中在棚架上或躲避在设备下方。如发现种公鸡不够机敏或活跃性差应进行淘汰；如发现种公鸡的交配活跃性低于预期，应查找原因如公鸡体况差、种公母鸡性成熟不同步、饲料分配及饲喂量不适当等并及时加以解决。

（4）头部　体况良好、交配活跃的种公鸡鸡冠、肉髯及眼睛周围颜色呈均匀的鲜红色。正常条件下，健康状态良好的种公鸡脸部红色一直向上延伸到眼睛周围；状态较差的种公鸡脸部颜色从眼睛周围向外延伸会变得苍白。脸色苍白的种公鸡交配活跃性较差，应考虑将其淘汰。

（5）喙部　形状整齐，避免下喙过长，影响交配成功率。

（6）腿和脚趾　维持鸡群较高的受精率，种公鸡必须有健康的脚趾与大腿。腿部应挺直、脚趾无弯曲；足底应干净无物理性损伤。种公鸡脚趾磨损与裂开会造成细菌感染及感觉不适，影响家禽福利和交配活跃性。任何时候发现种公鸡脚趾与腿部不健康都应从鸡群中淘汰。

（7）羽毛　产蛋期高质量、交配活跃的种公鸡会出现局部掉羽现象尤其是肩部、大腿部、胸部及尾部。羽毛覆盖良好的种公鸡一般交配不活跃，应将其淘汰。

（8）肛门状态　检查肛门红色与湿润程度是评估鸡群中种公鸡体况的非常有用的方法，每周称重时应检查公鸡的肛门状态。健康、体况良好、交配最活跃的种公鸡会呈现较红的肛门颜色，肛门较湿润且周围羽毛会有些脱落。体况较差、交配不活跃的种公鸡肛门较苍白，肛门小而干且周围羽毛覆盖较好。种公鸡管理的目标是要保持整个鸡群中种公鸡都具有均匀一致、颜色较红润的肛门状态。

（9）站姿　体重过大意味着胸肉过大，会导致体型更加水平，平衡能力较低，站姿（彩图9）不正会向前倾斜，影响交配成功率。公鸡体型也与交配效率有关，体型过大的公鸡（>5kg）不能很好完成交配动作，同时也很易影响其他公鸡。

## 六、种母鸡体况的评估

整个生产周期应定期评估种母鸡的体况，每周抽样称重时是对种母鸡进行体况评估的最好时机；和种公鸡一样，在舍内"巡视"时，随机抓起一些鸡只进行体况评估也是非常好的管理方法，对种母鸡进行综合身体状态评估如体重、胸肌发育、腹部脂肪及耻骨间距，提供可靠的体况信息并以此制定适当的管理策略。

### （一）育雏育成期

育雏育成期主要根据鸡群的体重与骨骼发育（骨架大小与胫长）评估鸡

群的体况。但是，了解鸡群的胸肌发育、总体健康状况、机敏性与活跃性也很重要。育雏育成期种母鸡获得均匀的生长发育对将来产蛋期生产性能的发挥非常关键。整个种母鸡群体骨架大小差异是鸡群均匀度差的外观指征，应通过计算体重变异系数进行确认。如鸡群均匀度较差，应查找原因如饲料分配不均、采食位置不足或疾病因素等。

**（二）产蛋期**

产蛋期决定种母鸡饲喂管理的主导因素是体重、产蛋率及蛋重。定期检查种母鸡的耻骨间距、胸肌发育及腹部脂肪沉积能够提供有用的管理信息。

（1）体重　饲喂准确与否，体重是最重要的指标。应坚持每周准确称重 1 次，整个产蛋期都应保持一定的增重。母鸡开产到产蛋高峰（24～31 周）体重涨幅 19～21%，24～31 周的总增重应达到 715～800g，高峰后周增重 15～20g，不能失重。

（2）耻骨间距　育成期确定种母鸡性成熟发育程度及开产时间的有效管理方法是监测种母鸡的耻骨间距。正常条件下，随鸡群周龄的增长，耻骨间距逐渐增大直到开产时达到最大间距。如耻骨间距达不到表 5－10 描述的发育程度，预期加光时低于 1.5 指宽或鸡群的耻骨间距差异较大应推迟进行光照刺激。从 15 周到开产期间应定期检查耻骨间距，最好每次巡视鸡群时进行抽查，最少每周检查一次。由于检查人员手的大小不同，最好由同一个人每周检查耻骨间距。一般情况下，鸡群开产时的耻骨间距在 3 指左右，为 5～6cm。

表 5－10　不同日龄耻骨间距的变化

| 日　龄 | 84～91 日龄 | 119 日龄 | 见蛋前 21d | 见蛋前 10d | 开产 |
|---|---|---|---|---|---|
| 耻骨间距 | 闭合 | 1 指 | 1.5 指 | 2～2.5 指 | 3 指 |

（3）胸肌发育　正常情况下，育雏育成期均匀度好的种母鸡按照标准体重曲线生长能获得良好的体况发育，确保种母鸡既不肥又不瘦很重要。无论什么周龄，如种母鸡胸肌发育确实太大，就很可能超重且会增加脂肪沉积，相反胸肌发育不足的种母鸡很可能体况发育较差，这两种情形都会影响整个生产周期的生产性能。至少每周一次抽查一些种母鸡检查其体况，确保鸡群保持良好的健康状态与体况，维持良好的生产性能。同种公鸡一样，种母鸡也应采用相同的评分系统如图 5－2。但是，由于种母鸡的体型与种公鸡不一样，对于鸡群评估结果的解释与处理应有所不同，而且也不建议从大群中淘汰体况评估较差的种母鸡。种母鸡最关键的是要达到标准体重，并据产蛋率与蛋重适当调整饲

喂量。种母鸡丰满度评估更倾向于作为一个支持性管理方法来使用，并不像种公鸡一样作为产蛋期关键性的管理因素。育雏育成期通过适当的管理尽可能减少鸡群中胸肌指数 1（胸肌发育不足）和 3（胸肌发育太大）这两种情况的发生。产蛋期鸡群的平均指数最好处于 2～2.5 且尽可能减少体况指数 1 的种母鸡数，因为胸肌发育不足的种母鸡往往产蛋率较低。然而，产蛋期种母鸡体况指数 3 也能接受，因为胸肌发育丰满的种母鸡仍具有较好的繁殖性能。

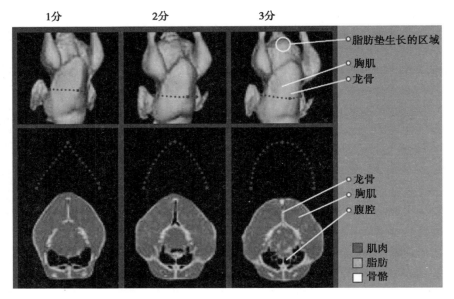

**图 5 - 2　用 CT 扫描影像评估鸡群体况。40 周种母鸡的影像照片，上面 3 张照片表示整个鸡体，点状线表示横截面影像位置；下面 3 张影像表示胸部横向截面**

（4）腹部脂肪沉积　产蛋期检查腹部脂肪沉积有助于提供鸡群总体身体状况的信息。评估腹部脂肪容量时，用手掌轻轻地触摸泄殖腔下方的区域，产蛋高峰后种母鸡的腹部脂肪沉积不应超过（彩插 10）显示的程度。开产前胸肌发育适当的种母鸡会有少量腹部脂肪沉积，明显的腹部脂肪沉积一般在种母鸡达到性成熟后出现，产蛋高峰前 2 周左右腹部脂肪沉积达到最高峰。种母鸡的腹部脂肪沉积能够提供最大产蛋率所需的能量储备，但是任何时候脂肪沉积过多特别是在产蛋高峰后对产蛋率的维持、受精率和孵化率都有致命的影响，甚至会降低成活率。一般来讲，25 周腹脂占体重的比例为 2% 左右；45 周之前观察鸡群，母鸡腹部不能发红；45～50周允许2%～3%，但不超过5%的腹部发红。体重与腹部脂肪沉积之间存在着正相关，因此超重的种母鸡很可能增加腹部脂肪沉积继而影响繁殖性能见图5－3和表5－11。种母鸡开产后，应至少每周一次检查腹部脂肪沉积的进程，种鸡之间实际腹部脂肪沉积的程度会有所不同。产蛋高峰后的目标是保持种母鸡体成熟的体重，但是尽可能减少过多的腹部脂肪沉积。作为参考，最大的腹部沉积量不应超过人的平均掌心大小或一个大的鸡蛋大小约8～10cm。

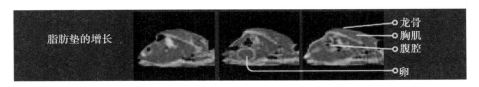

图5－3　3只母鸡的纵切面（左侧是泄殖腔，右侧是头部）。40周的种母鸡，左侧的种母鸡体况在下降，体重低于标准，脂肪沉积较少，这样的种母鸡产蛋率比较低甚至会停止产蛋；右侧的种母鸡腹部脂肪沉积很多，内部器官周围累积较多脂肪，这样的种母鸡产蛋率与产蛋持续性会降低

表5－11　随体重增加腹部脂肪沉积也增加

| 脂肪垫的增长 | 腹脂少 | 腹脂正常 | 腹脂多 |
| --- | --- | --- | --- |
| 活重（g） | 3 314 | 3 666 | 3 747 |
| 与标准体重的差别 | － 336 | ＋ 16 | ＋ 97 |
| 脂肪垫重量（g） | 42 | 71 | 104 |
| 脂肪垫占活重的百分比（％） | 1.3 | 1.9 | 2.8 |

# 第四节　肉种鸡饲养的原则

## 一、体重控制的原则

一生中种公母鸡的体重永远增长，不能失重，否则，影响种鸡的受精率和产蛋率。一定要遵循种鸡的生长发育规律饲养，不能过激增减体重，而应循序渐进。10周后切勿再做任何分栏工作，也不要对各栏内的鸡群进行互换。10周后不能把超过标准体重的鸡群强行拉回标准体重曲线。如果15周时鸡群体重偏离标准体重超过5%以上，应重新绘制平行于标准体重的曲线。应保证10周后特别是15～24周群内和栏内足够的周增重、总增重及增重率达到标准要

求，并应确保群内和栏内的周增重均衡增长。产蛋上高峰期间总的增重应达标，并应避免过度超重，高峰后应保持 15～20g 的周增重。应同时密切关注体重和周增重两条曲线达到标准要求，不允许出现锯齿状的生长曲线。通过调整料量控制体重。

## 二、蛋重控制原则

一生中种母鸡的蛋重永远增长。在产蛋上高峰期间容易出现蛋重下降现象，应注意料量和料质的调整。在高产鸡群，产蛋率在 50%～70%，易出现蛋重下降现象。从产蛋率 10%～70% 应每日对蛋重和产蛋率评估并适时调整料量。

## 三、喂料原则

种母鸡达到产蛋高峰前料量只能维持或增加不能减少，产蛋高峰后一般在33 周后料量逐渐减少，减少总量不超过高峰料量的 10%～12%；一生中种公鸡的料量只能增加不能减少。在产蛋高峰前，种公母鸡都不能减少任何营养摄入。在每一种限饲方式中，喂料日所给料量都不能超过高峰料量，不论采用何种限饲方式都不能连续 2d 不喂料，也不应采用一周增料量巨大，下一周料量不增的方式，增加幅度通常在 7%～10%，否则鸡群易患病，导致死亡率较高，也易出现均匀度问题。限饲时必须遵循少量多次增加喂料量的原则，种鸡维持料量的天数不能太长如表 5－12，同时限饲方式转变时要逐步进行，以免造成应激。无论是人工饲喂还是定时钟控制饲喂，每天必须在同一时间饲喂鸡群，如果饲喂时间不固定会影响均匀度的提高和保持。喂料的基本顺序为自由采食加拟定料量，以自由采食为主，确保每只鸡每天料量相等→每日限饲→5/2 或 6/1 限（4～6 周）→4/3 限（7～11 周）→5/2 限（12～17 周）→6/1 限（18～23 周）→每日限饲。

表 5－12 不同日龄种鸡维持料量不变的最长天数

| 日 龄 | 1～21 | 22～35 | 36～49 | 50 以上 |
|---|---|---|---|---|
| 最长天数 | 4 | 5 | 9 | 10 |

## 四、累积营养原则

以体重为基础，注重累积营养（能量和平衡蛋白质）达到手册标准要求，手册中的料量仅供参考。

## 五、光照原则

光照时间和强度应保持足够稳定，开关灯时间稳定准确。育成期绝对不能随意增加光照时间和强度；鸡群能接受恒定的光照时间或日照长度逐渐减少。开放式或遮暗鸡舍，鸡进入性成熟阶段开始（12 周最迟 15 周）光照长度不能减少或恒定，强度不能减弱或恒定。产蛋期绝不能减少光照时间和强度，光照应逐渐增加；21 周后不允许降低光照长度；进入产蛋期后，光源应稳定，不能随意更改，遮暗鸡舍实施光照刺激，如 4 ~ 8 月期间改用自然光照时，进入鸡舍的日光强度猛增，会导致鸡群早产、双黄蛋和脱肛鸡增多。产蛋期加光后如使用白炽灯且不可换成节能灯，反之依然；育成期开灯时的光照强度应是灭灯时的 10 倍左右；加光后的光照强度应是育成期的 10 倍；分阶段饲养过程中，补光前如需要转舍，后转舍的光照强度不得高于前舍；突击性工作如免疫、全群称重、周末称重及其他管理事项，不能随意增加光照时间和强度。确保灯泡的高度及一致性（表 5 – 13），笼养鸡舍必须兼顾上、下层亮度，光照分布均匀，无光照死角。加光最好用反光罩，如无光强度降低 50%。遮黑鸡舍应绝对避免漏光现象出现，如果母鸡丰满度不够或体重不达标，应延迟加光。不论育成期或产蛋期，光照强度的减弱所带来的危害比光照长度减少所带来的危害更大；除非鸡舍的光照系统为人工控制，否则最初的光照刺激小时数必须超过自然光照小时数。建议使用节能灯，以节约费用（表 5 – 14）。

表 5 – 13　获得一烛光（10.76lx）的照度所需光源的高度

| 光源瓦数（周） | 光源的高度（m） | |
|---|---|---|
| | 使用灯罩 | 不使用灯罩 |
| 15 | 1.1 | 0.6 ~ 0.7 |
| 25 | 1.4 | 0.9 |
| 40 | 2.0 | 1.4 |
| 60 | 3.1 | 2.1 |

表 5 – 14　节能灯和普通白织灯节约电费对比

| 灯泡数量（个）鸡舍长 120m，宽 12m | 使用节能灯（周）18 周 | 使用普通白炽灯（周）100 周 | 节约情况 |
|---|---|---|---|
| 需 150 个灯泡 | 2 700 | 15 000 | |
| 每天 16h | 43 200 | 240 000 | 每天节约 196.8kW |

## 六、均匀度控制原则

从 1 日龄开始应重视均匀度的控制。10 周前抓好均匀度，10 周后维持均匀度。

## 七、称重原则

坚持"七同时"，计算时应回归到标准抽样比例。

# 第六章　环境控制

## 第一节　环境控制系统及其作用

随着遗传育种技术的不断进步，鸡群对环境的需求条件越来越高，国内日益恶化的大环境和饲养成本的不断攀升，要取得较高的生产成绩和经济效益，必须重视鸡舍环境的控制。随着科技进步和养殖业的快速发展，越来越多的养殖企业开始利用环境控制器控制鸡舍机械设备运转，使鸡舍的环境管理自动化、智能化。除建造高标准的禽舍是关键外，配备先进的禽舍环境控制系统是其重要标志。

### 一、环境控制系统的功能

实现鸡舍温度、通风、降温系统的自动化控制和鸡舍喂料、饮水系统的精准计量及光照系统的智能化控制，最大限度的发挥鸡只的生产潜能。

### 二、环境控制系统的控制原理

环境控制系统主要利用风速产生的风冷效应和湿帘产生的直接降温作用来达到鸡只体温的降低和空气的置换。

### 三、环境自动化控制系统的构成要素

**（一）密闭性和保温性好的密闭式纵向通风鸡舍**

关闭所有的进风口，启动一台 48in（1in = 2.54cm，下同）的排风机，鸡舍内的静态压力差值，即鸡舍内外大气压力差值必须超过 0.12in 水柱。

**（二）运行安全稳定的微电脑环境控制器**

能对排风、进风、降温、卷帘系统等进行自动化控制。

**（三）性能优越的排风系统**

主要是排风机，48in 风机排风量 38 000m² /h 以上。

### （四）科学的进风系统

主要是通风小窗，在鸡舍侧墙每隔 3m 一个，还有自动控制小窗开关的电机等。

### （五）良好的降温系统

主要是湿帘，要求厚度在 15cm 以上，配有自动控制湿帘开启的水泵等。

### （六）卷帘系统

主要是控制湿帘进风面积的卷帘及电机系统。

### （七）其他设备

负压控制仪、温度传感器、脉冲水表、报警器等附属设施。

## 四、使用环境控制系统应注意的问题

### （一）保持鸡舍良好的密闭性

鸡舍密闭性不严会导致风经由漏风口进入，造成鸡舍的静态压力差值变小，影响鸡舍的通风效果，尤其冬季会造成冷风直接吹到鸡只的现象。

### （二）通风小窗的使用

首先小窗开启应大于最小开口度，保证鸡舍的进风面积，避免出现贼风现象。其次小窗应加装导风板，保证进入鸡舍气流的走向。

### （三）降温湿帘的使用

随着鸡舍外部空气相对湿度的提高，采用湿帘降温的效果逐渐降低，当外界湿度高于70%时应关闭湿帘，采取增大通风量的方式，减小对鸡群造成的热应激。

### （四）静态压力系统设施的维护保养

（1）舍内外压力探头  应保持干净，定期进行清洁，以免粉尘堵塞压力管道，影响负压控制仪的准确性。

（2）舍外压力探头  应放置在鸡舍外背风的地方，防止刮风对负压控制仪产生干扰，影响鸡舍通风效果。

（3）空气管  应保持畅通，防止受挤压变形，影响负压控制仪的准确性。

### （五）环境控制器的保护

环境控制器必须进行雷电保护，防止雷电对控制器中的电子装置造成损坏。

### （六）温度传感器的检查与校正

温度传感器使用过程中，应定期进行温度检查，若温差超过1℃应及时进行校正。校对时，应将所有温度传感器探头同时放在一桶中，测量桶中水的温度，而不是测量空气的温度，因为空气在运动时，其温度在几度的范围内会迅速变化，从而很难准确的校对。应确保水的温度接近周围环境中空气的温度，以防校对过程中温度急剧上升或下降。

# 第二节　温度和温差

## 一、确保温度适宜均衡稳定

温度是养鸡的第一要素，随着肉种鸡育种技术的不断推进，对饲养环境条件的要求越来越高。鸡舍温度的控制主要是指鸡体对外界冷热的舒适感觉程度即体感温度，由环境温度、风速和湿度三要素组成（表6-1）。一般鸡舍适宜的温度为18~25℃，夏季25~28℃、冬季15~18℃。

表6-1　有效温度

| 温度<br>（℃） | 相对湿度<br>（%） | 不同风速情况（m/s） | | | | | |
|---|---|---|---|---|---|---|---|
| | | 0 | 0.508 | 1.016 | 1.524 | 2.032 | 2.54 |
| 35 | 30 | 35 | 31.6 | 26.1 | 23.8 | 22.7 | 22.2 |
| | 50 | 35 | 32.2 | 26.4 | 24.1 | 22.2 | 22.2 |
| | 70 | 38.5 | 35.5 | 31.5 | 28.8 | 26.1 | 25 |
| | 80 | 40 | 37.2 | 31.1 | 30 | 27.2 | 25.2 |
| 32.2 | 30 | 32.2 | 28.8 | 25 | 22.7 | 21.6 | 20 |
| | 50 | 32.2 | 29.4 | 25.5 | 23.8 | 22.7 | 21.1 |
| | 70 | 35 | 33.7 | 26.6 | 27.2 | 25.5 | 23.3 |
| | 80 | 37.2 | 35 | 30 | 27.7 | 27.2 | 26.1 |
| 29.4 | 30 | 29.1 | 26.1 | 23.8 | 22.2 | 20.5 | 19.4 |
| | 50 | 29.1 | 26.6 | 21.1 | 22.8 | 21.1 | 20 |
| | 70 | 31.6 | 30 | 27.2 | 25.5 | 24.4 | 23.3 |
| | 80 | 33.3 | 31 | 28.8 | 26.1 | 25 | 23.8 |
| 26.6 | 30 | 26.6 | 23.8 | 21.6 | 20.5 | 17.7 | 17.7 |
| | 50 | 26.6 | 24.4 | 22.2 | 21.1 | 18.9 | 18.7 |
| | 70 | 28.3 | 26.1 | 24.4 | 23.3 | 20.5 | 19.4 |
| | 80 | 29.1 | 27.2 | 25.5 | 23.8 | 21.1 | 20.5 |
| 23.9 | 50 | 23.9 | 22.8 | 21.1 | 20 | 17.7 | 16.6 |
| | 70 | 25.5 | 24.4 | 23.3 | 22.2 | 20. | 18.8 |
| | 30 | 21.1 | 18.9 | 17.7 | 17.2 | 16.6 | 15.5 |
| 21.1 | 50 | 21.1 | 18.9 | 18.3 | 17.7 | 16.6 | 16.1 |
| | 70 | 23.3 | 20.5 | 19.4 | 18.8 | 18.3 | 17.2 |
| | 80 | 24.4 | 21.6 | 20 | 19.8 | 18.8 | 18.3 |

**（一）温度对鸡群的影响**

在饲养过程中，舍内温度过高、过低或不均匀会对鸡群生长和生产产生不利影响。

（1）温度过高　育雏温度太高，严重或轻微喘气、饮水量增加、羽毛生长慢、蓬乱、脱水，影响食欲、采食量和早期发育受阻，易形成僵鸡。在温度为38℃时，10周内的仔鸡死亡率达20.8%，而对照组在26.7℃和15.6℃气温下仅为2%，而8.3℃没有死亡。成年鸡当舍温高于30℃时，鸡群会出现食欲降低，饮水量加大；当温度超过40℃时，食欲就会彻底废绝并出现死亡。高温引起产蛋率下降，在25~30℃，温度每升高1℃，产蛋率下降1.5%，蛋重减轻0.3g/枚；30℃以上，产蛋率明显下降；32℃时的产蛋率较21℃下降7.4%，蛋重减轻5.7%。高温使蛋壳质量下降，软壳蛋增加，试验证明在21.1℃时蛋壳厚度为0.347mm，在32.2℃时则下降为0.309mm，下降11%。高温导致精液稀薄，数量减少，活力降低，受精率降低。高温会导致呼吸性酸中毒，由于持续高温，鸡只呼吸加快，如没有得到有效降温和饮水，鸡体酸碱度就会失去平衡，酸性体液增加，细胞活力下降，脏器功能减弱，如果继续增强，容易产生猝死。

（2）温度过低　育雏温度较低，鸡不愿活动、挤堆，肠道发育不全，体温下降，易滋生细菌，增加发病率和死亡率，影响采食和卵黄的吸收，料肉比高，均匀度差。育雏舍环境温度30℃时，每下降1℃增加维持需要3%，不利于生长。成年鸡舍温过低会导致鸡群采食量增加，正常情况下，气温逐渐下降时，每下降3℃，应给鸡加料5g左右，才可得到60J的热量，使鸡得到足够的热量，以维持体温和产蛋水平。低温诱发呼吸道疾病，冬季呼吸道疾病无论在商品鸡或是种鸡都时常发生，饲料消耗量增加。

**（二）种鸡不同饲养阶段的温度需求**

（1）育雏期　初生雏的免疫系统正处于发育阶段，尚未完全具有体温调节功能，前5d是育雏的关键时期，雏鸡体温从39.4℃提高到41.1℃，这关系到鸡群的健康和生产性能，前14d受应激影响其均匀度和生产性能，且这种影响可能要到生产后期才显现出来。雏鸡的热平衡区域是体温40~40.5℃，孵化场、运输过程及雏鸡入舍时都应以保持该体温为目标，可以用直肠温度探针或红外线耳温仪测定直肠温度（伸入体腔2.5cm），41.1℃以上，雏鸡太热表现为喘气；40~40.8℃，雏鸡舒适，脚爪热；40℃以下，雏鸡受凉表现为脚爪较凉。建议测温点有孵化场、雏鸡运输车、雏鸡入舍后24h。应避免育雏温度太高或太低，造成热或冷应激现象的出现，影响鸡群的生产性能（表6-2）。

如果温度达到40℃，卵黄中的水分8～10h就会耗尽，造成脱水。刚出壳的雏鸡自身体温调节能力不完善，在12～14d之前没有能力调节自己的体温，难以通过调节自身温度适应外界温度的变化，对环境温度变化极为敏感。应结合来自不同周龄种鸡群所提供的雏鸡，适当进行温度调整。温度过低、过高都会影响雏鸡的增长、饲料转化率、成活率和均匀度见表6－3、表6－4、表6－5和表6－6。温控应遵循前期稍高，后期稍低；白天稍低，夜间稍高；晴天稍低，阴天稍高；夏季稍低，冬季稍高的原则。最好使用测温仪来指导生产（图6－1）并根据雏鸡行为，及时观察进行测定并做出反应。建议育雏采用温差育雏法，使用保温伞育雏时，应调整好保温伞高度及保证其牢固性，放鸡后根据鸡只的表现和实际温度，随时调整保温伞高度和围栏大小，保温伞下与鸡舍环境应有温差；网上育雏前3d的温度应不低于35℃，4～7d 35～33℃，8～14d 33～31℃，15～21d 30～28℃，22～28d 26～24℃，5周后至淘汰应保持在21～23℃。鸡舍要有高低温报警装置。平养育雏温度要注重6个方面，一是育雏室温即鸡背高的温度应达到32～35℃，温差育雏舍温在27～28℃，以后随日龄的增长，每天约降0.4～0.6℃，直至常温；1～2d求高不求低，3～4d求低不求高；育雏所需环境温度因季节也不尽相同，冬季需要的环境温度相对较高，而夏季相对较低。二是垫料（纸）温度要达到30～32℃如表6－7，32℃度较适宜，34～40℃垫料（纸）温度太高。三是饮水温度要达到26～27℃。四是温度不能忽高忽低，温差不超过3～5℃。五是测量真实温度，温度计的悬挂高度一定要在鸡背高，同时不要迷信温度计，温度只是一个参数，要多几个测温点并及时做出反应。六是正确判断温度是否适宜应以鸡群的分布为准即"看鸡施温"，雏鸡行为是温度合适与否的最佳指示；雏鸡入舍2h后抽取100只检查鸡爪温度，鸡爪放在人的脖子上不觉有凉感或放在额头上稍微低一点说明温度适宜。应避免鸡舍出现贼风，雏鸡过度鸣叫，表明温度不正常。

表6－2　冷应激试验

| 组　别 | 鸡　数 | 前10d的育雏温度（℃） | 10d的体重（g） | FCR |
| --- | --- | --- | --- | --- |
| 实验组 | 180 | 26.7 | 91 | 1.42 |
| 对照组 | 180 | 32.2 | 109 | 1.14 |

表6－3　育雏温度对42d肉仔鸡生产性能的影响

| 至14d育雏温度 | 体重（g） | 料肉比 | 死亡率（%） |
| --- | --- | --- | --- |
| 29.4～32.2 | 2 267 | 1.71 | 2.08 |
| 23.9～26.7 | 2 219 | 1.77 | 4.17 |
| 21.1～23.9 | 2 149 | 1.82 | 7.08 |

图 6 - 1　用测温仪测温

表 6 - 4　不同温度条件下对雏鸡 1 周生产性能的影响

| 温度<br>（℃） | 相对湿度<br>（%） | 性别 | 体重<br>（g） | wt./Doc<br>wt. | 死淘率<br>（%） | 累积耗料<br>（g） |
|---|---|---|---|---|---|---|
| 35 | 80 | 公鸡 | 182 | 4.0 | 0.50 | 162 |
|  |  | 母鸡 | 174 | 3.8 | 0.00 | 168 |
|  |  | 公母混合 | 178 | 3.9 | 0.25 | 165 |
| 33 | 80 | 公鸡 | 179 | 3.9 | 0.00 | 164 |
|  |  | 母鸡 | 179 | 3.9 | 0.67 | 164 |
|  |  | 公母混合 | 179 | 3.9 | 0.40 | 164 |
| 30 | 80 | 公鸡 | 189 | 4.2 | 0.67 | 167 |
|  |  | 母鸡 | 187 | 4.1 | 0.00 | 170 |
|  |  | 公母混合 | 188 | 4.1 | 0.40 | 168 |

表 6 - 5　不同温度条件下对雏鸡 3 周生产性能的影响

| 温度（℃） | 相对湿度（%） | 性别 | 体重（g） | 死淘率（%） | FCR |
|---|---|---|---|---|---|
| 35 | 80 | 公鸡 | 873 | 1.00 | 1.385 |
|  |  | 母鸡 | 778 | 0.00 | 1.421 |
|  |  | 公母混合 | 825 | 0.50 | 1.401 |
| 33 | 80 | 公鸡 | 897 | 0.00 | 1.369 |
|  |  | 母鸡 | 793 | 0.67 | 1.430 |
|  |  | 公母混合 | 834 | 0.40 | 1.404 |
| 30 | 80 | 公鸡 | 910 | 1.00 | 1.370 |
|  |  | 母鸡 | 823 | 0.00 | 1.393 |
|  |  | 公母混合 | 875 | 0.60 | 1.379 |

表6－6 不同育雏区域温度条件下42d公母鸡混养生产性能比较

| 生产性能 | 32～34℃ | 凉 | 冷 |
|---|---|---|---|
| 7d龄体重（g） | 138.11 | 129.1 | 120.78 |
| 42d龄体重（g） | 2 335.98 | 2 298.47 | 2 258.38 |
| 饲料转化率 | 1.803 | 1.829 | 1.862 |
| 日均增重（g） | 55.62 | 54.73 | 53.77 |
| 淘汰率（%） | 0.42 | 2.92 | 3.75 |
| 腹水率（%） | 1.67 | 1.67 | 5.00 |
| 总死淘率（%） | 2.92 | 5.83 | 8.33 |
| 欧洲效益指数 | 299.42 | 281.72 | 264.68 |
| 增加成本（元） | 0.00 | 0.22 | 0.46 |

表6－7 饮水及垫料温度对雏鸡早期死亡的影响

| 7d死亡率 | 饮水温度（℃） | 垫料温度（℃） |
|---|---|---|
| <0.99 | 25 | 26.7 |
| 1.0～1.99 | 23.3 | 25 |
| 2.0～2.99 | 22.2 | 24.7 |
| 3.0～3.99 | 22.5 | 24.1 |
| >4 | 22 | 22.5 |
| 最好的10家 | 26.8 | 27.5 |
| 最差的10家 | 20 | 22.8 |

（2）育成期 舍温控制在20～25℃，如有持续温度变化需适当考虑加减饲料。

（3）产蛋期 适宜的温度为18～25℃，13～16℃产蛋较高，15～20℃饲料转化率较高。应尽可能保证产蛋鸡舍最低温度不低于13℃，最高温度不高于30℃，否则会对生产产生不可逆的影响。

## 二、温差

温差是养鸡管理中的关键因素，它决定养鸡的成败，并且在饲养过程中最难掌控，也是诱发很多疾病的根源。

### （一）温差的种类

养鸡生产中饲养管理最核心的是温度、湿度、通风相互依赖又相互制约，三者协调不好就会出现温差。鸡在换羽期温差的最大承受能力为2℃以内，换羽结束后对温差的适应力有所增强，但最大也不易超过4℃。生产现场由于温度表的准确性、悬挂位置、湿度等的不同，所表现的温度也有一定的差异，因此应以鸡群的行为来判断温度是否适宜，做到看鸡施温，并通过仪器测定改进完善。温差的种类主要有以下几种。①季节和天气温差。春夏秋冬和季节交替时气候极易突变，如春季湿度较低，多风，温差变化较大；夏季干湿热并存，应以降温为主；秋季温差逐渐加大，初秋多水，风大；冬季天气逐渐变冷，多干燥，有风，应以保温为主。天气在晴、阴、雾、雨、霜、雪、风等天气突变时对养殖的影响最主要考验的是快速、及时，应随环境的变化及时调整，最大限度的减少发病。不要认为冷一会不要紧，热一会没关系。②接鸡和热源温差。鸡苗运输过程与舍内温度过高产生的温差。鸡舍热源周围与舍内整体温度和离热源稍远的地方的鸡不同，尤其是采用热风炉供暖的鸡群应特别注意。③舍内温差。舍内外温度所形成的温差，温差形成风，舍内外温差对进风口的开关、大小、方向是一个很重要的参考指标。舍内温度分布的均匀情况和有没有通风死角尤其是饲养规模在8 000只以上的鸡舍。一般情况下，育雏时靠近热风炉的位置，温度始终要高一点，靠近风机的位置始终低一些。④昼夜温差。白天温度逐渐升高和晚上温度逐渐下降，需要不断的调整供暖和通风设备，才能最大限度的降低舍内温差。最明显的4个阶段是早上7～11时为升温阶段，13～15时为高温阶段，17～22时为降温阶段，凌晨1～4时为低温阶段。不同的地区和季节有一定的差异，应灵活掌握。⑤进口温差。人员设备的进出口和进风口，一般进风口瞬间进来的风较凉，也最易忽视，因此生产中70%以上鸡群的呼吸道问题都是由进口温差引起的。当舍内外温度有10℃以上的温差时，舍内温度可能不低，但鸡的体感温度就已经接受不了了。⑥扩群温差。随鸡群日龄的增长，机体自身对温度需求和鸡群自身产生的热量的变化。在鸡群扩群前后产生温差，生产中15%的呼吸道病与扩群有一定的关系。鸡群在舍内的分布均匀情况和整体的饲养密度是否合理，控制密度温差的一个原则是不让鸡相互拥抱取暖。⑦笼（网）养鸡背腹部温差。实际生产中很多温度计都悬挂在鸡背的高度，而鸡最脆弱最怕受凉的是腹部。温度计及温度探头悬挂的高度不同，所测的舍温也不同，悬挂位置越高温度越高。

**（二）温差过大的危害**

育雏期温差过大，给雏鸡造成应激，影响雏鸡的生长发育，还易引起疫病；还会造成雏鸡主翼羽和副主翼羽羽毛出现数量不等的横纹，应激越大，横纹越多；前2周低温和舍内温度不稳定，易导致"假母鸡"（输卵管积水或囊肿）出现，引起雏鸡腹泻。育成和产蛋鸡舍日舍温差超过6℃，鸡只易发生坏死性肠炎、采食及消化能力急剧下降；如温差太大且长时间没有得到解决，鸡群的采食量会产生一些波动，导致鸡群均匀度差和产蛋高峰低，浪费饲料。

**（三）生产中如何减少温差**

（1）正确建造鸡舍 合理运用加温和降温设备，确保温度适宜。

（2）控制温差不宜过大 一般100m的鸡舍正常情况下两端温差在3℃以内，舍内各点的温度均衡相差不大，昼夜和舍内各处的温差育雏期不超过2～3℃，育成期2～3℃，产蛋期3～5℃。①减少昼夜温差。春秋季节，日夜温差较大，有时相差在10℃以上，应特别注意鸡舍的温度控制，如白天开启的进风口需要合理调整，夜间鸡舍温度低于10℃时还要考虑鸡舍供热，避免忽高忽低对鸡群健康产生影响。②避免贼风。在进风口的位置用塑料布遮挡在隔离网边或进风口容易受凉的鸡群周围；在人员进出口两米内用塑料布对隔离网面至地面的位置进行保护，以防人员进出带进的凉风入侵鸡群；笼养鸡门口的笼位应遮挡防贼风。③校正温度。冬季在接鸡时，因为人员搬鸡进出鸡舍带入冷气而出现舍温（尤其是大鸡舍）下降2～3℃，因此，鸡到场前舍温应提高2～3℃的校正差，避免造成温差太大。同时地面或网上饲养时，鸡苗进舍前应提前4～6h将舍温升高至35℃，以后缓慢降至27～30℃；进鸡后将鸡平放在网上或地面上，掀开纸箱盖后，再缓慢升温至32～35℃，减少长途运输与舍内的温差。④减低舍内温差。使用热风炉用的散热片或送风袋应尽量安装在靠墙的两边，面向墙壁或地面吹风；用煤炉采暖应向两边靠拢，以减小和缓冲外来的冷空气，避免局部高温使鸡脱水，影响鸡群的均匀度。为减少舍温不均匀的情况，可将散热片尽可能向后移动或将送风袋靠近炉子的出风口全部扎上让热风向后输送。在夏季降温时，会出现鸡舍四周温度低，中间温度高的情况，通风时应充分考虑；注意最低进风口应低于鸡群的高度尤其是地面饲养的鸡群，风机前约1～1.5m的位置不要有鸡，这些都会是通风死角。⑤降低扩群温差。随鸡群日龄的增长温度应缓慢下降，当后期机体自身产生的热量能满足需要时，也不要立即停止供暖设备，可适当加强通风，防止突然降温。扩群前应适当提高舍内温度并持续到扩群后24h以上，逐渐下降至正常温度；对即将要扩群的位置预温，应略高于或不低于舍内现有的温度，当温度能够满足鸡群需要时，先将塑料隔断打开，2h内不要放鸡；一般塑料隔断有两层，相距不超过5m，隔断必须完全密封，尤其是网面以下更不能进一点凉风，挡鸡的网面一般距离塑料隔断1m以上，不能让鸡直接接触塑料隔断。扩群应选择在天气晴朗时进行，免疫前后不扩群，鸡群在亚健康时慎重扩群。⑥逐渐降低饲养密度。由于鸡群品种不同，饲养方式和气候条件不一，所需的面积也不一样。

在饲养过程中一般采用小栏饲养，用网片将鸡分成几个隔栏，不让其来回自由奔跑，以免鸡都挤在一起时热，分散开来又凉，避免密度温差。当温度达标时，鸡群密度越小越好，不管在什么时候、什么情况下、不管是吃料或是喝水都不应有鸡在后面等着或挤着吃料喝水。⑦减少季节性温差。春季重点是增加鸡舍湿度尤其是使用热风炉采暖的鸡舍；鸡舍宽度在13m以下的鸡舍，通风多以自然通风为主，适当使用顶风机和侧风机为辅，控制通风口不宜过大，进风量不宜过快，并随时根据外界温度的变化调整通风。初夏天气易突然炎热，可使用纵向风机通风降温；虽然外界温度较高，但应注意风冷效应，进风口不能直接吹鸡，更不能让风从网面下经过吹到鸡的腹部；随温湿度的增加逐渐使用湿帘降温，初期应缓慢使用，防止湿帘进风过凉，通过调整风机的数量和水帘周围的小窗来中和湿帘的凉风；进入三伏天后，应使用一切降温设备包括风机、湿帘、雾线等通风。初秋高温高湿以降温为主，到深秋以保温为主；秋季通风的原则首选自然通风，其次是顶风机通风，再到侧风机通风，再到主风机通风。冬季应关注鸡舍的密封及保温情况，注意温差会形成风，观察进风口进来的凉风是否内吹着鸡；在深秋和初冬季节要注意观察鸡舍的墙壁、顶棚、隔断是否有水珠形成，凡能形成水珠的位置，冬季将会有凉气渗入鸡舍，造成舍内温差拉大和局部鸡群受凉。⑧避免出现风冷应激。使用保温伞育雏时，随日龄增长，环境温度过高，会打开鸡舍的风机进行通风，如通风过大而使育雏伞工作，出现了伞下没有鸡而伞边缘较窄区域有鸡的现象（空心圈），此种现象是由于风速过大产生风冷效应的直接表现；只有环境温度 > 目标温度 + 风冷差值（不固定），如27℃ > 24℃ + 2℃，才能加强通风，一般风冷差值为0 ~ 6℃。⑨减少笼（网）养鸡上下层的温差。笼养鸡应在上两层育雏，待换羽结束后再移到最下面的一层，建议温度探头放在第二层下5cm处。网上育雏时在秋冬季节须将探头放在网面以下5cm处，以获得真实的温度。

## 三、操作温度

在昼夜温差较大的地区，使用开放式或遮黑鸡舍会出现育雏温度超出所给温度范围的情况，这时0 ~ 11d可日降0.5 ~ 0.8℃，然而在11 ~ 21d日降应控制在0.3℃以内。在昼夜温差较大的地区和季节，应用操作温度来控制鸡舍温度。操作温度 = （鸡舍日最高温度 - 鸡舍日最低温度）×2/3 + 鸡舍日最低温度。

## 四、有效温度

鸡只所感觉到的温度为空气温度 + 相对湿度 + 风冷效应，以及会受到饲养密度、饲料营养和活动性的影响。实际生产中应综合考虑体感温度与湿度、风速的关系制定合理的环境温度控制方案。

## 五、温度与湿度及通风的协调

### （一）温度与湿度的协调

所有动物都会通过呼吸道和皮肤蒸发水分，将体内热量散发到环境当中。当高湿的情况下，散热量减少，体表温度增加。动物对温度的感觉取决于干球温度和相对湿度。如果相对湿度超出目标范围，舍温应相应调整并观察雏鸡行为。湿度在鸡舍环境控制过程中起到潜移默化的作用，确保一定的湿度不等于局部垫料潮湿，过高的相对湿度会增加体表温度，相反，相对湿度低就会降低体表温度如表6－8。体感温度 = 0.7 × 干球温度 + 0.3 × 湿球温度，如表6－9。这就是初夏32℃与盛夏32℃（高湿）人有不同感觉的原因，据此理论，高温时降湿和低温时加湿具有相同意义。高温高湿无风是最热、最潮湿的环境，高温低湿风大是最干燥的环境，低温高湿风大是最冷的环境，生产中应注意调控。育雏舍要求温度高、温差小，管理中应通过控制通风量和通风时间来进行温度控制和空气质量调节。温度不同对种鸡的影响程度不同，当温度高于29℃，相对湿度大于70%时，影响鸡的生长速度。

表6－8　不同相对湿度下达到目标体感温度所对应的干球温度

| 日龄 | 目标温度（℃） | 相对湿度（%） | 不同相对湿度下达到目标体感温度（℃） | | | |
|---|---|---|---|---|---|---|
| | | | 50 | 60 | 70 | 80 |
| 0 | 30 | 65～70 | 33.2 | 30.8 | 29.2 | 27 |
| 3 | 28 | 65～70 | 31.2 | 28.9 | 27.3 | 26 |
| 6 | 27 | 65～70 | 29.9 | 27.7 | 26.0 | 24 |
| 9 | 26 | 65～70 | 28.6 | 26.7 | 25.0 | 23 |
| 12 | 25 | 60～70 | 27.8 | 25.7 | 24.0 | 23 |
| 15 | 24 | 60～70 | 26.8 | 24.8 | 23.0 | 22 |
| 18 | 23 | 60～70 | 25.5 | 23.6 | 21.9 | 21 |
| 21 | 22 | 60～70 | 24.7 | 22.7 | 21.3 | 20 |
| 24 | 21 | 60～70 | 23.5 | 21.7 | 20.2 | 19 |
| 27 | 20 | 60～70 | 22.7 | 20.7 | 19.3 | 18 |

表6-9 体感温度与湿度的关系

| 干球温度（℃） | 湿球温度（℃） | 相对湿度（%） | 体感温度（℃） | 温差（℃） |
|---|---|---|---|---|
| 35 | 27.6 | 50 | 32.8 | 2.2 |
| 35 | 29.3 | 60 | 33.3 | 1.7 |
| 35 | 30.7 | 70 | 33.7 | 1.3 |
| 35 | 32.1 | 80 | 34.1 | 0.9 |
| 35 | 33.5 | 90 | 34.5 | 0.5 |
| 35 | 35.0 | 100 | 35.0 | 0.0 |

### （二）温度与通风的协调

采用最小通风模式通风；人的感觉最重要，不要过分依赖自动。风机只需要定时就可以，舍内温度应设定为最高舒适温度（多观察）；关注体感温度，体感温度＝实际温度－3×风速（m/s），如表6-10。据专家研究，风速小于等于0.3m/s，体感温度与实际温度相同，据此理论，冬季鸡舍通风应保持最小0.3m/s的风速，低于这个风速，不利于空气的交换；高于这个风速，鸡群感觉寒冷。要保证最小通风量0.5CFM/kg；渐进性增加和减少通风量，堵好漏风的窟窿，关好门，防止通风短路；清扫干净进风口和排风扇遮光板及百叶窗，提高通风效率。

表6-10 体感温度与风速的关系

| 环境温度（℃） | 风速（m/s） | 体感温度（℃） | 温差（℃） |
|---|---|---|---|
| 35 | 0.5 | 32.9 | 2.1 |
| 35 | 1.0 | 32.0 | 3.0 |
| 35 | 1.5 | 31.3 | 3.7 |
| 35 | 2.0 | 30.7 | 4.3 |
| 35 | 2.5 | 30.2 | 4.8 |

## 六、笼养鸡的特殊管理

垫纸温度要达到30～32℃，尽可能降低笼子上、中、下层的温差，并采取相应措施确保温度的一致性，以鸡的行为作为判断鸡群是否舒适的最佳标志如表6-11。鸡的行为是反映环境条件状态最有效的感应器。安装吊扇有助于减少上下层的温差。

**表 6-11 不同温度情况下雏鸡的表现**

| 温度轻微偏低 | 温度严重偏低 | 温度轻微偏高 | 温度严重偏高 |
| --- | --- | --- | --- |
| 雏鸡几乎全部站立，脚爪温度低于体温 | 雏鸡站立聚集在一起，挤向温度较高的一侧，对饲料与水无兴趣 | 走动时雏鸡几乎全部爬卧 | 雏鸡全部爬卧，伸翅或张口喘气 |

## 七、养殖效果评价

在国外用欧洲指数（EEI）来衡量肉鸡养殖的好坏，EEI = 体重 × （成活率%） ÷ 料肉比 ÷ 出栏天数 × 10 000。一般情况下，EEI 低于 300 以内为不好，340 以上的为优秀。如某公司饲养的 AA+ 商品肉鸡，40.7 日龄出栏重为 2.71kg，成活率 97.61%，料肉比为 1.73，其 EEI 为 376，饲养的较成功。

# 第三节 相对湿度

相对湿度对鸡群生长和羽毛发育的影响较大，高温高湿是最热的天气，而低温高湿是最冷的天气。低湿会造成鸡只羽毛粘连，影响羽毛生长，主羽得不到有效伸展，影响鸡体保温，鸡群抵抗力变差等；湿度过高，会造成垫料潮湿及其他相关问题，不利于生长发育。生产中普遍存在育雏期特别是前 3d 相对湿度较低，而育成期和产蛋期湿度较高。尽管相对湿度不像温度要求那样严格，但在极端情况下或与其他因素共同作用时，会给雏鸡造成很大危害，影响雏鸡生长发育。如在舍温适宜，湿度低于 40% 时，会影响雏鸡对卵黄的吸收，脚趾干瘪和身体瘦弱，因呼吸道黏膜水分减少而发生呼吸道病，甚至脱水死亡；当湿度高于 75% 时，容易滋生病菌、寄生虫大量繁殖，诱发寄生虫、球虫、霉菌等疾病。

## 一、育雏期增加湿度

育雏第 1 周相对湿度过低，会导致均匀度差及生产性能低下。在孵化后期，出雏器内的相对湿度较高，大约为 80%，刚出壳的小鸡经过长途运输会造成一定程度上的脱水，所以育雏前 3d 鸡只对湿度要求较高，每天检查舍内的相对湿度，如第一周的相对湿度低于 50%，舍内的空气会比较干燥，灰尘较多，雏鸡就会脱水，而且容易造成呼吸道问题，生产性能也会产生负面影响。前 3~4d 的相对湿度维持在 65% 以上，以后随日龄的增长逐渐降低如表 6-12，当相对湿度低于上述范围，可增加舍温 0.5~1℃，反之，则降低舍温

0.5~1℃，随着雏鸡的生长，相对湿度也要逐渐降低。如舍内湿度不够可以通过洒水、喷雾、烧水产生水蒸气等方法增加鸡舍湿度，但不能直接对鸡喷水，也不能把水直接洒到垫料或垫纸上。18d后如湿度过高，会造成垫料潮湿及相关问题，可通过通风和加热系统来控制。如最初48h舍内的相对湿度超过65%，雏鸡不会容易脱水。

表6-12 不同体重在不同的相对湿度下对应的温度

| 体重（g） | 30% | 40% | 50% | 60% | 70% | 80% |
|---|---|---|---|---|---|---|
| 42 | 33 | 32.5 | 32 | 29.5 | 29 | 27 |
| 175 | 32 | 31 | 31 | 29 | 28 | 26.5 |
| 486 | 30 | 30 | 29.5 | 28.5 | 27 | 25.5 |
| 931 | 28 | 28 | 27.5 | 26.5 | 26 | 25 |
| 1 467 | 26 | 25 | 25 | 24 | 23.5 | 22.5 |
| 2 049 | 23 | 23 | 22.5 | 22 | 21 | 20.5 |
| 2 634 | 20 | 20 | 19.5 | 18.5 | 17.5 | 16 |
| 3 177 | 18 | 17.5 | 17 | 16 | 15 | 14 |
| 4 064 | 14 | 13.5 | 13 | 12 | 11 | 10 |

## 二、育成和产蛋期控制湿度

育成和产蛋期湿度控制在30%~40%为佳。一般鸡群在3周后湿度自然都会达到甚至超标，因此育成和产蛋期应考虑降低湿度。如空气中的水汽多，湿度大，阻碍其蒸发散热见表6-13。目前大部分鸡舍采用纵向通风加湿帘降温，当外界湿度较高时，特别是遇上高温高湿的天气，湿帘纸上的水膜得不到有效蒸发，降温效果会较差，不同湿度的最大降温值见表6-14。控制湿度应从以下几个方面应对：①注意鸡舍饮水系统。每次进舍需观察饮水系统是否漏水，无论是乳头或是钟型饮水系统，都要保持合适的水压，保证饮水系统下面的垫料干燥。②加强通风。利用风机抽掉部分潮湿空气，特别是冬季，由于舍内外温差较大，容易造成垫料潮湿，所以必需通过风机将部分潮湿空气抽出鸡舍。③选择好的垫料。选择吸湿性好的垫料如刨花、锯末等，防止潮湿。

表 6 – 13　气温与气湿对成年鸡蒸发散热的影响

| 环境温度（℃） | 相对湿度（%） | 蒸发散热占总散热的比例（%） |
|---|---|---|
| 20 | 40 | 25 |
|  | 87 | 25 |
| 24 | 40 | 50 |
|  | 84 | 22 |
| 34 | 40 | 80 |
|  | 90 | 39 |

表 6 – 14　不同湿度对降温的影响

| 外界气温（℃） | 各种相对湿度下的最大降温值（℃） | | | | | |
|---|---|---|---|---|---|---|
|  | 80% | 70% | 60% | 50% | 40% | 30% |
| 40 | 37 | 35 | 33 | 31 | 28 | 26 |
| 38 | 34 | 33 | 31 | 28 | 26 | 24 |
| 35 | 32 | 30 | 28 | 26 | 24 | 22 |
| 32 | 29 | 27 | 26 | 24 | 22 | 19 |
| 29 | 27 | 25 | 23 | 22 | 20 | 18 |
| 27 | 24 | 23 | 21 | 19 | 18 | 16 |

# 第四节　通　风

## 一、通风模式

生产实践中有两种鸡舍类型，即有风机和无风机开放式鸡舍；环境控制鸡舍。鸡舍通风分自然通风、机械通风（包括正压通风、负压通风和零压通风 3 种）和混合通风 3 种。根据鸡舍内气体流动的方向，鸡舍通风分为横向通风和纵向通风。

### （一）自然通风

依靠自然风的风压作用和鸡舍内外温差的热压作用，形成空气的自然流动，使舍内外的空气得以交换。一般开放式鸡舍采用自然通风，空气通过通风带、窗户和气眼、通风小窗等进行交换。自然通风较难将鸡舍内的热量和有害气体排出，吊扇或壁扇只能使鸡舍内的空气进行内循环，不能将热量和有害气体全部排出，鸡舍跨度不应超过10m。

## （二）负压和正压通风

负压通风是依靠机械动力，对舍内外空气进行强制交换，一般使用轴流式风机将鸡舍内的污浊空气强行排出舍外，在建筑物内形成负压，使新鲜空气从进风口自行进入鸡舍。带有侧墙进风口的负压通风系统，进入鸡舍的气流速度较慢，鸡体感觉比较舒适，广泛应用于密闭式鸡舍。带有屋顶进风口的负压通风系统，鸡舍前后风速比较均匀，适用于通风量较小的情况。负压通风应按鸡只每kg体重$0.011 \sim 0.017 m^3/min$的空气交换速率提供通风，每$460 m^2$的鸡舍，用10 000cfm的风机和$5 \sim 10 min$的循环定时器，鸡舍保持$0.13 \sim 0.25 cm$的静压，可达到该通风效率，要达到静压值，直径1m的风机需要总面积为$1.4 \sim 1.9 m^2$的进风口。正压通风是用风扇将空气强制输入鸡舍，而出风口作相应调节以便出风量稍小于进风量使鸡舍内产生微小的正压，通常是将空气通过纵向安置在鸡舍的风管送风到鸡舍内的各个点上。

## （三）纵向和横向通风

纵向通风是将排风扇全部安装在鸡舍一端的山墙或山墙附近的两侧墙壁上，进风口在另一侧山墙或靠山墙的两侧墙壁上，鸡舍其他部位无门窗或将门窗关闭，空气沿鸡舍的纵轴方向流动，适用于大龄鸡群、夏季和白天。横向通风的风机和进风口分别均匀分布在鸡舍两侧纵墙上，空气从进风口进入鸡舍后横穿鸡舍，由对侧墙上的排风扇抽出，适用于雏鸡、冬天和晚上，横向通风的鸡舍内空气流动不均匀，气流速度偏低，死角多，因而空气不清新，故较少使用。目前，应用较多、效果较好的通风方式是负压纵向通风，这种通风方式综合了负压通风和纵向通风两者的优点，鸡舍内没有通风死角，能够降低舍内温度，并将有害气体排出舍外，纵向通风系统是夏季最佳的通风系统。

## （四）通风设备

一般采用大直径、低转速的轴流风机。湿帘风机降温系统由纸质波纹多孔湿帘、轴流风机、水循环系统及控制装置组成，其主要作用是夏季空气通过湿帘进入鸡舍，用以降低进入鸡舍空气的温度，起到降温的效果，可降低舍温$2 \sim 5 \text{℃}$。各种型号的风机有额定通风量，选用风机数量时可根据鸡舍的横截面积，要求的通风速度以及风机的额定通风量计算。

# 二、冬季通风

控制好舍内温度，不要出现忽高忽低现象；提供正确的空气流向模式，防止鸡群受冷应激；提供适当的新鲜空气，控制湿度、氨气、粉尘、微生物等。通过定时钟控制最小通风量，保证鸡舍具有最小有效通风量，能使鸡群的生产性能最大化。密闭式鸡舍冬季宜采用"纵向风机＋横向通风小窗"的通风模式。

**（一）确保准确的进风方式，避免鸡群受凉**

冬季通风主要以换气为主，以舍内体感无味、无憋闷感为宜；体感风速在 0.1m/s 以内，舍温在 13℃以上，昼夜温差在 3～5℃以内，且维持相对稳定为最佳状态。寒冷季节，进入鸡舍的新鲜空气应保持一定的风速和方向，在鸡舍内形成一定的负压，使进入鸡舍的新鲜空气和鸡舍内的暖空气充分混合，使温度升高后再接触到鸡群，应在鸡舍侧墙上安装可调节风门的进风口进行负压通风使鸡舍内的气流达到最佳，各个进风口的风速应均匀一致。为避免直接下降的冷空气，可将鸡舍的静压在标准基础上提高 10%，以增加空气流速。影响该系统的因素有漏风、保温不好、热源位置分布、进风口设计、气流方向的横梁、排风扇的安装位置等，用烟雾剂进行测试能很好地观察气流的运动。进风口必须靠近天花板且没有障碍物，应避免把进风口安装在墙的表面或一个接一个地安装在一起。每台风机（1.4m×1.4m）的有效排风面积为 0.76m²，小窗最小开启距离 2.5～3.0cm，小窗最小风速（跨度为 12m 的鸡舍）应维持在 3.8m/s 以上方可保证进入的新鲜空气在舍内均匀分布。

**（二）测量真实温度**

鸡舍内所有的温度计或温控探头或恒温控制器都应安装于鸡背高度，该位置的温度才是鸡只真实感觉到的温度，而不应是管理人员所感觉的温度或温度计所标示的温度，一般冬季温控器的延时温度设为 0.2℃。

**（三）根据鸡群周龄大小确定最小通风量**

最小通风量是维持生命和健康所必须的通风量，随着鸡群的生长发育以及鸡群产热量和鸡舍内相对湿度的增加，最小通风量应逐渐增加，控制最小通风量的定时钟开启时间也应增加如表 6－15。鸡舍内的相对湿度和垫料的潮湿情况以及鸡群的行为可以作为设定最小通风量的参考指标。生产实际中，建议最低通风量不小于 0.014 158m³／（min·kg）体重，一般情况下，鸡舍的通风量应使舍内相对湿度控制在 70% 以下，并应满足鸡群新鲜空气和氧气的需要，同时还要防止氨气的产生。在寒冷季节，当舍温低于恒温控制器设定的温度，排风扇应间隙性运转，应用时控和温控是控制通风的最佳方式，温控的设定随环境温度的提高而提高。为减少舍温变化过大，采取多次少量通风，低氨浓度每 5min 循环增加 15s 开启；高氨浓度每 5min 循环增加 30s 开启；高潮湿度每 5min 循环增加 15s 开启；高灰尘度每 5min 循环增加 15s 开启。

表 6 – 15    不同活体重下最小和最大通风量

| 活体重（kg） | | 0.1 | 0.5 | 1 | 1.5 | 2 | 2.5 | 3 | 3.5 | 4 | 4.5 |
|---|---|---|---|---|---|---|---|---|---|---|---|
| 活通风量<br>（m³/h） | 最小（按<br>氨气控制） | 0.102 | 0.342 | 0.576 | 0.781 | 0.969 | 1.145 | 1.313 | 1.474 | 1.629 | 1.78 |
| | | 0.128 | 0.428 | 0.72 | 0.976 | 1.211 | 1.431 | 1.641 | 1.842 | 2.036 | 2.225 |
| | 最大 | 0.992 | 3.318 | 5.58 | 7.563 | 9.384 | 11.094 | 12.72 | 14.279 | 15.783 | 17.24 |

### （四）防止寒冷季节鸡舍潮湿

寒冷季节鸡舍内湿度太大会导致垫料潮湿、氨气浓度升高，从而使鸡群的生产性能、鸡群的健康，甚至鸡群的生存都会受到影响。

## 三、季节变换时的通风管理

季节变换时采用过渡通风，过渡通风应根据外界温度和鸡群周龄由温控器控制运行。一般来讲，当外界温度和鸡舍内的目标温度相差6℃以内时，应采用过渡通风。

### （一）季节变化时采用过渡通风

春秋季节是鸡舍或鸡群通风管理的过渡性季节，白天的气温可能高达27～28℃，夜晚温度会下降到10℃以下，昼夜温差较大，在气候多变的情况下，为使舍内温度保持稳定，使鸡群处于最佳的生长环境，现场管理人员对通风必须保持高度关注，正确认识与掌握这种转变的最佳时间，根据季节的变化适时调整通风方法，在一天中把适用于白天高温的通风方式转变成晚上适用于低温条件下的通风程序，使其平稳过渡，昼夜温差不超过5℃。

### （二）过渡期通风应通过恒温控制器结合定时钟来控制运行

鸡舍侧墙上方进风口状态的控制非常重要，进风口开启大小、方向及数量应随风机开启数量的变化而变化。

## 四、夏季通风

夏季一般采用纵向通风模式如图6 – 2所示，通过风速能使鸡群感觉凉爽。鸡舍内热量的来源主要是太阳的辐射热和鸡群体内代谢产生的热量，鸡的主要散热方式有呼吸、循环和排泄。鸡群产蛋期适宜的环境温度为18～25℃，为保证种鸡群正常的生长发育，生产实际中采取以下措施。

### （一）加强通风管理，确保鸡舍内的空气新鲜

一般每200m²的鸡舍约配备1.2kW的风机1台；昼夜温差不应超过3～5℃；根据鸡龄和体重选择合适的通风模式和通风量。

图 6 - 2　轴流风机

**（二）维持足够的风速，降低舍温，促进舍内空气流量**

舍内风速应达到目标要求，使用纵向通风系统时应使舍内风速达到122m/s，这样能将舍内温度维持在30℃以下，空气运动本身会对鸡只产生风冷效应，相当于能降低温度 5 ~ 7℃。炎热季节应结合喷雾降温或湿帘降温使鸡群保持舒适，进气口风速一般要求夏季 2.5 ~ 5.0m/s，冬季 1.5m/s。

（1）保持风速　纵向通风情况下的最常见问题是所有风机都已开启，但是，鸡舍内的风速还是难以达到具有很好风冷效应所要求的每秒 2.5m 的风速。常见的因素有空气并不是从设计的进风口进入鸡舍、进风口面积太小（静压太高）、风机排风量不够（静压太低）、舍内有障碍物阻挡气流如鸡舍的隔断网孔径太小、遮光罩、横梁、产蛋箱横向安装等。

（2）静态压力范围　静压一般范围为 0.03 ~ 0.1 英寸水柱，理想的为0.05 ~ 0.08，在 0.05 ~ 0.1 英寸，通风系统性能只在轻微不可接受的静态压力范围，不必经常因排风扇的开和关而调整进风口的数量。要保证空气充分交换和混合，如低于 0.03，则空气进入鸡舍的速度太慢，空气混合不完全，入舍后易向地面沉降，引起寒冷造成潮湿；高于 0.1，则空气进入鸡舍的速度过快，风扇性能将受损害，在排出之前不能造成从地面到屋顶的空气充分流动，产生回旋效应。

（3）合理利用湿帘和喷雾装置，真正降低舍内温度　使用湿帘，舍温会下降 5 ~ 7℃，控制舍内负压在 0.05 ~ 0.1 英寸水柱，负压超过 0.1，水帘面积不够，如达不到这一效果要检查鸡舍的密闭性、干燥的水帘面积、水的压力控制在 180 ~ 200Pa。湿帘水流均匀，不能有干湿帘出现；湿帘不准有风流阻断现象，以确保降温效果。应根据房舍的结构要求选取湿帘适当的布置方法，一般建议安装在鸡舍的正前方，且应保证距鸡群 2~3m。湿帘系统组装时，应将湿帘纸拼接处压紧压实，确保紧密连接，湿帘上端横向下水管道下水口应朝上安装，同时湿帘的上下水管道安装时要考虑日后的维护，最好为半开放式安装；安装时上水管道应加装过滤器，同时应拉线对湿帘横向水管进行超平，保证与地面呈水平状态，且湿帘的固定物不可紧贴湿帘纸，安装完毕后对整个水循环系统进行密闭处理。应注意湿帘降温系统的维护，坚硬、笨重、有腐蚀性和污浊的物品要远离湿帘存放，如扫帚、铁锹、塑料蛋托等物品，同时场区喷洒消毒液或白石灰等腐蚀性物品时应避免接触湿帘纸，防止造成损坏。湿帘前部可加装白色防护网，以阻隔异物进入湿帘。每半月冲洗过滤器和湿帘一次，确保有效的进风面积。根据具体情况及时更换湿帘用水，以免影响降温效果。严防湿帘堵塞并及时处理。夏季过后，应把水管、水池内的水放出和淘净，然后把水池盖严，以防止尘土、杂物进入池内。水泵电动机要保存好，防止冻坏。水帘纸不用时应用遮阳物品挡上，以防止氧化，影响使用寿命。

**（三）安装挡风垂帘**

鸡舍内理想的风速至少应达到 2m/s 以上，才能获得较好的"风冷效应"，然而由于鸡舍中间的风速大于两侧的风速，鸡舍上方的风速大于地面的风速，这种差异能达到 30% 以上，为减少这种差异，可在鸡舍做吊顶或者从鸡舍顶部沿着三角屋面垂直向下每隔一定的距离安装挡风垂帘，减少鸡舍截面积以提高舍内的风速。挡风垂帘只能对鸡舍内风速起辅助增加作用，而不应作为提高风速的主要手段，且所提高风速应控制在 0.5m/s 以内。对于鸡舍高度不高且风速又足够的鸡舍，没有必要安装挡风垂帘；而鸡舍高度较高，确有必要安装挡风垂帘时，必须把握好垂帘的高度，确保鸡舍内风速的均匀性及通风量不受影响。垂帘的下沿离地面的距离最好不少于 2.7m。垂帘安装太高，起不到增加风速的效果；安装太低，会影响鸡舍的通风量。挡风垂帘之间的距离不要超过 12m，如果间距太大，则对增加风速的效果不明显，最好每 8m 安装一个。

**（四）降低辐射热**

**（五）在夏季可以通过风冷的作用**

降低鸡体的温度（表 6-16）。通过父母代种鸡的不同体重来计算最高最低通风量。

表 6 – 16　不同的温度情况下不同的风速所产生的风冷效应

| 风速（m/s） | 温度低于32℃的风冷效果 | 温度高于32℃的风冷效果 |
|---|---|---|
| 1 | – 2 | – 0.5 |
| 1.5 | – 4 | – 2 |
| 2 | – 5.5 | – 2.5 |
| 2.5 | – 6 | – 3 |

## 五、正确计算通风量

### （一）纵向通风鸡舍风速及风机数量的计算

（1）风速 = 通风量/鸡舍截面积　如鸡舍长120m，宽12m，鸡舍中间最高3.7m，两侧最低2.3m。鸡舍安装10台48英寸的风机，每台风机的通风量假设是540m³/s。则该鸡舍的风速 = 540/60 × 10/［12 × （3.7 + 2.3）/2］= 90/（12 × 3）= 90/36 = 2.5m/s。

（2）安装吊顶或挡风垂帘提高风速　如使上例鸡舍的顶部或垂帘下沿离地面的高度下降为3.5m，鸡舍两侧高度不变，仍为2.3m，而其他参数不变，则风速 = 540/60 × 10/［12 × （3.5 + 2.3）/2］= 90/34.8 ≈ 2.6m/s。

（3）纵向通风鸡舍挡风垂帘高度的计算　如上例鸡舍安装9台48英寸的风机，如安装挡风垂帘使该鸡舍的风速增加到2.8m/s，则垂帘离地面的距离 = 通风量/（风速 × 宽度）× 2 – 边墙高度 = 540/60 × 9/（2.8 × 12）× 2 – 2.3 = （81/33.6）× 2 – 2.3 = 2.5m。

（4）风机数量的计算　排风扇数量 = 鸡舍横截面积 × 鸡舍的风速/每台风机的通风量。如上例中的鸡舍，期望的风速为2.5m/s，50英寸的风扇排风量为675m³/秒，则风机数量 = 12 × （2.3 + 3.7）/2 × 2.5 × 60/675 = 8台。当用这种方法计算时，要检查一下换气时间，换气时间 = 鸡舍容积（长 × 宽 × 平均高）/排风扇的总排风量 = 4 320/5 400 = 0.8min，符合低于1min换一遍气的要求，保证舍内的换气频率为60次/h以上。

### （二）湿帘面积的计算

湿帘的蒸发降温效果与通过湿帘的风速、水温以及空气湿度有关，要达到理想降温的效果，取决于湿帘的风速，一般15cm厚湿帘理想的过帘风速为2.03m/s，过帘风速正常在1.5 ~ 2m/s，超过2.29m/s会造成鸡舍湿度升高，缩短湿帘的使用寿命；低于1.78m/s温度下降不明显。以厚度15cm、高度为

1.5m 的湿帘为例，湿帘的宽度 = 湿帘面积（总的排风量/通过湿帘的风速）/湿帘高度。如上例中湿帘面积 = 8 台 × 675m³/s/60s/2.03m/s = 44.34m。采用带耳房的湿帘，可避免舍内局部的潮湿，同时内部的洞口可以有效地调整进口风速度，使从湿帘进来的凉爽空气能达到舍内中央。做湿帘内部洞口时应注意从洞口进入鸡舍的风速最好在 2.5 ～ 3.5m/s。

**（三）通风小窗的配备**

为了保证通风换气均匀，当鸡舍宽度小于 13m 时，小风机间距一般为 18m 左右，最大不大于 25m，可以配 36 型横向风机 5 台，通风小窗间距一般为 3 ～ 4m，120m/4 = 30 个/侧；每个小窗的横断面积为 0.27m × 0.56m = 0.15m²；当小窗和小风机全部打开时，小窗的入口风速（17 000 m³/h × 5 台）/（60 个 × 0.15m²）/3 600s = 2.62m/s ＜ 3m/s；窗口的进风风速在 3 ～ 4m 最好，这个风速可以使进入鸡舍的新鲜空气到达屋顶与舍内热空气充分混合后，均匀的散布到鸡舍中。

**（四）最小通风量**

根据最小通风量设定风机定时钟如表 6 – 17，先计算鸡舍总的通风量 = 最小通风量/只 × 舍内鸡只数，然后用总的通风量除以风机的通风量算出风机运转时间。如饲养 20 000 只 8 ～ 14 日龄的商品肉鸡，每只鸡需要的最小通风量为 0.25cfm，如用一个 20 000cfm 的风扇，则 0.25 × 20 000/20 000 = 1/4 开或关，如设定 5min 一个循环，则风机运行 1.25min，停 3.75min。在设置最小通风量时，一般以 5min 一个周期，育雏期，排风扇每个周期至少有 20% 的时间在运行；成年鸡群至少 30% 的时间在运行。

表 6 – 17　排除舍内湿气时每只鸡所需的最小排风量（外温 12 ～ 20℃）

| 日　龄 | 1 ～ 7 | 8 ～ 14 | 15 ～ 21 | 22 ～ 28 | 29 ～ 35 | 36 ～ 42 | 43 ～ 49 | 50 ～ 56 |
|---|---|---|---|---|---|---|---|---|
| 排风量（cfm） | 0.1 | 0.25 | 0.35 | 0.5 | 0.65 | 0.7 | 0.8 | 0.9 |

## 六、育雏鸡舍的通风

鸡群日龄越小，温度越重要，但是鸡群的通风量应随着温度的周期性变化而变化，以满足鸡群的实际需要。每个 36 英寸风扇需 0.93 ～ 1.86m² 的进风口面积，根据鸡群的行为判断鸡舍环境是否合适，必须注意小鸡的风冷效应问题，在 4 周前的小鸡考虑安装防止鸡群向一端移动的隔断，防止聚堆。即使在外界极端的寒冷气候条件下也应该保持鸡舍必要的最小通风量。如鸡群从育雏阶段转到下一生长阶段时保温和通风处理不当会造成冷应激。解决问题的办法是改变通风方式，通过安装在鸡舍末端的排风扇进行排风，关闭鸡舍前端为纵向通风而设计的进风口，并使空气从鸡舍侧墙上方的进风口进入鸡舍，采用多点进风的通风方式，既能保证新鲜空气进入鸡舍，又能避免进入的冷空气直接吹到鸡只身上。根据季节、鸡龄和体重确定通风量，一般春末、秋初及夏季从1~2d起，其他季节从3~4d起适当通风，随着鸡龄增长逐步增加通风量及通风时间。春初、秋末及冬季采用多点分散进风，进风口以起点起逐步减少，均匀分布，每5~6m设一个进风口，离风机约为鸡舍长度10%~12%的距离不设进风口。春末、秋初及夏季逐步实施纵向通风，进风口相对集中，舍温超过30℃采用湿帘纵向通风。同时要经常清洁排风扇，国外研究表明，一台36寸4叶片抽风扇1d时间粉尘堆积可达589g，在和同种新风扇的对比静压下测试通风量，脏的比新的下降20.7%~27%。在不破坏温度目标的前提下，即鸡舍环境控制的主线是温度，通风换气要设法配合温度控制，排除舍内有害气体，换进新鲜空气，保持空气清新均匀，据研究，禽舍内的氨气即使只有20μl/L，若保持6周以上，就会引起鸡肺部水肿、充血、对新城疫等比较敏感。应有足够的换气量，冬季产蛋鸡换气次数最小值应在3次/h或1~1.5m³/（只·h）；确保时间和空间上的均匀；通风换气的要求和人对有害气体的感官指标为1~3周NH₃浓度小于10μl/L，无烟雾和粉尘；5~10μl/L人可嗅出氨气味，10~20μl/L轻微刺激眼睛和鼻孔；20~30μl/L较强刺激眼睛和鼻孔。通风换气的目的就是为满足鸡只对氧气的需要，调节温度，防止有害气体超标和一氧化碳中毒，鸡群一旦受到损伤，就可能导致不可逆转的损失，即使加强通风也不能得到改善。通风总的原则是先升高室温再通风，小量多次，循序渐进。0~4周以保温为主通风为辅；5周后以通风为主保温为辅。通常情况下，1~7d采用自然换气，可在侧墙上开启适当大小的进风口，也可短时间小量机械通风；第二周在保温前提下，先升高室温1~2℃，再适当的增加通风量（表6-18）。前4周的风速不超过0.15m/s，通风量的大小与鸡只周龄和室外温度呈正比（表6-19）。即便在寒冷的冬季，也要采用最小通风量实施通风，以满足鸡只最低的生活需要。痛风时应避免出现负压，造成缺氧，引起腹水；注意空气流通的均衡一致性，防止空气循环死角出现。判断育雏舍通风效果的好坏应以人进入鸡舍不感觉闷气和有氨气味。表6-20显示了通风的重要性，如果通风不好，藏在羽毛屑毛囊里的MD病毒在舍内迅速繁殖，造成MD感染。

### 表 6-18 舍温与通风的关系

| 舍温（℃） | 6~9 | 10~13 | 14~17 | 18~21 | 22~25 | 26~29 | ≥30 |
|---|---|---|---|---|---|---|---|
| 开风机数 | 2/3 * | 2/3 | 1 | 1~2 | 2~3 | 3~4 | 全开 |
| 每小时开风机次数 | 5~6 ** | 8~10 | 15~20 | 20~25 | | | |
| 每小时开风机总时数（min） | 10 | 15~20 | 30~40 | 40~50 | 常开 | 常开 | 常开 |

*2/3 风机遮去下 1/3。 **5~6 次即每次开 2min 左右

### 表 6-19 鸡只不同周龄通风量要求

| 通风量 [m³/（h·只）] | 1 周 | 3 周 | 6 周 | 12 周 | 18 周 | 18 周以上 |
|---|---|---|---|---|---|---|
| 室外温度 35℃ | 2.0 | 3.0 | 1.0 | 6.0 | 8.0 | 12~14 |
| 20℃ | 1.4 | 2.0 | 3.0 | 4.0 | 6.0 | 8~10 |
| 10℃ | 0.8 | 1.4 | 2.0 | 3.0 | 4.0 | 5~6 |
| 0℃ | 0.6 | 1.0 | 1.5 | 2.0 | 3.0 | 4~5 |
| -10℃ | 0.5 | 0.8 | 1.2 | 1.7 | 2.5 | 3~4 |

### 表 6-20 不同 MD 疫苗产生的保护力

| 疫苗 | 1d | 5d | 7~14d | 21~28d |
|---|---|---|---|---|
| CVI988 | 83% | 96% | — | — |
| CVI988 + HVT + SB1 | 78% | 95% | — | — |
| HVT + SB1 | 72% | 84% | — | — |
| HVT | 30% | — | 79%~85% | 90%~95% |

## 七、育成和产蛋期

育成和产蛋期应加强通风管理，降低舍内有害气体特别是氨气的含量。春末、秋初及夏季逐步实施纵向通风，进风口相对集中，舍温超过 30℃采用湿帘纵向通风。

## 八、细致观察

### （一）鸡舍环境检测

轻轻地走入鸡舍，以自己的身体感受鸡舍内的环境，深呼吸并感受空气质量，注意眼睛的感觉（氨）；用 5min 的时间感受鸡舍环境及鸡群状况（尤其是清晨），用足够的时间观察鸡群的状态而非人的感觉；每天早晨进舍前 30s，评估通风效果；用手感觉垫料质量，用鼻子嗅空气质量、温度、表面温度、湿度和风速等，用烟雾测试气流方向，任何情况下，鸡群饲养管理中应包括监测

和观察鸡只的活动和行为，鸡只可以明显表现出太冷或太热，观察到这些问题时，应及时相应调整环境状况。

### （二）观察鸡群

冬季和夏季通风是两种完全不同的通风方式，通风系统的设计和安装应考虑到外部气候环境，不同地区、不同气候条件下应采取不同的通风方式。如在炎热季节，采用纵向通风会对鸡群的管理和生产性能的发挥有很大的帮助。管理人员必须密切注意鸡舍内外的温度变化以及鸡群的变化情况来确定改变通风方式的最佳时间。注意观察了解有效温度与体感温度，贯穿鸡舍的整体空气流速会对鸡群产生风冷效应。鸡舍通风是否良好，温度是否适宜，不能只看温度计和温控器所显示的温度，要以鸡的体感温度为准，以观察鸡群的采食、饮水、鸣叫、卧息、精神状况为依据。一般说，鸡背的风速以 2 ~ 3m/s 为宜，超过 3m/s 鸡只就会出现不良症状如腹泻等。鸡群的体感温度与温度计测量的温度是不同的，风速越快，鸡的体感温度（低）与温度计记录值（高）差距越大，鸡的日龄越小会使风冷效应越大。如舍内 1m/s 的风速，1 日龄雏鸡感应降低温度为 8℃，而 35 日龄的肉鸡约为 3℃，所以应把鸡舍的绝对温度、相对湿度、空气流动速度、日龄、密度、鸡舍环境、当地当时的天气、鸡舍建筑结构、材质等结合起来综合考虑，经常观察鸡群才能了解和掌握鸡的舒适程度。

### （三）使用自动但不能依赖自动

自动控制系统可以使鸡舍通风管理简单化，但必须注意即使再好的控制系统也不可能不出差错，再先进的控制系统也无法代替有经验的管理人员经常性进入鸡舍观察鸡群，根据鸡群的需要调整控制系统，提高鸡群的生产性能。

### （四）进风口的设计

应根据鸡舍压力调节进风口的开启度，确保冬季合理的进风口最小开启 5cm，足够的通风能力，使鸡舍静压维持在 0.05 ~ 0.10in 水柱（12 ~ 25Pa）。

### （五）鸡舍密闭要好，避免漏风出现通风短路或截留

测量鸡舍的密闭性能是通风管理的基础，关起所有的门窗，启动一台 1.25m 或者两台 0.9m 的抽风机，密闭性能好的鸡舍负压必须超过 30 ~ 37.5Pa，如负压低于 12.5Pa 显示房舍有 1.4m² 的漏洞，如接近 25Pa 显示房舍至少有 0.9m² 的漏风。鸡舍环境控制最基本的要求就是鸡舍要密闭不漏风，从而保证鸡舍有足够的负压（表 6 - 21）。密闭性能的好坏对鸡舍的通风降温效果非常重要，当鸡舍密闭性能不好、漏风比较严重时，最终会使鸡舍后端的温度比鸡舍前端的温度要高出很多，这种温差有时会达到 4℃ 以上，与安装有

喷雾降温系统的纵向通风鸡舍相比，前者对鸡舍的密闭性能要求更高，据测算，热空气从相同漏缝处进入鸡舍的量，前者要大于后者3~4倍。同时，如鸡舍密闭性能不好，冷空气会进到鸡舍下部、门窗周围等地方造成鸡舍内通风死角、贼风、低温点及高温点，造成垫料潮湿，出现冷应激，影响生产性能和鸡群健康。舍内除水帘进风口外，不得留其他进风口；必须对鸡舍的门窗、屋顶、卷帘、排风扇百叶窗、墙体以及鸡舍侧墙上方的进风口等任何有漏风的各种缝隙进行维护、修补与密封，使鸡舍的密闭性能达到最佳状态，只有这样，夏季的通风降温和冬季的保暖才能达到最佳效果。

表6-21　不同宽度的鸡舍的负压范围及风速标准

| 压力<br>（英寸水柱） | 1cfm（in³/min）的排风量<br>需要的进风口面积 | 鸡舍宽度<br>（m） | 进风口风速<br>（m/s） |
|---|---|---|---|
| -0.03 | 4cfm（0.113 262m³/min）的排风量需要6.45cm²的进风口面积 | 10.4 | 3.55 |
| -0.04 | 4.5cfm（0.127 419m³/min）的排风量需要6.45cm²的进风口面积 | 10.9 | 4.06 |
| -0.05 | 5cfm（0.141 577m³/min）的排风量需要6.45cm²的进风口面积 | 12.2 | 4.57 |
| -0.06 | 5.5cfm（0.155 735m³/min）的排风量需要6.45cm²的进风口面积 | 13.7 | 5.08 |

**（六）密闭式鸡舍为防止透光，进风口和排风口均需设置遮光罩或遮阳网**

如将遮光罩直接安装在排风扇上，则遮光罩与排风扇的距离应大于排风扇直径的1/4。避免遮黑罩吸到一起影响通风。

**（七）用仪器指导生产**

实际生产中使用风速仪指导生产（图6-3）。

图6-3　用风速仪测定舍内风速

# 第五节　光　照

## 一、确保育雏期的光照时间和强度

育雏前 7d 的光照强度愈亮愈好，育雏区域的光照强度为 80~100lx，以利于雏鸡很好的开食和开水、培养早期食欲，以后随日龄增长逐渐降低。在育雏期间更换饲养器具（料器和水器）时，特别是从小水壶向水线逐渐过渡的时段内应停止降低光照强度。为保证雏鸡分布和采食均匀，应保证光照强度在饲养区域内均匀一致（表 6-22），灯泡之间的距离应为灯泡高度的 1.5 倍，靠墙的灯泡与墙的距离应为灯泡间距的一半，灯泡不可使用软线吊挂，以防风吹使鸡受惊；笼养鸡舍灯泡应交错排列，尽可能降低鸡笼层次对鸡群的影响（表 6-23）；灯泡经常擦拭，据测定 60W 灯泡表面玻璃变脏后，亮度仅相当于 40W 的洁净灯泡。

### （一）光谱质量

重视光谱质量对鸡群的影响（表 6-24），选择合适的光色。光线波段根据波长分为长、短两种。短波长包括蓝、紫蓝、绿，育成期适用；长波长包括黄、橘黄、红色，产蛋期适用。光谱质量很重要，可见光谱从蓝色到红色为 450~750nm，蓝色可促进生长，却减弱产蛋和饲料效率；橘红能提高产蛋率，但红色却压抑公鸡的受精率。应用反光罩，25W 灯泡上设置灯罩的反射效果（表 5-25）。一般 1 烛光约 10.76lx，即 0.37m² 有光源 1W。光照强度的计算公式 $I=K×W/H^2$，其中，$K=0.9$，是常数；$W$ 为灯泡瓦数；$H$ 为灯泡与鸡体的距离（m）；$I$ 为光照强度（lx）。

表 6-22　光照强度对母鸡产蛋量的影响

| 光照强度（lx） | 45 周产蛋期内平均每鸡产蛋量（枚） |
|---|---|
| 0.1 | 208 |
| 0.2 | 221 |
| 0.3 | 223 |
| 0.9 | 222 |
| 1.2 | 223 |
| 1.7 | 231 |
| 3.8 | 233 |
| 5.8 | 240 |

（续表）

| 光照强度（lx） | 45 周产蛋期内平均每鸡产蛋量（枚） |
|---|---|
| 8.7 | 239 |
| 19.7 | 242 |
| 28.8 | 242 |
| 42.8 | 240 |

表 6 – 23　鸡笼层次对光照强度的影响

| 试验 | 层别 | 光照强度（lx） |
|---|---|---|
| 1 | 上 | 27 |
| | 中 | 15 |
| | 下 | 17 |
| 2 | 上 | 7.5 |
| | 中 | 5 |
| | 下 | 3.3 |
| 3 | 上 | 1.5 |
| | 中 | 1.0 |
| | 下 | 0.7 |
| 4 | 上 | 0.3 |
| | 中 | 0.2 |
| | 下 | 0.1 |

表 6 – 24　光色对鸡的影响

| 项目 | 红 | 橙 | 黄 | 绿 | 蓝 |
|---|---|---|---|---|---|
| 促进产蛋 | | | | △ | △ |
| 降低饲料利用率 | | | △ | △ | |
| 缩短性成熟年龄 | | | | △ | △ |
| 延长性成熟年龄 | △ | △ | △ | | |
| 使眼睛变大 | | | | | △ |
| 减少神经过敏 | △ | | | | |
| 减少叨癖 | △ | | | | △ |
| 增加产蛋量 | △ | △ | | | |
| 降低产蛋量 | | | △ | | |
| 增加蛋重 | | | △ | | |
| 提高雄性繁殖力 | | | | △ | △ |
| 降低雄性繁殖力 | △ | | | | |

表 6 – 25 灯罩的反射效果

| 同光源的距离（cm） | 有灯罩（lx） | 无灯罩（lx） |
| --- | --- | --- |
| 50 | 105 | 70 |
| 100 | 30 | 15 |
| 150 | 15 | 5 |
| 200 | 5 | 2 |

### （二）育雏期采用渐减光照法

因雏鸡头 2d 的视力较弱，为帮助其尽快适应新环境和促进尽可能多的采食、饮水，通常给予 23～24h 连续光照和 60lx 以上的光照强度。建议采用光照时间逐日缩短的方法来控制喂料量，以控制体重；光照的基本模式是前 3d 23～24h，以后每天根据采食速度逐渐递减。一般第 1 周减到 18h，第 2 周减到 12h，第 3 周减到 8h；但具体减光多少应参考两个因素，一是预定料量的采食速度；二是以后的饲料类型；通常从下午 18 点开始向后递减，如体重达标，最迟到 21d 减至 8h。光照强度由第 1 周的 60lx 以上到 2～3 周逐渐减弱至 5lx。第 1～2 周以减时间为主，第 2 周后以减强度为主；光照强度的递减，主要的根据是日龄、吃料速度、体重达标及鸡群表现等；如鸡群出现争斗或啄癖现象，说明光照过强，需减的快一些；公鸡在减光时间和强度上应慢于母鸡。一般情况下 4 周应完成光照强度递减工作并考虑遮黑，在不影响鸡群饮水采食的情况下，遮黑效果越理想越有利于控制鸡群整齐发育。光照时间和强度一旦递减达到要求后，整个育成期应保持稳定，不论何时没有特殊情况不能随便延长光照时间或增加光照强度，遮黑工作应始终保持标准一致。光照均匀度对鸡体重生长及性成熟整齐度有影响。对于开放式鸡舍 0～3d 采用 23～24h 光照；4～21d 日减 1～2h，直至自然光照。

## 二、重视育成期的光照

### （一）育成期遮黑饲养时

关灯时的光照强度应小于 0.5lx；开灯时的光照强度为 5～10lx。

### （二）遮黑鸡舍

因种鸡对光照时间非常敏感，应绝对避免漏光现象出现，特别是进风口、出风口和操作间门口。

### （三）为使年轻鸡只不产生光照不应期

育成期间鸡群必须经历至少 18 周较短的日照长度（8h）。之后鸡只应给予日照长度的增加，鸡只也能够对光照长度的增加（光照刺激）产生反应，以启动产蛋过程。10 日龄后在鸡只头部位置的光照强度应该保持在 5～10lx。

## 三、全面考虑光照的各个方面

### （一）光照内容

应综合考虑光照强度、光照波长（颜色）、光照均匀度、光照长度和光照分配（间隙光照），光照长度和光照分配相互影响，相同的光照强度条件下比较不同的光波长度时，光波处于 415～560nm 波长的灯光（紫光到绿色光）比 635nm 波长（红色）以上的灯光或宽频波长的灯光（白色光）对肉鸡的生长速度更有利。

### （二）选择合适的光源

如白炽灯、荧光灯、高压钠灯、节能灯等。表 6-26 显示了各种灯光的发光效率，高压钠灯对高屋顶的鸡舍内效果更佳，最小屋顶高度为 3m；荧光灯的白色暖光有助于生长和产蛋性能的发挥。

表 6-26　各种灯光的发光效率

| 灯炮 | 白炽灯 | 日光灯 | 高压钠灯 | 荧光灯 |
|---|---|---|---|---|
| 光照强度（lumen/周） | 9～17 | 62～69 | 63～95 | 37～49 |

## 四、选择合适的加光刺激时机

### （一）适时进行光照刺激

根据体重生长发育曲线、均匀度、胸肌的生长发育、换羽等情况综合评估（表 6-27），合理选择补光时间。一般情况下，开始光照刺激时应具备以下条件。

表 6-27　种鸡加光准备评估

| 鸡　场 | | 鸡　群 | | 栋　舍 | | 周　龄 | | |
|---|---|---|---|---|---|---|---|---|
| 评估指标 | 标　准 | 母鸡 | | | 公鸡 | | | |
| | | 抽样数 | 达标数 | 达标率 | 抽样数 | 达标数 | 达标率 | |
| 耻骨间距 | 2 指以上 | | | | | | | |
| 换羽情况（主翼羽） | 2 根以下 | | | | | | | |
| 胸肌发育情况 | U 形适中 | | | | | | | |
| 鸡的外冠发育情况 | 根部肉垂红润 | | | | | | | |

（续表）

| 鸡 场 | | 鸡 群 | 栋 舍 | | 周 龄 | | |
|---|---|---|---|---|---|---|---|
| 评估指标 | 标 准 | | 母鸡 | | | 公鸡 | |
| | | 抽样数 | 达标数 | 达标率 | 抽样数 | 达标数 | 达标率 |
| 体重达标情况 | 达标 | | | | | | |
| 均匀度状况 | 85%以上 | | | | | | |
| 周增重分析 | 达标 | | | | | | |
| 营养累积分析 | 121 220J | | | | | | |
| 环境温度 | 16~22℃ | | | | | | |
| 腹脂 | 腹部有适度脂肪沉积 | | | | | | |
| 综合评估 | | | | | | | |

评估人：          评估日期：

（1）鸡群应达到一定的周龄  一般顺季的种母鸡应大于154d，不晚于164d；而逆季鸡群应在147d。

（2）有足够的能量蛋白累积摄入  母鸡累积采食能量112.97MJ，1 500g以上的平衡蛋白质；公鸡累积采食能量138.07MJ，1 850g以上的平衡蛋白质。能量蛋白累积不足影响产蛋的持续性，降低生产性能的发挥如表6-28。

表6-28  20周累计营养与产蛋率的相互关系

| 鸡群 | 代谢能（kJ/只） | 蛋白质（g/只） | 20周体重（kg） | 入舍鸡产蛋数（25~64周） |
|---|---|---|---|---|
| A | 106 084.22 | 1 397 | 2.06 | 159.8 |
| B | 92 825.26 | 1 221 | 1.86 | 164.6 |
| C | 86 910.56 | 1 144 | 1.98 | 149.4 |
| D | 79 357.3 | 1 044 | 1.87 | 149.7 |

（3）体重和周增重达标  95%的母鸡体重达到2 400g以上；公鸡体重达到3 200g；且每周周增重均衡增长。体重不达标和肌肉丰满度不够的母鸡不能加光。

（4）换羽整齐  换羽的快慢代表着激素及均匀度的变化，加光时主翼羽留存2~3根。

（5）耻骨间距  加光前90%以上的鸡群耻骨间距达2指宽约4cm以上且耻骨上有一定的脂肪沉积。

（6）适当的胸肌发育和脂肪沉积  胸肌丰满度、腹部脂肪沉积良好；大

153

多数鸡群的脂肪沉积指标不被重视。

（7）良好的均匀度　体重均匀度应至少达到85%以上；同时还应考虑性成熟、体况发育、换羽、耻骨间距、抗体水平等的均匀一致。

（8）外观　鸡的颜面、鸡冠和肉髯有一定的发育。

**（二）光照时间和强度应同时增加**

（1）首次光照刺激　要求至少增加2h长度；一次加光4h以上效果才好。一般情况下，遮黑鸡舍和顺季鸡群应在22周末或23周初第一次加光刺激，由8h增加至11～12h；见第一枚蛋加至13h如表6-29；如有必要在产蛋10%加至14h。除非鸡舍的光照系统为人工控制，否则最初的光照刺激小时数必须超过自然光照小时数。光照时间超过14h无好处，若鸡只接受过多的光照，会对光照产生反感。一般加光后8～21d第一枚蛋产出，见第一枚蛋到1%需10～14d，产蛋从1%～5%需5～7d。

表6-29　建议密闭遮黑式鸡舍的光照程序

| 日龄（d） | 周龄 | 变异系数 <10% | 变异系数 >10% | 光照强度（lx） |
|---|---|---|---|---|
| 1 | | 23 | 23 | |
| 2 | | 23 | 23 | |
| 3 | | 19 | 19 | 育雏区域80～100，鸡舍内10～20 |
| 4 | | 16 | 16 | |
| 5 | | 14 | 14 | |
| 6 | | 12 | 12 | |
| 7 | | 11 | 11 | 育雏区域30～60，鸡舍内10～20 |
| 8 | | 10 | 10 | |
| 9 | | 9 | 9 | |
| 10～146 | | 8 | 8 | 5 |
| 147 | 21 | 11 | 8 | |
| 154 | 22 | 12 | 12 | |
| 161 | 23 | 13 | 13 | 目标60，范围30～60 |
| 168 | 24 | 13 | 13 | |
| 175 | 25 | 13 | 13 | |

（2）光照强度　产蛋鸡舍内鸡只高度的目标光照强度应是60lx，并加反光罩。

（3）延迟加光　如鸡群累积营养不足、体重不达标、均匀度差、丰满度不够等，必须推迟光照刺激。光照每推迟1周，产蛋率达5%的时间推迟3～3.5d见表6-30。

表6－30 光照刺激周龄与5%产蛋日龄的关系

| 光照刺激周龄 | 见第一枚蛋所需时间（d） | 产蛋率达5%所需时间（d） | 5%产蛋日龄 |
|---|---|---|---|
| 19周（133d） | 21～24 | +12 | 167 |
| 20周（140d） | 18～21 | +10 | 170 |
| 21周（147d） | 15～17 | +10 | 174 |
| 22周（154d） | 12～15 | +10 | 177 |
| 23周（161d） | 8～10 | +10 | 180 |

**（三）避免过早加光而引起种鸡早产**

母鸡在未获得良好身体状况前被光照刺激而开产时会出现无产蛋高峰，蛋重小，产双黄蛋比例高，脱肛风险增加的不良后果；同时雏鸡质量也会受到影响，所以过早开产的危害往往比略微晚产更大。

**（四）成年光照不应期**

较长时间暴露于长时间的日照长度（多于11h）鸡只会进入成年光照不应期，鸡只不会再对长时间的日照刺激产生应答反应，产蛋开始随周龄增长而下降（相对于正常的产蛋曲线）。产蛋期建议给予13～14h的光照时间，鸡群在产蛋期接受14h以上的光照时间会导致成年光照不应期的提前，造成产蛋持久性差，产蛋下降快。开放式产蛋鸡舍，每天早晚最好利用遮黑帘把光照时间控制在13～14h。

## 五、设计合理的光照程序

光照程序不合理或使用不当会导致鸡群刺激过渡或刺激不足，丛而影响种鸡的生产性能。因此，应根据该批种鸡群的生长发育曲线，为其设计合理的光照程序。

## 六、笼养鸡的特殊管理

注意笼具间及上下层间光照的均匀性，不能有光照死角，尽量减少阴影。光源分配上一定要均衡，两阶梯笼养光照易解决，一般采用2m斜下方照射地面，灯泡需加广角反光罩，保证上下层鸡都能接受足够的强度。应确保光照强度均匀一致，同层鸡可以互换，非同层鸡特别是下层笼的鸡应避免往上层笼置换。光照强度要以照度仪测试数据为准（图6－4），以瓦数换算得到的光照强度误差较大，易造成光照不足或浪费。同时应注意育成期的光照强度不能太低，低于5lx会导鸡群均匀度低、发育迟缓和开产推迟，影响生产性能如表

6-31。如某公司育成期使用 5~8lx 的光照强度，加光后鸡群 25 周产蛋率为 7.6%，首次孵化率 86%~88%，31 周全群产蛋高峰 81.6%，其中，第二栋产蛋高峰为 84.4%，单日最高产蛋率达到 87%。而以前两批鸡群育成期使用 1~2lx 的光照强度，27 周开产（162d），首次孵化率仅 30%~70%，产蛋高峰仅为 77%。

**图 6-4　用测光仪测定光照强度**

**表 6-31　早期光照强度对生产性能的影响**

| 项目 | 光照强度 80~100lx | 光照强度 20lx | 差异 |
| --- | --- | --- | --- |
| 7 日龄体重（g） | 170 | 162 | +8g |
| 21 日龄体重（g） | 845 | 781 | +64g |
| 36 日龄体重（g） | 2 035 | 1 935 | +100g |
| 7d 死亡率（%） | 0.5 | 0.95 | -0.45 |
| 36d 死亡率（%） | 1.8 | 2.45 | -0.65 |
| 36d 变异系数（CV%） | 12.6 | 13.8 | -1.2% |

## 七、开放式鸡舍育成与产蛋的光照程序

开放式鸡舍育成时有下列 4 种不同的光照情况，整个育成期自然光照时间逐渐增加；育成前期光照时间逐渐增加，但是，育成后期自然光照时间逐渐减少；整个育成期自然光照时间逐渐减少；育成前期自然光照时间逐渐减少，但是，育成后期自然光照时间逐渐增加。不同月份入舍的雏鸡，育成期日照时间增加或减少的模式各不相同如 10 月初北半球入舍的鸡群育成到 10~12 周时的自然光照时间逐渐减少，然后自然光照时间逐渐增加。肉种鸡具有光照不应期的特性，需要一段时间育成于较短的光照时间来消除年轻鸡群的这种光照不应

性，使其变得具有光刺激敏感性。育成期光照时间较长会造成性成熟推迟而不是提前；光照对肉种鸡性成熟的影响取决于鸡群整个生长期间正确的饲喂管理与体重增长；建议育成期在开放式鸡舍育成的鸡群允许任何的自然光照时间的变化，由于会造成性成熟推迟及因成年鸡的光照不应期时间提前而导致后期产蛋率较差，因此，建议育成期肉种鸡不要提供较长时间的人工光照，此点十分重要。鸡群达到性成熟的周龄取决于育成期光照变化模式及光照刺激时的光照时间增加的幅度。表6-32所设计的光照程序能最大限度地减少开放式鸡舍的负面影响，但是育成于开放式鸡舍的鸡群生产性能会始终低于育成于环境控制鸡舍或遮黑鸡舍的鸡群。

表6-32 开放式鸡舍育成与产蛋的光照程序

| 日龄（周龄） | 10日龄自然光照时间 | | | | | | | 光照强度（lx） |
|---|---|---|---|---|---|---|---|---|
| | 9 | 10 | 11 | 12 | 13 | 14 | 15 | |
| 1d | 23 | 23 | 23 | 23 | 23 | 23 | 23 | |
| 2d | 23 | 23 | 23 | 23 | 23 | 23 | | |
| 3d | 19 | 19 | 19 | 19 | 19 | 19 | 19 | 育雏区域 80~100，鸡舍内 10~20 |
| 4d | 16 | 16 | 16 | 16 | 16 | 16 | 16 | |
| 5d | 14 | 14 | 14 | 14 | 14 | 14 | 15 | |
| 6d | 12 | 12 | 12 | 12 | 13 | 14 | 15 | |
| 7d | 11 | 11 | 11 | 12 | 13 | 14 | 15 | 育雏区域 60~80，鸡舍内 10~20 |
| 8d | 10 | 10 | 11 | 12 | 13 | 14 | 15 | |
| 9d | 9 | 10 | 11 | 12 | 13 | 14 | 15 | |
| 10~146d | 9 | 10 | 11 | 12 | 13 | 14 | 15 | 自然光照强度 |
| 21周龄（147日龄）自然光照时间 | | | | | | | | |
| | 9 | 10 | 11 | 12 | 13 | 14 | 15 | |
| 147d（21） | 12 | 13 | 13 | 13 | 14 | 14 | 15 | 人工光照 30~60；春季入舍鸡群 60 |
| 154d（22） | 13 | 13 | 14 | 14 | 14 | 14 | 15 | |
| 161d（23） | 14 | 14 | 14 | 14 | 14 | 14 | 15 | |

# 第六节　饲养密度

经济因素和当地的家禽福利规定是决定鸡群饲养密度最基本的因素。密度会影响家禽福利、生产性能、均匀度和产品质量。饲养密度应与气候和鸡舍条件相协调。高温季节如鸡舍环境温度达不到要求，应降低饲养密度。如要提高饲养密度，应同时提高通风、采食和饮水位置。饲养密度太大，鸡群过于拥挤，将增加采食和饮水的难度，造成鸡群个体间丰满度的差异增大，增加饲养环境压力，降低经济效益。合理的饲养密度有利于提高饲料转化率。饲养密度与料位和水位密切相关，固定安装的设备要随着实际饲养密度进行调整。鸡群越大，鸡只之间的竞争压力越强，其均匀度的控制越难。育雏育成期合适的鸡群大小每栏为 500 ~ 800 只。舍内饲养密度对空气中的细菌数量有直接影响（表 6 - 33）。

**表 6 - 33   平养鸡舍内鸡的饲养密度对空气中细菌数量的影响**

| 平均每只鸡占地面积（m²） | 鸡舍数 | 细菌数量（细菌数/升） | | | | | | | |
|---|---|---|---|---|---|---|---|---|---|
| | | 701 以上 | | 700 ~ 301 | | 300 ~ 31 | | 30 以下 | |
| | | 舍数 | % | 舍数 | % | 舍数 | % | 舍数 | % |
| 0.07 ~ 0.15 | 7 | 5 | 71.4 | 2 | 28.6 | | | | |
| 0.16 ~ 0.23 | 14 | 9 | 64.3 | 4 | 28.6 | 1 | 7.1 | | |
| 0.24 | 10 | 2 | 20.0 | 5 | 50.0 | 2 | 20.0 | 1 | 10.0 |
| 空 | 11 | | | | | 1 | 9.1 | 10 | 90.9 |

## 一、各饲养阶段的饲养密度

由于鸡群品种不同，饲养方式和气候条件不一，所需的面积也不一样，如黄羽种鸡密度就比蛋鸡相对低一些，商品肉鸡的饲养密度要低于商品黄鸡。同时，饲养密度还应考虑鸡舍硬件设备等，如鸡舍环境控制好一点的密度可适当高一些，相反则应减少。

## 二、降低饲养密度

采取逐步扩栏和小栏饲养逐步降低饲养密度，让鸡只自己随着需求逐步适应更大的空间，提升生产性能。

# 第七节   垫   料

肉种鸡在采用地面平养和两高一低饲养或笼养育雏时都离不开垫料（或垫纸），垫料质量的好坏以及管理的优劣与否直接关系到种鸡饲养的成败。

## 一、垫料的种类及特点

肉种鸡生产中可供选用的垫料主要有刨花、切割后的麦秸或稻草、稻壳、锯末、沙子（仅适用于育成期和产蛋期）等。各种垫料的特点如下：锯末有较多灰尘，有可能被鸡采食，不宜使用；麦秸或稻草易结块、不疏松，且容易发霉；稻壳易结块较疏松但吸湿性差，还有可能被鸡采食，最好和其他垫料混合使用；刨花不结块较疏松，且有较好的吸湿性和降解性，是较好的垫料。

## 二、选用垫料的原则

### （一）垫料的选用

应稀释、疏松、干净卫生、吸湿性好、低尘、无污染、无石块和铁丝头、有生物降解能力，并且要有可靠的生物安全保证，使鸡群舒适。若使用稻壳作垫料，因其粉尘大，最好过筛后再使用。

### （二）选用垫料时应考虑垫料的经济适用性

使用何种垫料不仅取决于经济因素，而且与原材料的市场供应情况密切相关。垫料应容易购买，来源可靠且价格低廉。使用足够的高质量的垫料原料，保证垫料干燥、暖和并覆盖整个地面。

### （三）选择无灰尘的垫料原料

避免过分潮湿，避免使用已经使用过的垫料，更新的垫料应经过消毒处理。

## 三、育雏期的垫料管理

育雏期是种鸡一生中最薄弱也是最关键的时期，垫料管理的好坏对育雏期的成活率和均匀度都会产生较大的影响。

### （一）垫料的消毒

垫料应经消毒并保持干净卫生，避免使用发霉变质、污染结块的垫料；同时，应勤翻、勤换垫料，防止潮湿；进鸡前应对垫料进行细菌、霉菌监测，超标禁用。

### （二）垫料的厚度及平整性

（1）建议 1d 龄垫料厚度为 5～7cm　刨花或稻壳 $6kg/m^2$、扎碎的麦秸 $1.25kg/m^2$；使用刨花作垫料时，应均匀铺设 5～7cm，如果垫料处理有问题，而且鸡舍垫料温度能达到 28～30℃，可以适当减少垫料厚度；为了更易冲洗及垫料管理，建议鸡舍采用水泥地面；垫料应铺设在干燥的地面上，铺设应均匀，这样有利于饮水器的管理；冬天厚垫料育雏有利于提高成活率。

（2）垫料应平整　垫料不平，会限制雏鸡的采食和饮水，从而影响种鸡的生长发育和均匀度。凸凹不平的垫料会造成地面温度不均衡，令雏鸡拥挤在凹陷的地方，不利于雏鸡找到饲料和水，特别是在这些对生长发育有重要影响的阶段。水料线两侧保持有平整垫料。

（3）保持垫料均匀分布　通常灯光最亮的地方垫料较少，因为亮光点使鸡群的活动性增加而将垫料刨掉。垫料少的地方鸡粪较多，造成周围的垫料也较少。裸露的地面通常与进入鸡舍的冷空气直接下降有关，这些地方应增加垫料。

### （三）育雏早期垫料的温度很关键

育雏时切记，垫料温度对保持雏鸡的健康和生产性能的发挥远比空气温度重要得多。如果垫料温度是27℃，则表明雏鸡育雏于真正的27℃的温度条件下，这样就无须去过多关注鸡舍空气温度是多少。因此，无论潮湿的垫料在什么时候被放置到鸡舍，只要在进鸡之前垫料还没干燥，雏鸡真实的育雏温度一般要比控制系统显示的温度低3~5℃。垫料潮湿并造成鸡群冷应激并不仅仅发生在冬天寒冷季节，夏天同样会发生类似的问题。

（1）垫料预温　根据气候条件、垫料状况以及季节变化，鸡舍需要提前24~72h预温，以确保垫料温度在进鸡前达到32℃左右。同时应避免种鸡在冷潮垫料上饲养，如初生重42g的雏鸡，正常环境条件下饲养至4d增至85g，但如在冷潮垫料上饲养，4d只有70g左右。表6－34和表6－35分别显示了育雏早期垫料温度的重要性。

表6－34　垫料温度对增重的影响（荷兰450万只商品鸡统计数据）

| 垫料温度（℃） | 饲料报酬率 | 日增重（g） |
| --- | --- | --- |
| 20 | 1.52 | 50 |
| 22 | 1.51 | 50.6 |
| 24 | 1.5 | 51.2 |
| 26 | 1.49 | 51.8 |
| 28 | 1.48 | 52.4 |
| 30 | 1.47 | 53 |
| 32 | 1.46 | 53.6 |
| 差异（20~32） | 0.06 | 3.6 |

表6－35　不同垫料温度对鸡群生产性能的影响

| 垫料温度（℃） | 25 | 30 |
| --- | --- | --- |
| 7日龄体重（g） | 151 | 165 |
| 日增重（g） | 51.5 | 53 |
| 到1.5kg时料肉比 | 1.48 | 1.45 |

（2）关注鸡舍内上下的温度差异 一般来讲，地面的空气温度与60cm处的温度相差2～4℃。表6-36中的实验室数据表明，在实验室内，空气温度和垫料温度基本一致，但在实际生产中，两者有明显差异，一般相差3～8℃，该试验说明第一周的垫料温度应保持在29.4℃以上。同时垫料温度太低，也容易导致腹水症的发生率增加。

表6-36 垫料温度对腹水症死亡率的影响

| 空气温度（℃） | | | 3周末 | | 6周末 | |
|---|---|---|---|---|---|---|
| 第1周 | 第2周 | 第3周 | 体重（磅） | FCR | 死亡率（%） | 腹水症死亡率（%） |
| 35 | 32.2 | 29.4 | 1.768 | 1.35 | 2.29 | 0.83 |
| 32.2 | 29.4 | 26.7 | 1.752 | 1.37 | 3.12 | 0.83 |
| 29.4 | 26.7 | 23.9 | 1.746 | 1.39 | 1.67 | 0.62 |
| 26.7 | 23.9 | 21.1 | 1.664 | 1.42 | 4.79 | 2.5 |

### （四）垫料湿度

育雏前3d的垫料湿度控制在10%，以后控制在25%。

### （五）笼养育雏垫纸的特殊管理

笼养鸡的垫料就是垫纸。笼养鸡育雏时，在最初几天里最好在笼具内铺设1/2～2/3经过消毒处理过的垫纸，并使雏鸡到达前垫纸的温度达到30℃以上，以利于初生雏卵黄的吸收利用。垫纸应干净卫生，湿垫纸应勤换；鸡笼底部和垫网、垫纸应平整。

### （六）育雏期在垫料（或垫纸）管理上应注意的问题

清理料盘中的垫料不能直接撒在垫料上；垫料潮湿时必须及时更换；应特别注意饮水器周围的垫料必须干燥；洒水加湿时应避免造成垫料下的地面存水；不能直接将水洒在垫料上。必须始终重视垫料状况，垫料如果时间很长、结块、潮湿或太多灰尘，必须马上更换新鲜的高质量的垫料（图6-5）。垫料的形状、温度、质地和水分都会影响到新生雏在新的环境范围内的生存和生长能力。雏鸡会通过其腿部与垫料接触的皮肤丢失自身的温度。

## 四、育成期和产蛋期的垫料管理

育成期如果饮水器管理不善会造成垫料潮湿，潮湿的垫料可产生氨气，并且能造成公鸡脚底溃烂，而发展成成年公鸡严重的腿病问题，必要时在育成期可以据情适当控水。育成期每天应清扫垫料上的羽毛。育成期和产蛋期应每天翻垫料，垫料板结时可用煤铲翻松；冬季如用热风炉取暖，导致垫料太干时可

图 6 – 5　良好的垫料

适当喷些水，以避免出现粉尘；太脏的垫料、潮湿垫料和发霉垫料要及时更换，不要图省事，往湿垫料上添加新垫料。笼养鸡在育成期和产蛋期笼具垫网上的粪便每周应至少清理两次，以确保垫网的清洁。

### 五、产蛋期蛋箱垫料的特殊管理

应保持蛋箱中垫料的干净卫生、不能缺失，如有粪便应及时清理更新。

# 第八节　空 气 质 量

鸡舍内的有害气体包括粪尿分解产生的氨气、甲烷和硫化氢气体，鸡呼吸或物体燃烧产生的二氧化碳和一氧化碳，鸡每天脱落的皮屑及饲料和地面垫料的粉尘悬浮在空气中所形成的混合体和过多蒸发的水分，这些混合体比例的变化是鸡呼吸道传染病和大肠杆菌病的诱因，严重地影响着养鸡的经济效益。当这些指标超标时，将损害鸡只的呼吸道健康，同时降低鸡的生产性能，而且有害气体浓度的增加会相对降低氧气的含量，对机体造成大的伤害。

### 一、鸡舍内的有害气体及空间分布和作用机理

#### （一）舍内有害气体

主要有 $NH_3$、$H_2S$、$CH_4$（发酵）、$CO_2$、$CO$（不完全燃烧产物）、粪臭、粉尘等。

#### （二）有害气体在舍内的空间分布

$NH_3$　$CH_4$　$H_2S$　$CO$（$O_2$）$CO_2$。

### （三）有害气体的作用机理

舍内有害气体含量接近或超过阈值，尤其是氨气和硫化氢会对鸡体造成一定的影响。

（1）$NH_3$ 与舍内的 $H_2O$ 结合产生 $NH_4OH$ 刺激眼结膜及呼吸系统，伤害肠及内脏，导致呼吸和消化功能下降，舍内空间中如此周而复始的有害气体导致机体病变不断加重，影响健康。

（2）CO 与氧气相比，结合血红蛋白的能力强几十至100倍 CO 和 $CO_2$ 隔氧，刺激神经中枢。

（3）垫料发霉 产生霉菌及毒素食入，发生病变和中毒；有害气体溶解于水中产生尿毒素或尿素，被食入会引起中毒或影响生产性能。

## 二、鸡舍内常见空气污染物对鸡的影响

每天24h密切接触并相伴终生的舍内空气质量是鸡群健康的关键因素。空气质量的好坏对生产性能有较大的影响，严重者还会导致死亡（表6-37）。空气质量低下，会破坏雏鸡的呼吸道表皮细胞，而使其易受呼吸道病的威胁。如不能排除舍内累积的废气，雏鸡易感染心脏和肺部疾病，从而造成鸡出现较高比例的腹水症和慢性呼吸道疾病。空气中的化学组成主要成分为氮占78.08%和氧占20.95%，二氧化碳很少（0.03%），还有其他微量成分，舍内有害气体危害最大的是氨和硫化氢。

表6-37 鸡舍有害气体含量浓度标准

| 成分 | 分子式 | 致死浓度 | 适宜浓度 |
|---|---|---|---|
| 二氧化碳 | $CO_2$ | 30%以上 | 1%以下 |
| 甲烷 | $CH_4$ | 5%以上 | 1%以下 |
| 氨气 | $NH_3$ | 50μl/L以上 | 40μl/L以下 |
| 硫化氢 | $H_2S$ | 50μl/L以上 | 40μl/L以下 |
| 氧气 | $O_2$ | 6%以下 | 16%以上 |

### （一）二氧化碳

舍内的二氧化碳主要有家禽呼出，一般 1.5kg 体重的鸡可产 $2m^3$ 的 $CO_2$；1 000只母鸡每小时可排出二氧化碳 1 700L。雏鸡在4%二氧化碳中无明显反应；5.8%呈轻微痛苦状；6.6%~8.2%呼吸次数增加；8.6%~11.8%痛苦显

著；15.2%昏迷；17.4%窒息死亡。禽舍内不应超过0.15%，$CO_2 > 0.35\%$会造成腹水症，高浓度会引起肉鸡死亡。应通过仪器监测$CO_2$浓度如图6-6，以指导生产。通风换气是保证舍内空气清洁的重要措施之一，如某无窗鸡舍在换气中断30min后，$CO_2$浓度迅速达到4 200μl/L，氨气达到200μl/L。

**图6-6　通过仪器测量二氧化碳含量**

**（二）一氧化碳**

舍内含量47μl/L可使人轻度头疼；94μl/L使人中度头疼、眩晕；234μl/L严重头疼、眩晕；466μl/L恶心、呕吐，可能虚脱；936μl/L昏迷；9 360μl/L死亡。禽舍内不应超过24μl/L，$CO > 100$μl/L会造成鸡缺氧；高浓度会引起死亡。主要是冬季舍内生炉燃煤取暖产生。

**（三）氨气浓度**

氨气浓度过高，减弱气管纤毛的蠕动，损害气管内膜，降低呼吸道抵抗力，病原体容易侵入呼吸道，影响种鸡的生产性能和鸡群健康，还易造成腿足问题和眼睛损伤。鸡舍内氨气浓度大于10μl/L将损害肺表面；大于20μl/L易感染呼吸道病，且人的嗅觉可以感觉到；大于50μl/L降低鸡的生长速度如表6-38。一般情况下舍内$NH_3$含量为20~50μl/L，理想的情况下，舍内$NH_3$浓度控制在25μl/L以下，即使在冬季也应低于35μl/L。鸡对氨气格外敏感，20μl/L可引起角膜炎（表6-39），并使鸡对ND发病率大大升高；50μl/L能使鸡的呼吸频率下降，产蛋减少，饲料转化率降低（表6-40），甚至在5μl/L的长期影响下，鸡的健康也会受到影响。

表 6-38 空气中氨的浓度对鸡产蛋的影响

| 氨气浓度 (μl/L) | 性成熟（产蛋率达到 50% 时的日龄） | 产蛋率（%） | |
|---|---|---|---|
| | | 23~26 周 | 35~38 周 |
| 0 | 158 | 70.2 | 90.9 |
| 52.6 | 172 | 51.5 | 86.7 |
| 78.3 | 177 | 42.2 | 83.8 |

表 6-39 氨气对眼角膜损伤的影响*

| 周龄 | 0μl/L | 25μl/L | 50μl/L | 75μl/L |
|---|---|---|---|---|
| 1 | 0 | 0.04 | 1.6 | 1.2 |
| 2 | 0 | 0.1 | 2.6 | 2.4 |
| 3 | 0 | 0.6 | 2.9 | 2.3 |
| 4 | 0 | 0.04 | 2.9 | 2.2 |
| 5 | 0 | 0.02 | 2.1 | 1.4 |

*眼角膜损伤评分：0 = 正常，1 = 角膜水肿（75%），2 = 溃疡，3 = 深度溃疡

表 6-40 不同氨气浓度对料肉比的影响

| 氨气浓度 | 0μl/L | 50μl/L | 100μl/L |
|---|---|---|---|
| 料肉比 | 1.81 | 1.86 | 2.13 |

**（四）硫化氢**

禽舍内的硫化氢，由含硫有机物分解而来，由于其比重大，愈接近地面则浓度越高，据测定，距地面 30.5cm 处为 3.4μl/L，而 122cm 则降为 0.4μl/L。硫化氢主要对黏膜产生刺激引起眼炎、鼻炎、气管炎甚至肺水肿。舍内硫化氢的含量不应超过 6.6μl/L。

**（五）甲醛**

马上就能够造成鸡群的均匀度问题，以及影响早期的生长速度。

**（六）灰尘**

损害呼吸道内表面，增加疾病的易感性。

**（七）温度**

温度不同，影响程度不同。

### 三、鸡舍内空气质量要求

生产实际中，应重视舍内的空气质量，最大程度地满足鸡群生长发育的需要（表6–41）。

**表6–41　鸡舍空气质量要求**

| 氧气 | $CO_2$ | CO | $NH_3$ | 相对湿度（%） | 可吸入性灰尘 |
|------|--------|------|--------|--------------|--------------|
| >19.6% | <0.3% | 10μl/L | 10μl/L | 45~65 | 3.4mg/m³ |

### 四、空气质量与温度、湿度和通风的协调

#### （一）空气质量与通风

为了达到有效的通风，任何情况下都应排出鸡舍多余的热量和湿度，提供氧气并通过排出鸡舍内的有害气体来改善空气质量。通风不良，影响空气质量，易发呼吸道病和腹水。

#### （二）空气质量与湿度

鸡群长时间处于污染且潮湿的空气中，将会引发疾病如腹水症和慢性呼吸道病，影响鸡体温调节，并使垫料质量恶化。

#### （三）空气质量与温度

温度大于29℃，湿度大于70%影响生长速度。

#### （四）空气质量与水分

在饲养过程中，鸡群会产生大量水分并释放到环境中，在保温的同时，必须通过一定的通风才能排出鸡舍。如一只2.5kg的肉鸡在饲养期大约消耗7.5kg的水，其中，5.7kg的水被释放到环境中，如果通风不良，鸡舍内的水分含量会很高，从而引起许多问题。

# 第九节　灰尘和微生物

## 一、灰尘

灰尘直接影响鸡群健康，会引起灰尘性结膜炎。将出壳的小鸡分养在过滤和不过滤空气的鸡舍里，60d时其体重、饲料利用率和成活率有明显的差异如表6–42。在容纳1 000只鸡的笼养鸡舍里，每天可从空气中收集到0.45kg灰

尘。冬季对家禽呼吸系统影响最主要的因素是空气的湿度太低、尘埃颗粒太多尤其是进入供暖期以后。鸡舍尘埃粒子中 5μm 以下占 85% ，5 ~ 10μm 占 12% ，10μm 以上占 3% 。对鸡体有害的尘埃粒子中在 10μm 以下；尘埃量离地面 20cm 比 100cm 多 2 倍；尘埃成分中浮游尘埃 90% 是干物质，其中，60% 是角蛋白和尿酸，另外还有纤维素和脂肪。鸡舍内尘埃量的多少与垫料含水量有关，低于 25% 尘埃量增加，25% ~ 30% 比较适宜，35% 以上时氨气增加，苍蝇繁衍。冬季鸡舍的通风量只有夏季的 10% ，因此，通过通风不能完全解决舍内环境差以及粉尘多的问题。带鸡消毒对预防鸡的呼吸道疾病和发病后的辅助治疗有很重要的作用。

**表 6 - 42　过滤空气对雏鸡的影响**

| 项　目 | 过　滤 | 不过滤 |
|---|---|---|
| 公鸡 60d 龄平均体重（g） | 622.6 | 598.5 |
| 母鸡 60d 龄平均体重（g） | 745 | 709.2 |
| 每 kg 增重所需饲料（kg） | 3.65 | 3.95 |
| 存活率（%） | 99 | 97.4 |

## 二、微生物

禽舍内的微生物含量较高，据测定，每升空气中的菌落数，雏鸡舍 5 000 ~ 8 000 个，产蛋舍 200 ~ 300 个；鸡舍空气里的 1g 尘埃中含有大肠杆菌 25 万 ~ 250 万个，空鸡舍中也有细菌。

# 第十节　噪　声

噪声是空气环境的重要因素之一，主要来之外界传入、舍内机械和家禽自身产生。噪声会使家禽受惊吓，引起损伤。据测定，舍内风机的噪声强度在最近处 84dB，最远处 36dB。90 ~ 100dB 的噪声可引起暂时性坠卵现象，继之则逐渐适应，但持续的超过这一强度的噪声，会使产蛋量减少；130dB 可使鸡的体重下降甚至死亡。据日本对产蛋鸡每天用 110 ~ 120dB 刺激 72 ~ 166 次，连续 2 个月，结果产蛋下降，蛋重减少，蛋壳质量下降如表 6 - 43。用 30dB 的爆破声和 85 ~ 89dB 的稳定噪声对鸡进行刺激，大中小鸡均受影响如表 6 - 44。减少噪声应选好场址；人在舍内活动要轻，避免较大声响；禽舍周围大量植树可使外来噪声降低 10dB 以上。

表 6 – 43　噪声对产蛋鸡的影响

| 组别 | 对照 | 试验 |
|------|------|------|
| 平均产蛋率（%） | 82.9 | 78.0 |
| 平均蛋重（g） | 52.4 | 51.0 |
| 软蛋率（%） | 0 | 1.9 |
| 血斑发生率（%） | 3.1 | 4.6 |

表 6 – 44　噪声对大中小雏的影响

| 组　别 | 成年鸡 | | 大　雏 | | | 中　雏 | | 废　鸡 |
|--------|--------|--------|--------|--------|--------|--------|--------|--------|
| | 产蛋率（%） | 体重减少（%） | 开产日龄 | 产蛋率（%） | 平均体重（g） | 开产日龄 | 产蛋率（%） | |
| 对照 | 81.3 | 10~20 | 160 | 66 | 1 702 | 147.9 | 54 | 15 |
| 试验 | 72.4 | 35~55 | 160.0 | 46 | 1 740 | 148.2 | 32 | 24 |

# 第十一节　废弃物处理

正确及时处理死鸡和废弃物，不要污染环境，避免与其他家禽造成交叉感染，不要成为其他动物或害虫的食物，不伤害他人的利益。

## 一、舍外病原体的控制

如条件许可，在所有的进气口安装空气过滤装置，防止空气中的尘埃微粒流入鸡舍，并定期检查过滤器。对进入禽舍的人员和设备进行更为严格的消毒。

## 二、通过对鸡场系统性调查有助于分析和解决健康方面的问题

### （一）饲料
供料情况、采食量、饲料分配、适口性、营养成分、污染和毒素以及停料情况。
### （二）光照
是否适合生长发育、是否均匀及光照强度情况。
### （三）垫料
潮湿程度、氨气浓度、病原微生物污染程度、毒素和污染物、垫料厚度种类及均匀情况。

**（四）空气**

风速、污染物和毒素、温度湿度、进风情况、障碍物。

**（五）水**

水源、污染物和毒素、添加剂、病原微生物污染程度、饮水情况及饮水量。

**（六）饲养空间**

饲养密度、采食饮水位置、障碍物的影响、设备是否足够。

**（七）卫生情况**

鸡舍内外卫生、有害动物控制、鸡舍维护、鸡舍冲洗消毒。

**（八）安全**

生物安全风险评估。

## 三、对鸡粪进行无害化处理

通过在饲养场内建沼气池，使用沼气池发酵生产沼气；生物发酵制作有机肥；热喷膨化处理制作饲料等技术对鸡粪进行无害化处理，减少对环境的危害。

# 第七章　实际生产中遇到的问题

## 第一节　产蛋不理想的原因分析及预防措施

### 一、产蛋不理想的主要原因

#### （一）疫病

病毒性疾病、各种细菌性疾病、霉形体、寄生虫病及霉菌毒素等都会影响产蛋，发病后的鸡群很难达到产蛋高峰，维持时间也较短。在饲养环境、饲料营养和管理方式等没有变化的情况下，许多病毒性疾病如 AI、ND、IB、ILT、EDS、AE 等都能引起鸡群产蛋率的下降，但各种疾病对鸡群的产蛋率及鸡蛋品质的影响又不尽相同，鸡群也表现出各自的临床症状。如果鸡群产蛋量在 1~2 周内下降数十个百分点，并出现蛋品异常的现象，多与病毒病有关。种鸡场缺乏严格的生物安全体系、饲养环境恶劣、没有根据本地的疫情制定合理的免疫程序并进行有效的免疫操作、不能及时诊断疫病错过了最佳的治疗时间、乱用药造成药物中毒等，导致鸡群健康状况不佳，影响种鸡生产性能的正常发挥。

（1）温和型流感　无论是 $AIH_5$ 或 $AIH_9$，如果免疫不到位或即使免疫但遇到应激因素很容易导致鸡群抵抗力下降，尤其是产蛋上高峰阶段，种鸡正经受较强的开产生理应激，稍有不慎，很容易出现问题，造成产蛋上不去。

（2）传支　种鸡早期感染传支后引起输卵管永久性病变，造成输卵管积水或囊肿，性成熟不整齐，发病越早，危害程度越大。

（3）新城疫　生产上很多问题都与其有关，不要以为做了免疫就没有 ND，也不要以为抗体很高也就没有 ND。

（4）霉菌及其毒素　霉菌毒素对种鸡造成伤害，产蛋上高峰期如发生霉菌毒素中毒会引起拉稀。

（5）寄生虫感染　主要有住白细胞原虫病和球虫病，产蛋鸡感染住白细胞原虫病，产蛋率一般下降 5% ~ 10%；感染球虫病特别是小肠球虫，影响鸡的肠道功能和减少营养物质的吸收，会引发肠毒综合病，影响产蛋 5% 左右。

**（二）饲料营养不均衡，饲料质量差**

饲料中玉米含水量过高，能量不足，采食量低，达不到产蛋高峰。高峰期每只母鸡应摄入大约 26g 的平衡蛋白质，蛋白质应考虑量和质，只有各种氨基酸的含量充足且平衡，才能满足肉种鸡的营养需要。考虑各种饲料原料的生物学利用率。看维生素和微量元素含量是否达到指标要求，充分考虑它们彼此之间的比例关系及生物学特性。维生素应用不合理，如夏天加小苏打可减轻热应激，但会导致对碱性敏感的维生素 $B_2$ 遭破坏；维生素 $B_1$ 可增加胃肠蠕动，但胃有溃疡，则会加剧，过高的维生素也不好。钙磷比例不平衡，钙含量高往往镁含量也高，易造成拉稀，产蛋不会很好。饲料原料质量低劣，饲料霉变或被污染，使用伪劣的高盐鱼粉、生豆饼或豆粕蛋白含量不够的原料，致使饲料适口性降低而使采食量减少，且会造成腹泻、肝坏死等而致营养严重不足的营养代谢病使产蛋上升缓慢，且后期恢复非常困难。还有饲料加工、原料的保管和运输问题等，不一而足，所有这些，均会影响饲料质量，进而影响产蛋。

**（三）饲养管理不善**

（1）体重控制不好　4 周及 10 周末的体重不达标或严重超标；有的甚至前 5 周对种鸡不称重；15 ~ 24 周周增重和增重率不足或不均衡；10 周后对体重超标的鸡群过分的向标准曲线靠近，而没有考虑周增重在此时的重要性；对于体重不达标的鸡群过激增加料量，造成体重过激增长；产蛋上高峰期间总增重和周增重不足，违背了种鸡的正常生长发育规律。

（2）均匀度差　有的用户只重视体重均匀度而忽视了体型及性成熟的均匀度；10 周特别是 15 周后为了追求体重均匀度而频繁过分挑鸡，虽然体重均匀度较高，但体型及性成熟均匀度不理想；有的育成期均匀度虽好，但离散度大，大小鸡差异较大，性成熟均匀度差，性成熟与体成熟不一致；有的称重不真实或计算错误，造成误导；有的限饲方法不合理等影响均匀度，造成产蛋上不去。

（3）累积营养不够。

（4）饮水不足　许多客户对种鸡饮水重视不够，水质不良、供水不足、短时缺水、水压较低、乳头无水等现象不断出现，导致种鸡累积饮水不足，影响生长和产蛋。

（5）料量不足　有的用户虽然加到了标准料量，但由于没有考虑饲料能量水平、环境温度变化、饲养模式、种鸡开产时的体重大小以及饲料浪费等因素，致使料量不足，产蛋上不去。有的虽然超标准添加了饲料，甚至每只高达180g，但由于饲料质量差，仍没有取得好的成绩。

（6）料量增加过快　青年母鸡增重主要取决于能量摄取，然而均匀度和性成熟速度则绝大部分取决于光刺激前鸡只所摄取的蛋白质总量。在每日饲喂的情况下，从光照刺激到产蛋5%时每只母鸡每周增料大约5g，料量增加过快，易引发种鸡卵巢过度刺激。

（7）错失最大料量给予时机　一般来讲，AA⁺母鸡的高峰料应在日产蛋率达到75%左右给予，若在种鸡产蛋率达到以上水平后才给予高峰料量，则种鸡达不到产蛋高峰，40周后产蛋下降幅度大，母鸡发胖，对受精率会有一定的影响。

（8）饲养密度过大　料位不够，饮水器不足，致使部分鸡采食过多或过少，从而影响产蛋。

（9）参考的体重标准过时　现代家禽的饲养管理是随着遗传育种的发展而变化的。如1997年版AA种鸡4周末体重为409g，而到2012年版则为420g。因此，新鸡种应随新技术而不断创新，才能取得好的成绩。

**（四）饲养环境不良**

（1）温度　夏季没有降温、冬季没有供暖设施。鸡群遭受高温对鸡造成伤害，如表7-1和表7-2。温度突变，如夏季出现持续闷热天气，舍内形成高温环境；冬季突然遭受寒流袭击，舍内形成低温环境，会使鸡采食量下降，产蛋量亦随之下降。

表7-1　环境温度对产蛋的影响

| 平均舍温<br>（℃） | 产蛋量<br>（%） | 采食量<br>（%） | 体重<br>（%） | 蛋重<br>（%） | 蛋壳厚<br>（%） | 饮水量<br>（%） |
|---|---|---|---|---|---|---|
| 22 | 设为正常 | | | | | |
| 26.5 | -6.4 | -8.2 | -4.7 | -0.1 | -5.3 | +4.8 |
| 32 | -13 | -28.6 | -8.8 | -3.4 | -12.7 | +26.7 |
| 38 | -47.9 | -47.6 | -18 | -11.4 | -76.6 | +33 |

表7-2　高温影响鸡的体温变化及死亡情况

| 外界温度（℃） | 鸡的体温（℃） | 死亡情况 |
|---|---|---|
| 27 | 41.5 | 40℃持续8h死亡10% |
| 27~38 | 41.5~42 | 40℃持续30h死亡65% |
| 38~40 | 42~43 | 40℃持续40h死亡90% |
| >40 | 43 | 43℃以上2~3h几乎全部死亡 |

（2）通风不好　通风不良，舍内空气污浊，氨味太浓，舍内有害气体的含量超标如 $NH_3$ 的量超过 $125\mu l/L$，可诱发呼吸道病，使产蛋突然下降；冬季用煤炉取暖，$CO_2$ 含量超标等影响产蛋。

（3）垫料管理不善　垫料发霉潮湿结块。

### （五）光照程序不合理

有的用户只重视光照时间而忽视了光照强度；对体重不达标，性成熟不好的鸡群提前进行光照刺激；加光时间过晚；光照时数突然减少引起蛋鸡垂体激素分泌紊乱等导致产蛋不理想。

### （六）对逆季鸡群管理不善

一般来讲，开放式鸡舍饲养的顺季鸡群即 8 月至翌年 1 月进的种鸡不会推迟开产；而逆季鸡群即 2—7 月进的种鸡容易出现产蛋推迟。逆季孵化的鸡，因饲料限制过分，体重不达标，光照程序不当，育雏料用的时间太长，造成种鸡骨架大，影响性成熟，产蛋晚，上不了高峰。

### （七）育雏育成期管理不善

产蛋成绩与育雏育成期密切相关，育雏育成中任何一个小的偏差尤其是体重和均匀度都会影响产蛋成绩。料位水位不够，加料不均匀，喂料速度慢，饲喂不定时不定量；鸡数、称料不准；挑鸡不仔细，分栏不及时等会对产蛋造成较大的影响。

### （八）应激

灾害性天气或温差较大，如温差超过 6℃会引起呼吸道病而影响产蛋；断料断水、舍内外噪声、小动物窜入鸡舍、接种疫苗特别是油苗或驱虫治疗；投了过多或使用了导致卵泡发育减缓或停滞的药物如磺胺类药及某些球虫药物；更换饲养员；频繁更换配方；随意改变操作规程；注射 AI 等都会造成产蛋上不去。

## 二、预防措施

### （一）强化免疫，防止疫病的发生

根据本地实际，制定合理有效的免疫程序，选用优质高效的疫苗，组织得力人员认真实施，合理用药，确保鸡群健康和种鸡安全。

（1）正确选择 AI 疫苗　$AIH_5$ 疫苗尽量使用单价灭活疫苗，注意早期免疫（9～10 日龄）和多次免疫（种鸡产蛋前至少 4 次），使抗体保持较高水平，HI 抗体要在 $2^6$ 以上。$AIH_9$ 尽量使用单苗，接种前应核对疫苗的抗原亚型，记录生产批号和失效期，有包装破损、破乳分层、颜色改变等现象的疫苗不能使用。疫苗使用前应置于室温（20～25℃）2h 左右，使用时、使用过程中应充分摇匀，保持匀质，疫苗启封后，应于 24h 内用完。

（2）做好 ND 和 IB 的免疫　重视局部和体液免疫的功用，选用活苗和油苗同时进行，定期进行抗体检测，根据抗体滴度的变化确定适宜的免疫时机。

（3）控制霉菌　减少霉菌毒素对产蛋率和孵化率的影响，霉菌毒素能降低受精蛋孵化率，使种蛋不受精，延缓性成熟，影响免疫效果，特别是黄曲霉菌严重影响孵化率，达到 5μg 7d 前胚胎死亡率 49%，达到 40μg，3d 前胚胎死亡率 91%，因此应重点预防和控制霉菌毒素对种鸡的影响。

（4）正确合理用药　产蛋上升阶段尽量避免使用如下药物如金霉素、红霉素、北里霉素、恩拉霉素、新生霉素、盐霉素、莫能霉素、氨茶碱等尤其是磺胺类药物，其与碳酸酐酶结合降低该酶的活性，从而减少碳酸盐的形成导致产蛋率的下降，并造成软壳和破壳蛋增加。

**（二）加强育雏育成期和产蛋期的管理**

强化育雏育成期的管理；适时给予最大料量，料量增长应先于产蛋率的增长。

**（三）应用遮黑鸡舍**

加强对逆季鸡群的管理，推广应用遮黑技术。对于逆季鸡群，12 周开始光照时间不能缩短、补光时间一定有效、阴雨天一定开灯补光。

**（四）选用优质高效的饲料，编制合理的光照程序**

饲料营养是肉种鸡生长发育和生产性能表现的基础，应为种鸡提供足够的能量和蛋白质，保持合理的蛋能比，一般为 52～55，确保营养全价。

# 第二节　产蛋高峰后产蛋率下降快的原因及预防

## 一、产蛋高峰后产蛋率下降快的原因

### （一）体重和蛋重控制不佳

（1）体重和周增重　4 周前体重低于标准；4～22 周周增重不达标或过激增减体重；15 周后将超重鸡群强行拉回标准曲线饲养；如周增重和均匀度没有遵循体重标准曲线平稳转换，15 周到光照刺激期间，性成熟均匀度很容易被破坏；如果 17 周后，实际体重与标准体重差 5% 以上，体重生长将受到抑制，母鸡的繁殖性能就会因性成熟不均匀而下降，19 周以后体重没有按照目标增幅增长，是种母鸡繁殖性能低下的一个常见原因。

（2）鸡群过度超重　种母鸡过度超重，最终将导致产蛋能力的下降。30周后放松对体重的控制会明显破坏 40 周后的产蛋性能、正常蛋重、蛋壳质量和受精率。

（3）产蛋期周增重不足或失重　平均蛋重比标准低 2g 以上。

（4）肌胃发育和强度不一致　随着高峰料的到来，肌胃强度好的采食消化率高，采食量大而逐步超重，肌胃强度差的与之相反产蛋率下降。

**（二）育雏育成期均匀度不高**

均匀度低，有的不足 70%；变异系数大，有的高达 15%。同时对大、中、小鸡的体重范围要求过于宽松，从而导致种鸡性成熟不均匀，产蛋后期产蛋下降快。

**（三）产蛋高峰后降料慢，饲料营养特别是能量不足，种公鸡数量过多，公母比例不协调，产生过度交配现象**

脂肪沉积多，体重增重快，致使高峰后产蛋下降快。

（1）高峰后多余的料量且维持太长时间　会使母鸡过于肥胖，鸡群年龄大时，产蛋性能不但低且会出现受精率问题。

（2）产蛋高峰之后有必要使每只母鸡减料　使鸡只的脂肪积累不要太大，如脂肪积累太大，产蛋率下降会比正常水平快得多，而且受精率和孵化率也较低。

（3）高峰料量设定不合理　高峰加料方法欠妥，料量增加太快，高峰料量高。

**（四）疾病影响**

特别是病毒性疾病如新城疫、禽流感、传支等，细菌性疾病如大肠杆菌、传染性鼻炎等及慢性呼吸道病都会对产蛋带来不同程度的影响。

**（五）饲养环境的影响**

温度太高或太低及昼夜温差太大；水质控制不佳；密度过大；垫料潮湿；通风不良等。

## 二、预防对策

**（一）扎实做好基础工作，控制好育雏育成期体重，监测产蛋期的体重和蛋重**

（1）育雏期是基础　早期体重达标很重要，帮助鸡只形成良好的食欲，培育种鸡良好的肌胃功能和早期肠道的生长发育。种鸡在一生中体重永远增加，决不能有失重现象发生。

（2）育成期是关键　①种母鸡培育至 20 周的总目标，一是符合要求的体重和骨架发育；二是良好的体重均匀度，±10≥80%，CV≤8%；三是良好的性成熟整齐度；四是良好的体况、肌肉丰满度和肌肉发育。②育成期体重控制方案。3~4周时，鸡群应按照不同的平均体重分成2~3栏饲养，4~10周体重沿标准曲线走，10周前抓好均匀度；10周后特别是15周后注意周增重达标，保证每周平稳增重。

（3）监测产蛋期的体重和蛋重。

**（二）抓好育雏育成期的均匀度**

切记分群是不得已而为之，如果鸡群管理得当，均匀度高，没有必要进行分群。

**（三）确定适宜的高峰料量，高峰后适时减料，防止鸡群过度超重，保持合理的种公鸡数量，确保公母比例协调一致**

从产蛋率5%~10%开始，按产蛋率的增长幅度加料。

# 第三节 产蛋后期受精率下降快的原因及预防措施

## 一、产蛋后期受精率下降较快的主要原因

**（一）种公鸡饲养管理不善**

（1）体重控制不佳 早期体重不达标，造成早期骨架发育差，胫骨短，影响交配成功率。体型过大，产蛋期体重过度超重（有的超重多达2~3kg），造成45周以后受精率降低和死淘率增高。称重数量不够或不称重，有的用户种鸡一旦开产，不论公母鸡都不称重。由育雏料转换成育成料和由预产料转换成产蛋料以后，由于不注意料质和料量的调整造成体重周增重不足或失重（特别是15周以后，在生殖系统发育的关键时期）。产蛋高峰后不注意料量的调整，致使公鸡体重偏瘦，死淘率较高，受精率下降。

（2）种公鸡均匀度控制不好 有的甚至60%多，大小差异较大，导致公鸡选留空间小。混群以后部分公鸡状态下滑，公鸡均匀度出现明显下降。

（3）种公鸡累积营养不足或不均衡。

（4）公母比例不当。

（5）鼻签穿的太晚 有的25~26周才穿，对种鸡受精率造成不良影响。

**（二）种母鸡饲养管理不善，体重和体形发育比例不协调**

早期骨架（体型）发育过大；高峰料加的太高，高峰后降料速度慢，导致体重过度超重。

**（三）营养不良、疾病等其他管理原因**

棚架高度太高，有的仍采用原来饲养常规系的棚架高度60cm。加光过早，导致公鸡性成熟早，公鸡太凶猛，致使公鸡争斗（饲料、母鸡）；如公鸡性成熟早，则混群后公鸡会很凶，会造成母鸡死亡率高、受精率低、生产性能下降。鸡群密度太高，料位和饮水的空间不够，争抢现象激烈。鸡舍小气候环境不良，通风不好，鸡床上的粪便没有及时清理，垫料管理不善，导致公母鸡特别是公鸡出现腿病及足部肿胀、感染。公母鸡断喙质量差。

## 二、预防措施

**（一）做好种公母鸡的体重控制工作，保证公母鸡体重和体型比例的协调发育**

（1）确保种公鸡骨架发育和早期体重达标　种公鸡从7d开始应根据目标体重达到适宜的骨架生长发育—骨架的大小与受精率之间具有十分密切的关系。4周末空腹体重母鸡达到420g；公鸡要求达到755g。

（2）确保10周后的周增重达标　在光照刺激开始后的头4周应保证公鸡体重正增长。产蛋期体重不能变轻，微小下降都会令精子质量下降。

（3）在3～4周和25～35周这两个重要阶段　应每天或隔日坚持正确称重，以便更好地了解体重的生长发育趋势，及时调整料量。

（4）保证公母鸡体重和体型比例的协调发育，不能顾此失彼。

（5）合理添加高峰料量，高峰后及时降料。

**（二）加强饲料质量管理，确保饲料营养平衡，控制好种公鸡的均匀度**

公鸡放在鸡舍的前端饲养，保持合理的饲养密度，产蛋期使用公母分开喂料，混群前四周为公鸡找到确定的区域面积。

**（三）其他措施**

适时穿鼻签并混群，保持公母鸡最佳比例，合理并适时进行公鸡替换，确保种鸡的受精率。

# 第四节　种公鸡饲养管理中常见的问题及预防措施

## 一、种公鸡饲养管理常见的主要问题

**（一）体重控制不佳**

（1）种公鸡早期体重不达标　特别是第一周和第二周的体重，尤其是使用粉料饲喂。有的即使使用颗粒破碎料，体重也不达标，主要是缩短光照时间太快。

（2）换料　由育雏料转换成育成料和由育成料转换成种公鸡料以后，由于不注意料质和料量的调整造成体重周增重不足或失重。

（3）称重数量不够或不称重　导致体重过度超重或失重。

**（二）均匀度控制不好**

有的育成前期均匀度较好，但育成后期维持的较差，有的甚至只有60%多，导致公鸡选留空间小。有的过分追求育成后期的均匀度，造成鸡群后期周增重不足，影响生殖系统的发育，导致受精率低下。

**（三）累积营养不足或不均衡，种公母鸡体型配比不合理等其他管理因素**

鼻签穿的太晚；断喙质量差，导致公鸡交配成功率低；种公鸡偷吃母鸡料，造成公鸡体重超标；公母鸡性成熟不同步。

## 二、预防措施

**（一）确保种公鸡合理的体重增长曲线**

在饲料转换过程中，应注意料质和料量的调整，以确保增重的营养需求。重视公鸡的体况发育，应每周根据准确称重来判断鸡体发育情况，公鸡胸肌、膘情检查极为重要，应在每周称重时抽查，胸肌应坚硬而不松软，发现异常及时调整料量，促进鸡体康复。

**（二）重视日常的细节管理工作**

确保种公鸡达到一定的营养累积，控制好均匀度，确保种公母鸡合理的体型配比。

# 第五节　受精率不高的主要原因及预防对策

## 一、受精率不高的主要原因

**（一）种公鸡饲养管理不佳**

因为种公鸡的问题而影响受精率主要有以下几个方面：一是精子浓度和质量（睾丸大小和雄性）即公鸡的发育状况；二是有效交配的次数（体型和体重控制）即交配效率；三是公母比例；四是累积营养不足等。

（1）种公鸡睾丸生长发育不良　很多用户对公鸡疏于管理，造成公鸡睾丸发育不好，致使公鸡的精子浓度和质量下降，从而影响受精率。

（2）体重和体型控制不好，交配效率低　商品肉鸡生产性能的不断提升，要求现代的种公鸡更容易倾向于长肉，公鸡更易体重过大，从而可能降低交配效率。影响交配成功率的因素主要有：体重大小、胫骨长短、趾病与腿病、断喙的质量等。体重大小（骨架大小、后期周增重、后期增重率）、均匀度高低、育成期的体重增长曲线影响公鸡的骨架和睾丸发育以及产蛋期睾丸功能的持久性和交配功能；超重鸡群后期受精率下降的快；太大的骨架会影响后期受精率的维持。育雏不当；4 周末体重过大；育成期体重发育不良；开产前、开产至产蛋高峰和产蛋高峰过后体重控制失败；体重失重或增重不足，胸肌松软，影响受精率。

（3）种公鸡饲喂不当　公鸡饲喂过度造成肥胖，交配不好；产蛋高峰后不注意料量的调整，造成饲喂不足；公鸡断喙质量差，公鸡下喙过长，影响交配成功率；种公鸡均匀度控制不好；鼻签穿的太晚；加光过早，导致公鸡性成熟早。

（4）公母比例不当　公母比例太高，母鸡害怕公鸡，母鸡躲在棚架上，造成过度交配；产蛋后期公母比例不够或有效公鸡数量不足，公母比例太少，从而影响受精率。

（5）累计营养不足。

**（二）种母鸡饲养管理不善**

早期骨架（体型）发育过大；高峰料加的太高，高峰后降料速度慢，导致体重过度超重，母鸡肥胖。母鸡体重过肥会导致低产蛋量、低的交配成功率、低的受精率、低下的蛋壳质量和高成本的饲料需求；过于肥胖的母鸡的脂肪细胞会限制精液贮藏部位的大小，脂肪细胞分泌对精子致命的物质；如果公母鸡过肥，腹腔内脂肪沉积过多，不利于腹腔散热，造成腹腔内高温，夏季更为严重，同日龄种鸡冬季受精率明显高于夏季2％左右。

**（三）公母鸡的体重和体型发育比例不协调**

早期母鸡过度超重，早期公鸡体重不达标，导致公母鸡体型配比不好。

**（四）饲料营养不良**

蛋白质和氨基酸过量；维生素 E、生物素或硒缺乏，缺乏维生素 E、生物素、硒等会导致种公鸡精液品质差（数量和质量）；饲料受杀虫剂或其他污染、霉菌毒素等也会对受精率造成影响。

**（五）其他管理原因**

棚架高度太高，超过60cm，材质太粗糙或棚架在鸡舍内的面积达不到1/3。对每周称重的重要性认识不够，不称重或即使称重也是马马虎虎，敷衍了事；称重数量不够，不能正确反映鸡群的状态；有的用户种鸡一旦开产，不论公母鸡都不称重。公母混群时间过早，有的因为饲养条件特别是设备设施条件差，18～19周就混群，导致公鸡体重过大，影响受精率。混群时公母鸡性成熟不同步。设备设施条件不理想，育雏育成期公母鸡采用同一种喂料器饲喂。鸡舍小气候环境不良。

### （六）应激

对种鸡管理粗暴、注射疫苗特别是 AI 不精细；种鸡在产蛋期遭受高温热应激或低温冷应激的影响，影响精液的质量，所有这些都会影响受精率。

### （七）疾病

鸡群在产蛋期发生疫病，对公母鸡造成伤害；螨虫或虱子寄生；杀虫剂、农药中毒或其他污染；公鸡腿部问题疾病如病毒性关节炎、趾瘤症等也会对种公鸡造成伤害。

## 二、预防对策

公鸡质量差就意味着整个鸡群生产性能差，因为受精率每下降1%相当于产蛋率下降1.2%。种公鸡的饲养应选择责任心较强的最好的员工、用最好的设备来饲养。

### （一）加强育雏育成期的管理，减少育雏育成差错

（1）正确培育种公鸡　①重视种公鸡育雏期的管理。尽早开水开食，0～14d 龄应饲喂高品质的颗粒破碎料，增强肌胃强度的发育。种公鸡在5～6周的周增重应达到手册标准的要求，这将有助于确保在最初"限饲"阶段有充足的饲料量，以防止种鸡采食垫料和激发球虫的侵害；在5～6周评估公鸡的球虫病，有助于更好的调整球虫控制方案或饲喂程序。②经常评估公鸡饲喂程序的营养情况。尤其是4～6周，通常从育雏料变成育成料，育成料的蛋白水平较低，能量水平可能也较低，因此要调整饲料量或配方，使公鸡的营养水平不降低并计划好每日营养摄入量，以确保4～6周的能量、蛋白质摄入量不降低。③密切关注睾丸的生长发育。④在育成期和产蛋期最好使用同样的喂料器饲喂种公鸡，如设备条件限制，用料线时可加部分料桶，使其认识，提早7d转移公鸡，并在母鸡到达前训练好；如设备条件充裕，最初至产蛋结束都使用公鸡喂料器。⑤育成后期的周增重和增重率应达标。应保持种公鸡料量的始终增加，哪怕是少量的增加，即使超过建议体重标准，也决不减少公鸡的饲料量，以确保育成期种公鸡的体重均衡增长。

（2）合理培育种母鸡　母鸡4周末的体重应达到420g左右，不能太大，

特别是第一周和第二周的体重不能过大；产蛋高峰后适时减料，避免后期过度超重。

（3）确保种公母鸡合理的体型配比。

**（二）控制并维持好均匀度，正确控制种公、母鸡的体重，确保种公母鸡合理的体重增长曲线，加强对种公鸡的饲养管理**

超重、体重不足的公鸡睾丸发育不良，睾丸发育不良会影响受精率（表7-3）。产蛋期公鸡应以体重情况进行加料，确保种公鸡按要求增重，确保种公鸡胸部肌肉坚硬，整个产蛋期公鸡脸必须通红。确保种母鸡的体重在育雏前期不过度超标；在育成期和产蛋期不过度超重。实行精细化管理，细致做好日常记录，绘制种鸡生长生产曲线。

表7-3　体重、睾丸大小与受精率的关系

| 周龄 | 体重（g） | | | 一对睾丸的大小（g） | | | 受精率（%） | | |
|---|---|---|---|---|---|---|---|---|---|
| | 小 | 中 | 大 | 小 | 中 | 大 | 小 | 中 | 大 |
| 25 | 3 076 | 3 529 | 3 959 | 0.8 | 1.4 | 2.9 | | | |
| 30 | 3 959 | 4 072 | 4 262 | 2.6 | 26.3 | 34.0 | 86.3 | 92.1 | 95.3 |
| 40 | 4 524 | 4 570 | 4 796 | 23.6 | 38.0 | 41.0 | 90.0 | 96.3 | 96.8 |
| 50 | 4 683 | 4 796 | 4 932 | 32.0 | 36.0 | 35.0 | 91.3 | 93.4 | 91.5 |
| 60 | 4 796 | 4 886 | 5 068 | 28.0 | 26.0 | 24.0 | 86.1 | 89.3 | 82.7 |

# 第六节　遮黑式鸡舍饲养的肉种鸡晚产的预防

采用遮黑式鸡舍饲养，一般都能做到开产准时、产蛋上升速度快、产蛋高峰突出、而且耗料少。但实际生产中中，发现为数不少的用户采用遮黑式鸡舍饲养的肉种鸡开产推迟，有的22周末加光，25周才见蛋，26周末产蛋率才达到5%，甚至有的26周末仅达1%，达不到手册标准的要求，给生产造成了一定的经济损失。为了减少遮黑式鸡舍饲养的肉种鸡晚产对业者造成的不应有的损失，使种鸡适时开产，应对鸡群的体重、均匀度、光照、温度等进行合理的人工控制。

**正确控制种母鸡的体重，合理调控种母鸡的均匀度，确定合理的光照程序**

控制好早期体重至关重要，要确保育成后期足够的体重增长，整个育成期应保持合理的体重生长曲线，并符合每一阶段的增重规律。

### （一）以体重为基础，正确监测种鸡的体况发育

称重应准确并实事求是，以便正确指导喂料方案。在确定下周喂料量时应综合考虑饲料营养、饲养方式、舍温等具体情况；任何时候都不能迅猛减料或加料；同时还应考虑饲料效应，一般情况下，调整喂料量后，3周后体重增减才能显现出来。有的场不了解饲料效应，增加饲料量后发现体重增加不明显就继续添加料量，体重仍达不到要求再加料，结果3周后体重开始超标，又忙于控制，如此循环，造成鸡群体质下降，性成熟迟缓。

### （二）重视逆季鸡群的遮黑饲养

逆季鸡群遮黑饲养时，在按顺季鸡群体重标准管理时，24周末的体重可适当比标准高80~100g。

# 第七节　开放式鸡舍饲养的逆季肉种鸡的管理要点

逆季鸡是指种鸡在开放鸡舍或有窗鸡舍育成，并在自然日照时间递减期间达到性成熟。一般是指2~7月孵化的种鸡。饲养在开放式鸡舍的肉种鸡群容易晚产，孵化期离夏至越近，开产期越晚；有的晚产至29周才见蛋，产蛋高峰低，合格种蛋减少。

## 一、控制体重、均匀度和光照

### （一）恒定光照时间

12周后光照时间应恒定，不能使种鸡置于减少的日照长度。

### （二）育成期应适当遮暗

自然光光照强度较高，如种鸡在育成期间接受自然光照，加光后，若光照强度小，会对种鸡起不到应有的刺激作用。

### （三）若使用节能灯，光照强度达到60lx以上效果较好

### （四）使用遮黑鸡舍

遮黑鸡舍是使逆季鸡群按时开产，提高其种蛋合格率的有效措施，应尽可能地创造条件使用遮黑鸡舍。

## 二、饲喂控制

如果鸡群开产延迟，不要盲目加料至高峰，而应每周适度加料4~5g/只，

以维持卵泡及生殖系统发育需要，待产蛋率达 5% 后，再按产蛋上升幅度并结合环境温度、体重体况、蛋重等情况采用日增料的方法加料。

# 第八节　肉种鸡脱羽的危害及其预防

羽毛是禽类表皮特有的衍生物，羽毛供维持体温之用，对飞翔也很重要，羽毛对其本身的生产表现有很大的影响。正常情况下鸡群在 300d 以上才会出现羽毛脱落、羽质粗糙、颜色暗淡等现象，如提前出现上述现象，则有可能与营养、疾病等直接相关。在走访用户的过程中，现场经常可以看到设备不合理及料盘之间的长度不够采食不均造成羽毛脱落、背部没羽毛的母鸡躲起来、公鸡由于吃不到料和料的分布不均严重脱羽以及拉稀引起的消化问题等会导致肉种鸡不同部位的羽毛出现脱落或异常变化（彩插 11），影响种鸡的产蛋率和受精率。影响羽毛生长的因素有相加性，实际生产中，这些因素并不是单一的，减少任何因素对羽毛的发育都会有帮助，解决脱羽问题时应考虑从系统着手，针对某一羽毛问题，跟进是否有任何改变，主要考虑的范围包括环境管理如光照、喂料和饮水、温度、季节、垫料、原料污染如饲料发霉和水分、日粮配方、甲状腺拮抗、健康和疾病特别是肠道疾病、消化不良、其他病毒因素等。

## 一、提供全价营养

提高饲料营养成分对种鸡生产性能的影响要超过其他管理因素，科学配制饲料，在整个生产周期中为种鸡提供具有特定营养需求的饲料，通过饲料成分和饲料摄入量来控制，满足其各阶段生长发育的需要，在不影响种鸡福利的情况下，获得最佳的饲养效果，最大限度的发挥其生产性能。蛋白质质量不好或不平衡会产生代谢应激，在造成垫料潮湿的同时伴随着能量消耗的增加，羽毛生长需要好质量的蛋白质和平衡的氨基酸特别是含硫氨基酸，蛋白质不仅要考虑它的量特别是必需氨基酸的量，更应考虑它的质。维生素和微量元素对羽毛发育有很大的作用，配制饲料时应充分考虑其彼此之间的比例关系及生物学特性，有时添加正常量仍然会出现临界缺乏如锌；有机硒可以提高羽毛生长速度和角蛋白的形成，无机硒能改善主羽的萎缩；钼能改善姜黄色羽毛、提高羽毛生长；锰能提高绒毛和体羽的覆盖、羽色和羽毛强度；铜和铁可以提高羽毛生长和着色等。加强饲料原料的检查如玉米的含水量、豆粕的蛋白质、鱼粉中盐分的含量等的检查，减少霉菌污染；确保饲料运输安全，运输车辆注意防潮、防晒。

## 二、强化饲养管理

饲养管理的好坏有助于羽毛的生长，重视以下几个方面的工作能够改善羽毛的发育，减轻脱羽的程度。

### （一）重视育雏育成期的管理

根据生产实际，采用适合本场实际的限饲方法和程序，避免过度限饲。

### （二）合理添加高峰料量，高峰后及时减料

高峰料量加到之后，一般维持3周才开始减料，每次减料后要密切注意减料后3~4d产蛋率和蛋重的变化，如每周正常下降1%可继续减料，先快后慢；如高峰料采食能量1 939.52~1 968.78J时，开始减料的第一周减1~2g，第二周减0.5~1g；高峰后的减料量为高峰料量的8%~12%，在45周之前减4%~6%，在46~60周再减4%~5%。减料时机的把握母鸡一般为33周，胸肌发育应完全；种鸡达到高峰产蛋率时，在决定减料前，要仔细触摸鸡只发育情况，了解鸡群状态，如果脂肪沉积的数量不足，不能减料，只有在产蛋降到80%以下，体重有所增加的时候才减料；同时观察卵巢上卵泡的发育情况，在正常情况下，卵巢上出现7个不同连续发育阶段的卵泡，没有导致双黄蛋的同大小的卵泡和腹膜炎问题。

## 三、降低应激

控制应激需要细心的做好每一件事情，饲养人员应着装固定，不穿鲜艳的颜色特别是红、黄颜色，在日常操作中，动作要轻、稳，避免产生的异响引起鸡群的警觉和惊群，鸡场设备也必须固定，带入鸡舍的物品要轻拿轻放，大的东西易选择晚上放入比较合适如产蛋箱。

# 第九节　肉种鸡啄癖的危害及其预防

现代鸡群由于集约化、工厂化饲养，容易导致密度过大和营养缺乏，啄癖情况时有发生，轻者头部、背部、尾部的羽毛被啄掉，重者鸡冠、头部、尾部的皮肤啄伤出血，脚趾被啄破出血而跛行，肛门啄出血甚至破裂死亡。啄癖鸡易使鸡群受惊吓，情绪紧张不安，而且还能"传染"，特别是当被啄部位出血时。啄癖是鸡群的一种不良嗜好，啄癖在育雏、育成、产蛋鸡群中都有发生，鸡群一旦形成这种嗜好，后果将非常严重，特别是在育成和产蛋期间发生，将影响育成率和生产性能。所以，在实际生产过程中，需要密切注意啄癖行为，

一旦出现，立即采取措施，把损失降到最低。

## 一、强化营养

给种鸡饲喂营养均衡的配方饲料，经常做好饲料原料含量的检查，如玉米中的蛋白质含量，钙磷含量和比例，在平时鸡群饮水中，添加多种维生素，一般一周饮3d即可，如果您的鸡群是采食颗粒饲料的话，那么多种维生素的添加需要更多一些。

## 二、加强饲养管理，适时断喙

### （一）密度适宜

无论采取什么样的饲养方式，都必须保证鸡群有充足的生长活动空间，如平养商品肉鸡密度最大饲养量（表7-4）。如肉种鸡采取"两高一低"的饲养模式，建议产蛋期母鸡饲养密度不要超过5.5只/m²，否则不仅影响生产性能，而且非常容易导致啄癖。

表7-4　肉鸡的饲养密度

| 类别<br>最终体重 | 地面平养（只/m²） | | 网上平养（只/m²） | |
|---|---|---|---|---|
| | 夏冬 | 春秋 | 夏 | 春秋冬 |
| 1.8kg | 10～12 | 12～14 | 12～14 | 13～16 |
| 2.5kg | 8～10 | 10～12 | 10～12 | 10～13 |

### （二）重视通风，合理光照，提升鸡群均匀度

通风对鸡群的生长非常重要，通常情况下，通风要重要于温度。鸡舍空气质量差会让鸡群烦躁不安，产生极其厌烦的情绪，实践对比表明，可能是这些因素导致鸡群在空气质量不好的情况下产生啄癖的。在实际生产中，鸡舍氨气溶度需控制在20μl/L之内，也就是人从外面到鸡舍里面没有感觉到明显的刺眼或者刺鼻。经常清理鸡舍里面鸡粪；勤换鸡舍内的垫料，避免垫料潮湿、结板；冬季保持鸡舍里面最小通风量。

# 第十节　如何提高肉种鸡种蛋受精率

## 一、加强种公鸡的管理

### （一）重视种公鸡睾丸的发育

保持公鸡良好的体重、增重和体况能延缓高峰后受精率的下降速度（表

7 - 5)。

表 7 - 5　睾丸的重量与受精率监测

| 睾丸重量（g） | 1 ~ 5 | 6 ~ 10 | 大于 10 |
|---|---|---|---|
| 功能效力 | 小（无功效） | 临界线 | 有功效 |

## （二）体重控制

以体重为目标进行饲喂，并考虑饲喂对下一阶段的影响。体重控制的目标是达到或略高于标准体重（1 ~ 6 周高 10 ~ 20g、7 ~ 10 周高 20 ~ 30g、11 ~ 14 周高 30 ~ 40g、15 ~ 22 周高 40 ~ 50g、23 ~ 24 周高 50 ~ 60g、25 ~ 34 周高 50 ~ 60g）；35 ~ 64 周随周龄的增长逐渐增加，周增重为 15 ~ 20g。根据公鸡体重及胸肌发育情况饲喂，不要过度饲喂，以免公鸡超重或胸肌过大，超重或胸肌发育过大的公鸡产蛋期难以管理，如鸡群已经超重，则应维持这种体重与标准的差异。利用看板管理对体重进行实时监控。开产时公鸡体重很重要，大体重公鸡受精率不一定高，公鸡体重小不一定受精率差（表 7 - 6），体重增长曲线比实际体重更重要。

表 7 - 6　24 周体重与高峰孵化率

| A | | B | |
|---|---|---|---|
| 体重（g） | 孵化率（%） | 体重（g） | 孵化率（%） |
| 3 664 | 84 | 3 866 | 84 |
| 3 630 | 84 | 3 800 | 85 |
| 3 628 | 86 | 3 676 | 86 |
| 3 600 | 87 | 3 533 | 85 |
| 3 313 | 86 | 3 433 | 85 |

## （三）均匀度控制

为更有效地控制好公鸡的均匀度，应为公鸡提供适宜的饲养密度，充足的采食和饮水位置，必要时可牺牲部分母鸡的利益，确保公鸡的整体利益，高峰前每周至少 2 次观察公鸡的采食情况，确保饲料分配均匀及合理的料位。充分利用限饲日进行挑鸡补料，以有效提高均匀度，常用的选择饲喂程序见表 7 - 7。

表7-7　建议饲喂程序

| 饲喂程序 | 饲喂日 | | | | | | |
|---|---|---|---|---|---|---|---|
| | 周一 | 周二 | 周三 | 周四 | 周五 | 周六 | 周日 |
| 每日 | √ | √ | √ | √ | √ | √ | √ |
| 6/1制 | √ | √ | √ | √ | √ | √ | ⊙ |
| 5/2制 | √ | √ | √ | ⊙ | √ | √ | ⊙ |
| 4/3制 | √ | √ | ⊙ | √ | ⊙ | √ | ⊙ |
| 隔日 | √ | ⊙ | √ | ⊙ | √ | ⊙ | √ |

√ = 饲喂日　　⊙ = 非饲喂日

## （四）体型控制

控制适当的体型（骨架大小）对保持公鸡的体重、体况的协调很重要，对公母鸡交配效率影响很大。要获得理想的骨架和健壮的腿，必须按照手册标准控制公鸡的体重增长特别是早期阶段。早期阶段的生长发育非常关键，公鸡4周大约55%、8周大约85%、12周大约95%的骨架基本发育完成，不要错过这个种公鸡骨架发育的最好阶段。

## （五）体重和体型配比合理

公母鸡体重发育应匹配，性成熟时公鸡体重为3 825g；母鸡体重为2 960~3 075g。公母鸡体型应匹配（表7-8），成年母鸡胫骨长11~11.5cm，胸骨长18~18.5cm；成年公鸡胫骨长13~13.5cm，胸骨长21~22cm。公母鸡体重和体型发展趋势如图7-1所示。

表7-8　公母鸡体重比例

| 周龄 | 母鸡体重（g） | 公鸡体重（g） | 公母鸡体重差异（%） |
|---|---|---|---|
| 20 | 2 170 | 3 035 | 28 |
| 25 | 2 980 | 3 825 | 22 |
| 32 | 3 365 | 4 210 | 20 |
| 40 | 3 495 | 4 450 | 21 |
| 50 | 3 645 | 4 750 | 23 |
| 60 | 3 795 | 5 000 | 24 |

## （六）监测精子质量

在自然交配和人工授精情况下，影响受精率的核心因素是精子的数量和活力。一般情况下，精子的数量与睾丸的大小成正比，睾丸越大，产生精子的数量越多。影响精子数量的管理因素有限饲过度、公鸡失重及产蛋期周期性的热

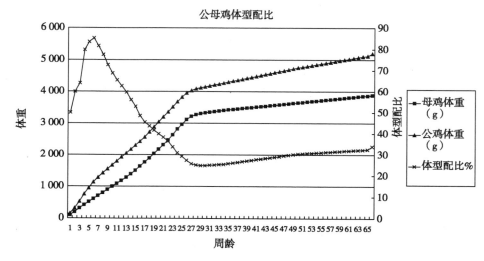

图7-1 体型发育

应激等。精子的活力是指呈直线前进运动的精子在所有精子里所占的比例。影响精子活力的因素有疾病、营养、内外环境等。不同的疾病对精子活力的影响程度不同如 AI-Re-6-7 的免疫对精子活力的影响较大，一般情况下，公鸡的免疫应与母鸡相同，但公母混群后，对 AI-Re-6-7 的免疫，应据抗体的实际情况进行差异化免疫。数据显示，饲喂低蛋白饲料对公鸡有利（表7-9）。研究证明混群或光照刺激后使用公鸡料能提高鸡群的受精率与孵化率，公鸡料一般蛋白质与氨基酸较低，能防止公鸡胸肌过度发育。给种公鸡饲喂添加鱼油或鱼鲱油的日粮能提高精子中的多不饱和脂肪酸含量、精子的活力及精子在母鸡输卵管内的存活率。

表7-9 推荐的成年种公鸡专用饲料营养标准

| 粗蛋白（%） | 代谢能（kJ/kg） | 赖氨酸（%） | 蛋氨酸+胱氨酸（%） | 钙（%） | 有效磷（%） | 亚油酸（%） |
|---|---|---|---|---|---|---|
| 12 | 11 495 | 0.50 | 0.49 | 0.7 | 0.35 | 1.00 |

**（七）强化日常监控**

（1）丰满度监控 10~16周每两周、17~30周每周、31~45周每两周检查一次丰满度，每周称重时都要对胸肌进行评估，胸肌应结实呈窄"U"形，龙骨稍有外露；记录每周的平均指数，检查每周胸肌指数的趋势。公鸡胸肌小而结实更活跃，交配更成功；胸肌发育过大，较凶及霸道，干扰交配，交配困难，交配欲下降，还易导致死淘率增加，腿爪问题多，体重下降，体况下降，精液质量下降或停止。

（2）胫骨长度 4~14周每周测量一次胫骨长度。

（3）主翼羽更换 9~25周每周检查一次主翼羽的更换情况。

（4）头部性征 性成熟时鸡冠、肉髯及眼睛周围颜色红润均匀。

（5）腿部与脚趾 挺直无弯曲，足底干净，没有物理性损伤。

（6）肛门颜色 红润、潮红、周围羽毛及腿和脚趾羽毛脱落。

（7）睾丸大小检查 一般在15~35周每周、36~45周每3周检查一次睾丸发育的程度；检查顺序和内容为挑选公鸡、称重、检查丰满度、测量胫骨长度、解剖2~4只照相、睾丸称重、数据记录和分析。也可通过泄殖腔插入超声波探头监测睾丸的大小且不伤害公鸡，将探头从直肠插入15cm，测量睾丸的宽度。

（8）精子数量和活力检查 在显微镜下检查精子的数量和活力。24~35周每两周、36~45周每3周检查一次精子数量和活力；检查顺序和内容为挑选公鸡、称重、采精、镜检、带腿号或翅号、数据记录和分析；每栋每栏每次检查2~4只。镜检工作由兽医室安排专人负责，采精工作由鸡场安排人员执行。

（9）日常观察 16：00之后母鸡下架的数量往往决定受精率的高低，16:00后至关灯，饲养人员在地面来回走动，采取在中间过道撒少量石粒或破碎玉米引母鸡下地，提高交配机率，有助于提高受精率；同时还可降低公鸡踩伤母鸡的比率。一天当中各时间段公鸡交配次数的分布曲线（用录像机记录4只公鸡×6d×14.5h/d，见彩插12）。

**（八）其他管理措施**

（1）饲养模式 为更精确地控制好公鸡的体重，公鸡必须分栏或分栋饲养至18~23周，根据公鸡体重情况适时混群。

（2）公母分饲 良好的公鸡体重、增重、体况和均匀度，需要有效的公母分饲系统与较好的管理。在26~27周之前公鸡头和冠仍处于体成熟的过程，部分公鸡可能仍会偷吃到母鸡料，混群后到27周期间更为关键，对公鸡部分剪冠或不剪冠或穿鼻签，在公鸡冠完全发育前，通过使用开口50~55mm高、45mm宽的防鸡栅可以帮助防止公鸡偷吃母鸡料（图7-2）；25~34周随着种公鸡头部逐渐变大，其不再从种母鸡饲喂器中偷料。公鸡使用料槽（20cm/只）饲喂较稳定，饲料易分配均匀；料盘或料桶稳定性稍差，每个料盘

（13cm/只）的饲料量应相同。成功的公母分饲要求公鸡必须能够很快找到给他们分配的喂料器、饲料分配均匀、饲喂系统高度合适、适当的采食位置和饲喂系统的日常维护。要了解自己所用的饲喂系统的性能，每天检查维护公母鸡的饲喂系统。链式饲喂系统一定要在母鸡料槽上加"隔鸡栅"（图7-2），隔鸡栅规格为宽45mm，网格开口高度为50~55mm，隔鸡栅小于45mm会影响部分母鸡产蛋高峰后的采食从而影响生产性能；产蛋期要及时修补被损坏或发生变形的"隔鸡栅"；混群至30周在限饲格顶部安装一根PVC管有助于进一步控制公鸡偷吃母鸡料，33~35周时可以撤掉该PVC管；给公鸡戴上"鼻签"，发现丢失了"鼻签"的公鸡要及时补上。观察公鸡吃料情况，公鸡吃料应很便利，产蛋期料槽高度为公鸡45~48cm，母鸡18~20cm；先开母鸡料线2~3min后，再喂公鸡料；公母鸡采用独立的喂料系统和程序。同时每周检测公鸡的体重和身体结构发育情况，是取得和维持最佳受精率和孵化率的捷径，最好的办法是在育成和产蛋期使用同样类型的喂料器（表7-10）。

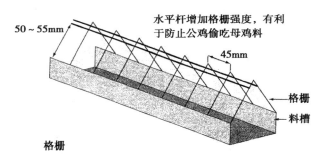

图7-2　母鸡隔鸡栅尺寸

表7-10　公母分开喂料，训练公鸡

| 性　别 | 喂料器类型 | | 方　法 |
| --- | --- | --- | --- |
| | 育成期 | 产蛋期 | |
| ♂ | 盘 | 盘 | 首先转移母鸡 |
| ♀ | 盘 | 链条 | |
| ♂ | 链条 | 盘 | 首先转移公鸡 |
| ♀ | 链条 | 链条 | |
| ♂ | 盘 | 盘 | 同时转移公母 |
| ♀ | 链条 | 链条 | |
| ♂ | 链条 | 盘 | 首先转移公鸡 |
| ♀ | 盘 | 链条 | |

（3）创造适宜的环境条件　①重视育雏温度对雏鸡生产性能的影响。试验表明，育雏温度过低对鸡群生产性能的影响结果见表7-11，应通过监测雏鸡的直肠温度，确保雏鸡在出雏、储存、运输及育雏等各环节都处于最舒适的环境条件下，使雏鸡直肠温度尽可能维持在最适宜的40~40.5℃。要做到这一点，雏鸡出生后其环境温度应保持在31~33℃，如雏鸡来源于年轻种鸡群，最好采用稍高一点的环境温度。②垫料质量。垫料中不能掺有树棍和树皮等杂质，以防脚垫问题。③棚架。保持完好，表面平整，不能有缺根少条或尖边锐角等现象，减少腿脚病。④光照。避免育成期光照强度过低影响早期受精率，低于5lx会导致鸡群均匀度低、发育迟缓和开产推迟。

表7-11　育雏温度对鸡群生产性能的影响

| 项　目 | 育雏温度30~32℃ | 育雏温度24~26℃ |
| --- | --- | --- |
| 雏鸡初生重（g） | 37.3±0.46 | 37.2±0.49 |
| 12日龄体重（g） | 248.3±2.32 | 240.8±2.64 |
| 料肉比 | 1.36:1 | 1.40:1 |
| 饲料摄入量（g） | 335.9±2.86 | 336.4±2.18 |
| 12d死淘率（%） | 0.54 | 2.25 |

**（九）后期受精率的维持**

后期受精率下降快的主要原因与公鸡体况及饲喂管理有关，饲喂管理及饲喂量不正确会造成公鸡太肥、体重不足和均匀度差，进而影响45周后的受精率。要维持较好的公鸡生产性能，应保持良好的公母分饲管理、维持良好的均匀度和体况、控制好体重与胸肌正常发育、有效的公母比例、饲喂系统的维护、均匀的饲料分配等。在鸡群40~45周时替换或加入26~28周的公鸡，可增进老公鸡交配行为的频率，提高鸡群的受精率1%~3%。

## 二、关注种母鸡的管理

受精率并不是单纯地受到公鸡的影响，也会受到母鸡方面的影响。公母鸡交配步骤为母鸡张开双翅蹲下；公鸡用嘴叼住母鸡颈后部羽毛、双脚站到母鸡的双翅上并找好平衡；母鸡向上扬起泄殖腔、公鸡向下弯下尾部，待双方泄殖腔接触的瞬间完成射精过程。饲喂量太高或太快会造成脂肪沉积太多，过快加料会造成卵巢功能异常及肥胖，肥胖的母鸡会影响受精率，死淘率较高、较多的腹部脂肪、输卵管更多脂肪浸润、影响精子贮存；饲喂量不足影响高峰产蛋率；稳定的营养有利于卵泡发育及避免胸肌过度发育。一般公母鸡在同一日龄进行光照刺激，使公母鸡同步性成熟，将发育较早的公鸡混群可能会造成公鸡较强的攻击性，导致较高的母鸡死淘率及较低的早期受精率。保持较好的蛋壳质量并消毒种蛋，减少种蛋污染率见表7-12，提高受精率。

表7-12　蛋壳质量和细菌穿透率

| 蛋壳质量 | 穿透蛋壳细菌的比率（%） | | |
| --- | --- | --- | --- |
| | 30min | 60min | 24h |
| 不好 | 34 | 41 | 54 |
| 一般 | 18 | 25 | 27 |
| 好 | 11 | 16 | 21 |

# 第十一节　预防应激的发生

## 一、加强饲养管理，调适、预防应激，确保鸡群健康

### （一）调适应激

种鸡的饲养管理中，有些应激是客观存在的，对于客观存在而无法避免的应激因子所产生的应激应着重加强应激的调适，减少应激产生的危害。在应激产生前后在饲料或饮水中添加多种维生素特别是维生素C、维生素A、复合维生素B来提高机体防御力；加强对鸡群的护理，改善饲养管理条件，以缓解应激的危害，必要时辅以药物治疗。如断喙对雏鸡来说是一个很强的应激，会影响饲料的利用，降低增重。为减轻断喙的应激，断喙应尽可能在幼龄时实施，断喙前，在饲料中加入适当的维生素$K_3$和维生素C；断喙后，多加些粉料有助于创口愈合；断喙后及时检查有无流血现象出现。

### （二）预防应激

对于可以避免的应激，应重在预防，尽量减少育雏、育成、产蛋期应激因子对机体的作用，在应激产生时，要尽快消除或降低应激因子的作用力，防止应激因子的出现，从饲养管理、饲养条件、提高营养浓度、卫生防疫等方面加以预防和改善，最大限度地降低应激的危害。如同一场区饲养不同日龄的种鸡，如果隔离消毒不严，幼龄的鸡群会从大龄鸡那儿感染疾病，同时其感染细菌、病毒性传染病及寄生虫病风险增大，因此，在同一场区内不要饲养同一日龄的种鸡，尽量采用全进全出，以减少不必要的损失。

## 二、控制高温热应激、低温冷应激和昼夜温差，确保鸡群正常的生长发育

**（一）控制高温热应激**

**（二）预防冷应激和昼夜温差**

（1）提前试烧供暖设备　确保煤炭质量，在冬季来临之前提前试烧供暖设备的供温情况，根据鸡舍的建筑结构和保温性能以及往年设备的运行情况，及时掌握供暖设备理论和实际供温的差异情况，做到心中有数。

（2）提前对鸡舍进行保温　根据温度的变化，进入10月后应逐渐对鸡舍的各个出入口进行保温处理，把不用的风机封死，对进风口水帘逐渐进行封闭，对门口采取保温措施如设置棉门帘；到11月底仅留下一个主风机通风或实行横向通风。

（3）降低昼夜温差　昼夜温差不应超过3~5℃；根据温度的变化，采用多点通风或间歇定时通风进行适度通风，减少温度的差异，确保温度的均一性。

（4）提高员工的积极性　特别是应加强对司炉工的培训，提高其工作积极性和热情。

（5）加强管理　在天气最恶劣的条件下如大风降温和下大雪的时间，管理人员要常到供暖设备现场查看，尤其是在设备运行出现故障时更应主动去生产现场。

## 三、其他方面

适时调整饲料配方，保证种鸡得到足够的营养，降低粉尘，重视疫病的预防。

# 第八章 笼养肉种鸡的特殊管理

## 第一节 育雏期

由于肉种鸡笼养可提高单位面积饲养量，节省饲料、公鸡培育费、冬季保温费、垫料等，特别是可提高产蛋后期的受精率，减少脏蛋率和种蛋在鸡舍受污染的机会，更易发现休产、寡产母鸡和精液质量差的公鸡，以利及时淘汰，并且降低鸡只球虫病和肠道细菌病的发病率。所以，有不少用户采用肉种鸡笼养的饲养方式。

### 一、适时正确开水开食

#### （一）育雏笼内铺设垫纸

肉种鸡笼养在进鸡前育雏笼内应铺上塑料网，减少脚垫的发生；前3d笼内应铺设垫纸见图8-1，料盘（桶）放在垫纸上，饲料同时撒在料盘（桶）和纸上，在纸上发出的声音可刺激雏鸡啄食；垫纸质量要有保证，以防饲料浪费。饮水器放在非垫纸区域，避免垫纸潮湿。

#### （二）雏鸡到场前半小时同时加水料

根据笼的大小将应放数按箱平均放在笼边再放入。

#### （三）挑选雏鸡

放鸡后教鸡赶鸡喝水吃料，逐笼观察小鸡饮水和啄食饲料的情况；饮水采食2h检查嗉囊，看鸡饮水采食情况，直至雏鸡全部饮水吃料为止；如果开水开食4h仍有未完全饮水吃料的鸡，必须检查光照、饮水器高度、采食饮水位置等。雏鸡开水开食6h应逐只挑选鸡只，把不吃不喝，只吃不喝，只喝不吃和其他有缺陷的鸡挑出单笼饲养。

#### （四）培养早期食欲

使用优质全价的颗粒破碎料（表8-1），少喂勤添，日饲6~8次，帮助鸡只形成良好的食欲，以使雏鸡得到足够的采食量。

图 8 - 1 肉种鸡笼养铺设垫纸

表 8 - 1 饲料类型对商品肉鸡生产性能的影响

| 组别 | 不同日龄的活重（g） | | |
|---|---|---|---|
| | 10d | 21d | 31d |
| 颗粒饲料 | 297 | 975 | 1 972 |
| 粉料 | 264 | 797 | 1 579 |

**（五）确保每笼的料量一致**

分笼饲喂，每笼鸡数一样，保证每笼鸡数准确，留一个活动笼；每笼每次同时加料且加料量一样。

**（六）提供足够的料位**

最初 3d 饲料同时加在垫纸和料盘（桶）中，每次加料时都要保证垫纸和料盘（桶）中都有料，使雏鸡能采食到足够的料量，料位不足会影响采食量，影响增重和均匀度；及时均匀分配料量，料量准确，加料一致，不能断档无料，湿垫纸及时更换，3d 后撤出垫纸。确保料盘（桶）的清洁卫生，料盘（桶）必须及时清洗、消毒、清洗、晾干。

**（七）配备足够的饮水器，并注意饮水器的高度和饮水质量**

饮水器每次加药水时，药物适量且基本等量。

## 二、饲喂管理

### （一）为种鸡每日拟定料量

1~2周以自由采食为主，自由采食与拟定料量相结合，确保每只鸡每天的料量相等；3~4周每周拟定一个料量，确保采食的均匀性；拟定料量不是为了限料，目的是从1日龄起使每只鸡每次给予同一料量，需要再加料时必须等量同时加入，以免从小体重拉大差距。重视早期累积蛋白对生产性能的影响（表8-2）。

表8-2　早期蛋白质摄入量对产蛋率的影响

| 项目 | 最好的公司 | 最好的25% | 最差的25% |
| --- | --- | --- | --- |
| 蛋白质 | 171.8 | 153.5 | 134.6 |
| 可孵蛋 | 165.9 | 161.6 | 131.5 |
| 死淘率（%） | 12.5 | 11.2 | 20.4 |

### （二）重视早期骨架的发育

以体重为基础，料可少不可断，饲料应新鲜。根据鸡群分布及舍内温度情况及时合理分笼扩群。

## 三、育雏操作注意事项

灭灯后应留守值班人员，查看温度，特别是鸡舍后边和底层笼的温度；开灯后所有人都应在鸡舍一起加水加料；密切关注笼门的关闭状态及挡鸡板的调整，避免出现挡鸡板下滑，影响雏鸡吃料；注意不要夹死鸡；及时观察鸡群，避免因笼门问题出现跑鸡而造成鸡数不准。

## 四、减少应激

就MD而言，MD肿瘤发生率强应激环境高达25%，而低应激环境却只有5%。

### （一）减少育雏应激，降低粉尘

育雏期的应激主要有温度过高或过低、密饲、垫纸潮湿、通风不良、霉菌毒素等，特别是霉菌扰乱营养物质的吸收，造成营养不良，生长缓慢；雏鸡卵黄吸收不良、早期死淘增加，还可引起免疫抑制，抵抗力下降，疾病感染率上升等，应坚决避免，特别是应加强饲料原料及垫料的管理。

## （二）健全生物安全体系，重视疫病的预防

笼养育雏期的主要疾病有大肠杆菌、球虫、法氏囊、ND、IB、CRD 等，关键是预防，不要等出现问题后再去弥补。同时，肉种鸡笼养过程中，因其生长速度快，相对的硬件设施如对鸡笼的要求就相对要高，需要有结实的鸡笼承受庞大的体重，并且需要给予充足的空间，建议使用专门的肉种鸡笼进行饲养。在笼养过程中，特别是 3~8 周期间，肉种鸡极易出现关节问题，如缺锰，典型的就是关节变形，呈 "X" 或 "O" 型腿，应密切注意营养物质的缺乏。

## （三）让鸡舒适

为鸡创造条件，不是让鸡自己去创造条件。

## 五、减少育雏差错

育雏时如出现差错，会影响到育成，进而造成产蛋不良的后果。育雏差错包括温度太低或太高及温差太大（图 8-2），前 5d 灯光不亮、密饲、饲料质量差、饮水空间不足、通风不良、断喙差，止血不良、育雏料用的时间短、爆发球虫或 IBD、霉菌毒素感染等，实际生产中应尽量避免，以免造成不应有的损失。

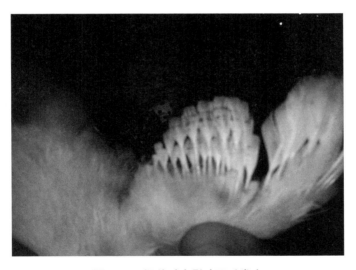

图 8-2　温差过大影响羽毛发育

## （一）逐渐更换饮水器

0~7d，使用辅助饮水器即小水壶与水线乳头同时开水，有利于种鸡及时

方便饮到水。8~14d 龄逐渐过渡水线乳头，通过 3~5d 全部使用水线乳头饮水，在更换饮水器的过程中，注意每天下午检查雏鸡嗉囊的柔软程度。

### （二）逐渐过渡料槽

从料盘（桶）过渡到料槽的过程也应当循序渐进，避免一部分鸡只不适应新的喂料器，而影响到正常的吃料。8d 龄开始逐渐放部分料至料槽，经 3~5d 的时间逐渐撤走开食盘（桶），由料盘（桶）过渡为料槽。

### （三）细心观察，认真检查，细致做好记录

在雏鸡吃料和饮水的过程中，要积极巡视鸡舍，认真观察鸡群，检查各点温度是否均衡、是否有贼风，注意雏鸡是否有异常叫声。雏鸡的行为和鸣叫声将表明鸡只舒适的程度。育雏期雏鸡过于喧闹，说明鸡只不舒服。

### （四）实行精细化管理

正确的饲养管理技术加上细心周到的照顾，才能培育出良好的鸡群。育雏期应特别注意鸡数准、防串笼、重视湿度防止脱水、断喙防感染、防鼠害、防疾病等。

# 第二节　育成期

## 一、选用优良的设备

### （一）选用标准的鸡笼

肉种鸡的体型、体重均大于蛋用型种鸡，对笼具的要求条件也较高。笼子要求构造齐全，完好无损不缺件，干净平整，挡板调整适度，前挡板能正常使用，无缺前挡板现象。

### （二）网片要求

平整干净无杂物，不能放置颠倒，网上不能有纸糊、鸡粪和铁线头等尖锐物，不能漏鸡，不能缺底网片。

### （三）挡粪板

挡粪板应干净能正常使用，不漏粪，不能缺，损坏的及时更换。

### （四）管理好笼门挡板

挡板高度应适宜，笼门挡板不能放下太早，否则会导致小鸡够不到饲料，嗉囊羽毛磨损严重，均匀度下降快，鸡群发育不良。表 8-3 为 80cm×40cm×42cm 鸡笼不同周龄笼门挡板的管理程序。

表8－3　建议不同年龄的鸡笼饲养密度与笼门挡板管理

| 母　鸡 | | | 公　鸡 | | |
|---|---|---|---|---|---|
| 年龄 | 每笼母鸡数 | 母鸡笼门挡板放下时间 | 年龄 | 每笼公鸡数 | 公鸡笼门挡板放下时间 |
| 1～3d | 30 | | 1～3d | 30 | |
| 4～7d | 15 | | 4～6d | 15 | |
| 8～14d | 12 | 8周末放下，9周第一天首次使用。首次使用时必须检查母鸡是否吃料正常 | 7～10d | 12 | 5周末放下，6周第一天首次使用。首次使用时必须检查公鸡是否吃料正常 |
| 3～4周 | 10 | | 11～14d | 10 | |
| 5周 | 9 | | 3周 | 8 | |
| 6周 | 8 | | 4～5周 | 7 | |
| 7周 | 7 | | 6～7周 | 6 | |
| 8～12周 | 6 | | 8～9周 | 5 | |
| 13～20周 | 5 | | 10～20周 | 4 | |

## 二、正确控制体重

通过限制饲料的摄入量来达到体重控制的目的，使肉种鸡在生长发育、繁殖的各个阶段的体重符合标准。早期体重控制应按手册体重标准要求，它基本满足了以后的繁殖需求。追求早期快速生长的选择可能会延迟性成熟或对其繁殖性能产生负面影响。如AA⁺育成鸡的体重在7～26周的20周时间里，共增加体重2 500g，7～15周日增重14g，16～21周日增重18g，22～26周日增重23g。

### （一）定期抽样称重

笼养鸡称重可做好记号固定称重，在每周末限饲日的下午抽取5%～10%的鸡进行称重。当发现体重不合适需要调整时，把体重大的鸡放在下层笼，体重小的放在上层笼，单独分开给料，以控制或加快体重的增长幅度。当鸡群有死淘时，应及时用同笼远端的鸡补上空出的笼位，这样便于给料和管理。在实际生产中，只见到周末体重曲线，而很少见到周增重曲线，手册中有一句非常重要的话就是必须保证每周平稳增重。

### （二）体型发育评分

从16周起，每周评估母鸡的体型形态（图8－3），检查胸肌的发育情况并进行综合评分，一般光照刺激前至少有90%以上的鸡只满足以下4个特征，胸肉评分为3～4分、耻骨开张2～3指和必要的腹脂沉积、体重达标且胸肉发育良好、肉垂和鸡冠有一定程度的发育。一般154～160d加光。

### （三）以体重为根据

参考标准料量，先确定群体料量，再确定特小→小鸡→特大→大鸡→中鸡

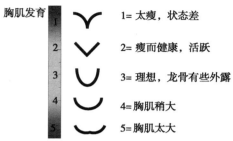

图 8 - 3　胸肌发育指标

料量，并做好记录（表 8 - 4）。

表 8 - 4　根据 4 周末体重计算下周料量

| 项目 | 4 周末平均<br>体重（g） | 上周平均<br>料量（g） | 拟定调整<br>周数 | 与平均体重<br>差异（g） | 下周料量<br>（g） |
|---|---|---|---|---|---|
| 群体 | 440 | 34.6 | — | — | 38.6 |
| 特小 | 360 | 37.6 | 3 | − 80 | 42.78 * |
| 小鸡 | 400 | 36.6 | 2 | − 40 | 41.52 |
| 大鸡 | 480 | 32.6 | 2 | + 40 | 35.68 |
| 特大 | 520 | 31.6 | 3 | + 80 | 34.42 |

　* 80÷3÷（95÷4）×1.2 + 37.6 + 4 = 42.78（注：95 是 5 周龄标准周增重，1.2 是特小鸡饲料转化率低而增加的系数）。中鸡料量 =（总鸡数×38.6 − 特小鸡数×42.78 − 小鸡数×41.52 − 大鸡数×35.68 − 特大鸡×34.42）÷中鸡数。同时可在使用 3～4d 后称重检查所用料量的合理性

### （四）根据实际用料计算能量和蛋白含量

计算和统计累积能量和蛋白，如周累积蛋白 = 周平均料量（g）×所用饲料的粗蛋白含量÷100×7。能量也照此计算。

## 三、合理控制均匀度

### （一）保证足够有效的料位，饲料分布应均匀

称料时越细越好；匀料越早越好，当鸡已吃过一段时间后，由于吃料速度的不同，匀料反而会造成饲料分配不均。如采用两侧挂料槽饲喂，喂料时一定要同时布料，保证布料速度一致。

### （二）减少撒料

经常检查料槽是否漏料；加料的厚度一般不超过料槽高度的 1/3。

### （三）淘汰病死鸡，及时补笼

病鸡及时从健康鸡群中隔离，舍内不能有死鸡，及时淘汰病弱残次鸡，并准确及时地记录统计，死淘鸡应及时补上。

### （四）合理分群

通常小鸡放上层，大鸡放下层，有助于性成熟的一致。笼养上下层光照不均突出，调群时不要将下层的鸡调到上层饲养。

## 四、重视喂料管理

笼养肉种鸡喂料时一定要做到快、准、匀。在每次喂料前，先计算好单层笼两架鸡所需的料量，用簸箕反复装料进行练习，喂料时应进行两次匀料，鸡群喂完时最好留余料，再根据情况重点进行补料，这样才能保证每只鸡面前的料量均等合理，否则将严重影响鸡群均匀度或产蛋率。因此，管理者应充分调动工人的积极性，培养一批责任心强且技术熟练的工人队伍，以保证生产性能的正常发挥。

### （一）重视上料细节

上料时，料车中不能有剩料，不能把料洒到地面；同一台机器二人速度协调一致；地面清扫干净，不能有脏物；工作间收拾干净，物品摆放有序；每个料槽上料要均匀；每天更换上料的方向，同时称准料量。

### （二）理想的饲喂

准确称取每栋鸡舍每天的总料量，将饲料均匀分配到鸡笼的每条料槽。关键是通过适当的培训使饲料分配均匀，高质量的磅秤及校对很重要，质量好的磅秤，技术好的工人意味着鸡群均匀度和生产性能比自动喂料器更好。

### （三）饲喂调整

每天任何时候饲料量是变化的，采用自动饲喂时调整马达转速和出料口大小很重要，即便是在非常好的遮黑情况下，笼内的鸡只仍能知道哪里有饲料，它们只要根据声音伸出脖子就能找到饲料；靠近出料口地方的鸡只会越来越重，远离出料口的鸡只越来越轻。关注影响自动喂料的因素如饲料类型（颗粒料、粉料）、细粉含量、电压变化、马达转速等。饲料类型如颗粒料或颗粒破碎料要好于粉料，饲料原料分离严重时会造成有些鸡只挑食玉米，有些鸡只采食其他的原料。细粉含量如细粉比颗粒更易传送但饲料量不均匀。电压变化如电力供应不稳定（350～400V/380V），电压高马达转速快，出料量多，解决办法之一是每天交替从鸡舍前端及后端开始喂料。

## 五、关注饮水控制

### （一）使用水线

水线的高度应据雏鸡体高来调整特别是前3d，对于1d的雏鸡，乳头下沿高度应和鸡的眼部持平，以后乳头不断提高并从5d开始稍微翘脚的情况下够到乳头。应注意不同周龄种鸡产的雏鸡体高不同（表8-5）。从表中看出29周前的鸡雏要比60周的矮3.5cm，同一批鸡苗中高矮也有差异，所以设置水线高度时要特别注意，照顾到最矮小的那一部分。建议水线高度为乳头触杆下端距笼底的距离为8~10.5cm，这样既保证所有雏鸡在仰头的情况下就能喝到水，也避免了鸡背碰到触杆和乳头，特别是夏季易造成冷应激。

表8-5　不同周龄种鸡所产的雏鸡体高

| 周　龄 | <29 | 29~35 | 36~45 | 46~55 | 56~65 |
|---|---|---|---|---|---|
| 平均值（cm） | 8.1 | 9.2 | 9.6 | 10 | 10.5 |
| 范围（cm） | | 8.5~10 | 9~10 | 9~11 | 10~11 |

（1）水压　水压应按设备生产厂家的建议每周进行调节。在鸡龄较小时保持水压较低，这样可以使水比较容易的流到乳头，并且鸡在非常轻的触到乳头时就能出水。随着鸡的生长，应不断增加水压以使出水量不断增加。

（2）乳头饮水系统　所有通过水线的药品必须完全溶解于水经过滤后加入，不得有沉淀或结晶。切不可将不溶于水或未完全溶于水的药品加入水线，以免堵塞乳头。定期冲刷水线，检查乳头，防止缺水漏水。空舍后，需先用低皂水（比例为1%~1.5%）冲刷水线，再用0.2%的醋酸溶液浸泡水线，最后用清水冲刷干净。

### （二）使用水槽

洗涮水槽时不要将水溅到地面；加水时水槽中的水不要过满，以免洒到地面；加水前必须先洗手消毒；上水时有专人负责抓地面的鸡，不能有漏添水槽。水槽从前端到后端有一倾斜角度非常重要，由于水槽污染问题非常大（表8-6和表8-7），所以必须每天进行清洁，涮完后原处放回摆平。

表8-6　饮水暴露在肉鸡舍空气中后细菌数的增加情况

| 项　目 | 清理后 | 1日龄 | 5日龄 |
|---|---|---|---|
| 总细菌数 | 0 | 0 | 40 000 |
| 沙门氏菌 | 0 | 0 | 15 000 |
| 大肠杆菌 | 0 | 0 | 10 000 |

表 8 – 7　不同季节饮水中的细菌数 *

| 季节 | 无处理（万个） | 加适量消毒药（g） |
| --- | --- | --- |
| 夏季 | 23 300 | 1 500 |
| 春秋 | 35 | 300 |
| 冬季 | 5.4 | 0 |

* 是鸡舍内饮水经 24h 后测得的菌数

## 六、预防腿病

在日常管理中，精细操作，减少外伤、合理限水、加强消毒，减少葡萄球菌或大肠杆菌感染引起的腿病问题。底笼添加塑料底网可减少腿病的发生。

## 七、适时转群

建议笼养鸡转入产蛋笼以 8 ~ 12 周为宜，避开 12 周后生殖系统发育期。两阶段饲养育雏笼转产蛋笼不超过 12 周。地面平养转产蛋笼一般不超过 15 周。三阶段饲养育成笼转产蛋笼在 12 周左右或首次光刺。

## 八、清粪与消毒

每日清理，清理后地面保持干净。控制氨气在舍内的含量，理想的情况下，舍内氨气浓度应控制在 25μl/L 以下，即使在冬季，氨气的浓度也应低于 35μl/L。建议每周定期做 3 ~ 4 次带鸡喷雾消毒，每天下午 16 点左右是喷雾消毒的最佳时间；也可放在输精前或输精后 1h 进行。人工喷雾消毒还可使用高压冲洗机，压力大，效果好；消毒应面面俱到，不留死角，次氯酸（100 ~ 200μl/L）是最便宜有效的药物，每平方米喷洒 50 ~ 100ml。

## 九、供给全价的营养

笼养鸡的饲喂量比平养鸡减少 5% ~ 8%，比平养鸡群的饲料需要较多的蛋白质、维生素和矿物质。目前饲养手册推荐的营养标准均根据平养肉种鸡的生理需要，还没有统一的笼养标准。笼养鸡活动少，能量需要也相对减少，每日采食量比平养标准要少 3 ~ 5g，维生素和矿物质需要增加。因此，设计配方时能量可采用下限标准，粗蛋白可采用上限标准，维生素和微量元素均为平养标准的 1.5 倍。

## 十、种公鸡的特殊管理

按饲养标准供给全价饲料，公母分开饲养。正确选种，4 ~ 6 周第一次选种；22周第二次选种，选择符合标准体重，外貌漂亮雄伟，按摩采精有条件反射（肛门外翻）的公鸡。每周检查体重，开产前公鸡的体重要超出母鸡体重的26%~31%；提前在每日下午进行按摩采精，训练时动作不可粗暴；最后按1:30的公母比例选择反应较强的公鸡留做种用。

## 十一、认真观察鸡群

当雏鸡刚转入育成笼时，由于刚换新环境，鸡群会出现短时不安；确保地面不能有鸡，对于跑出笼的鸡要及时抓进笼；要仔细检查有无挂伤的鸡只和所有鸡是否能及时饮上水。值班期间任何人不能擅自离开鸡舍，熄灯时地面不能有鸡；熄灯前洗好料槽、水槽待开灯时备用。

# 第三节 产蛋期

## 一、正确控制体重增长

每周定期称重，产蛋率上升到60%后，体重缓慢增长，如$AA^+$28~65周的38周时间里，体重增加660g，平均每周15g左右。所以，产蛋高峰期后的体重基本处于维持状态，但要注意不能失重。因为鸡的体重是处于动态的，既然不能失重，只能缓慢增重，才能保证不失重。按产蛋率的上升幅度适时加料，高峰后及时减料，正常鸡群产蛋率每下降2.5%相应减料1g，稍逊一些的鸡群产蛋率每下降2%相应减料1g。采用温和减料法，达到最大总产蛋值52.3g后才开始减料，第一次周减料不要超过1g，以后周减0.5~1g；如产蛋正常下降时，则下周以同样方式减料；若减料后体重下降，则必须停止减料；若体重仍大幅增加，则下周必须再多减一点。

## 二、确保设备优良

### （一）一般产蛋笼

母鸡1笼2只，公鸡1笼1只每只母公鸡占笼面积不少于870m²和1 250m²。面积过小时，公鸡腿部活动受限，由于疲劳易引起八字腿。

### （二）底网的弹性与角度影响种蛋破损率

底网钢丝直径2.5mm为宜，滚蛋角度为9°~9.2°。

### （三）拣蛋次数

种蛋破损率应低于1%，如超过除应检查笼具和营养外，还可增加拣蛋次数，如每天拣蛋 7~8 次可明显降低破损率。

**（四）加强鸡笼的日常维护**

如有损坏及时修复。

## 三、重视日常管理

### （一）管理细节

死淘鸡应及时补上。称料时越细越好，匀料越早越好，当鸡已吃过一段时间后，由于吃料速度的不同，匀料反而会造成饲料分配不均。减少撒料，经常检查料槽是否漏料。注意日常观察如 MG 会出现太阳蛋、小头粗糙等。

### （二）定期对母鸡进行整群

目的是淘汰停产、寡产鸡，降低饲养密度，减少饲料浪费，节约成本。一般采用目测法，停产、寡产鸡被毛整齐，易躲在料槽、蛋箱下，脸部臃肿，耻骨间距小于两指，肛门小而圆，色素沉积较多的，见表 8-8、表 8-9、表 8-10、表 8-11。

表 8-8　产蛋鸡与停产鸡的区别

| 项　目 | 产蛋鸡 | 停产鸡 |
|---|---|---|
|  | 大而鲜红、丰满、温暖 | 小而皱缩、呈淡红色或暗红色、干燥、无温暖感觉 |
| 肛门 | 大而丰满、湿度、椭圆形 | 小而皱缩、干燥、圆形 |
| 触摸品质 | 皮肤柔软细致、耻骨末端薄而有弹性 | 皮肤和耻骨末端硬、无弹性 |
| 腹部容积 | 大 | 很小 |
| 换羽 | 未换羽 | 已换或正在换羽 |
| 色素变换 | 肛门、眼脸、喙、胫等已褪色 | 肛门、眼脸、喙、胫等黄色 |

表 8-9　高产鸡和低产鸡的区别

| 项　目 | 高产鸡 | 低产鸡 |
|---|---|---|
| 头部 | 清秀、头顶宽呈方形、冠肉垂大、发育充分细致、喙短宽而弯曲 | 粗大或狭小、头顶窄呈长方形、冠肉垂小、发育不充分粗糙、喙长窄直、呈乌鸭嘴状 |
| 胸 | 宽深向前突出、胸骨长而直 | 窄浅胸骨短或弯曲 |
| 体驱 | 背部长宽深、腹部柔软、容积大、胸骨末端与耻骨间距 4 指以上 | 背部短窄腹部硬、容积小、胸骨末端与耻骨间距离 3 指或 3 指以下 |
| 耻骨 | 软而薄、相距 3 指以上 | 弯曲而厚硬、相距 3 指以下 |
| 换羽 | 换羽迟、迅速 | 换羽早、缓慢 |
|  | 色素依次序、褪色彻底、褪色部位白色 | 褪色次序混乱、褪色不彻底、有黄色素 |

表 8 – 10　色素与累积蛋数的关系　　　　　　　　单位：枚

| | | | | | |
|---|---|---|---|---|---|
| 肛门 | | 1 | 喙全部 | 35 | |
| 眼圈 | | 1 ~ 2 | 足底 | 66 | |
| 耳叶 | | 9 ~ 10 | 蹠前 | 95 | |
| 喙由内向外（色素由黄变白） | 1/3 | 11 | 蹠后 | 159 | |
| | 2/3 | 18 | 趾背 | 175 | |
| | 4/5 | 29 | 关节 | 180 | |

表 8 – 11　产蛋后皮肤色素褪色次序所需时间和大约产蛋个数

| 顺　序 | 褪色部位 | 褪色所需时间（周） | 大约产蛋数（枚） |
|---|---|---|---|
| 1 | 肛门 | 1 ~ 2 | |
| 2 | 眼脸 | 2 ~ 4 | 10 |
| 3 | 耳叶 | | |
| 4 | 喙：基部 | 6 ~ 8 | 15 |
| 5 | 中部 | | 25 |
| 6 | 端部 | | 30 |
| 7 | 脚底 | 8 ~ 10 | 75 |
| 8 | 胫前侧 | 20 ~ 24 | 95 |
| 9 | 胫后侧 | | 160 |
| 10 | 趾尖 | | 170 |
| 11 | 踝关节 | 24 周以上 | 180 以上 |

## 四、产蛋期公鸡的管理

　　饲喂是主要的管理，笼养种公鸡的料量为 115 ~ 120g 而平养为 130 ~ 150g，公母比例平养为 10% 左右而笼养仅为 3% ~ 5%。每周定期称重，淘汰不合格公鸡，产蛋期公鸡的评判见彩插 13（选自安伟捷集团网站），不是体重越大越好，凡体重失重在 100g 以上的公鸡应暂停采精或延长间隔 5 ~ 7d 一次。25 ~ 30 周要密切监测公鸡的体况，此时公鸡的基础料量不能太低，如公鸡体况不好（料量低），会掉毛，体重反而会大，受精率就低。光照时间一般 13 ~ 17h 公鸡可产生优质精液，少于 9h 精液品质明显下降。公鸡在温度为 20 ~ 25℃ 能产生比较理想精液品质，温度高于 30℃ 以上，导致暂时抑制精子产生，温度低于 5℃，公鸡性活动降低，精液量明显减少。

## 五、科学进行人工授精

产蛋期笼养肉种鸡的主要工作之一就是人工授精，人工授精可以减少公鸡饲养只数，扩大公母配种比例。通过人工授精提高种蛋受精率，使全程受精率达92%～95%，雏鸡成本下降10%左右，种蛋饲料消降低10%左右。因此应严格执行人工授精操作规程（表8－12），避免采集刚开始的透明水样液体，它会稀释精液减少精子数量。肉类家禽的精子浓度为57亿个（30亿～80亿个）/ml，平均精液量为0.35ml（0.1～0.9ml）/每次采精。质量好、精子浓度高的精液为珍珠白；而精子浓度低的精液为灰白色或水样。精液量和平均授精周期受下列因素影响如遗传、生理状态、心里状态、品种、季节等（表8－13）。人工授精常用的器具有集精杯、离心管或试管、0.03ml吸管、保温瓶、医用脱脂棉、消毒盒、注射器、生理盐水、温度计、试管刷、高压锅、电炉等。

**表8－12 建议人工授精操作程序**

| 项 目 | 时 间 | 规 程 |
|---|---|---|
| 上午 | 8:00 | 输精员把泡好的输精器械反复清水冲洗干净，挑出破损的输精器，然后交往消毒室 |
| | 8:30 | 统计对输精器具进行高压消毒 |
| 中午 | 13:00 | 停公鸡水，仅停下午使用的公鸡组；领取消毒好的输精器械，检查是否已完全烤干 |
| | 15:00 | 做输精前准备工作，套皮套，用药绵或纱布裹好试管 |
| | 15:30 | 洗手消毒，开始输精 |
| | 17:40 | 输精结束后，输精员把输精器具浸泡在0.1%的洗衣粉水中 |
| 晚上 | 20:30 | 对下午输精后又产蛋的鸡进行补输 |

**表8－13 一次人工授精后平均受精周期**

| 品 种 | 家 禽 | 鹅 | 鸭 | 火 鸡 | 珍 珠 |
|---|---|---|---|---|---|
| 平均受精周期（d） | 12 | 6 | 7 | 22 | 7 |

### （一）采精前的准备

进行白痢检测，阳性一律淘汰。肉种鸡23周开始剪公鸡羽毛，准备好剪刀、紫药水、袋子、凳子等。方法是捆住鸡的双腿，头朝下，泄殖腔朝上，夹于双腿之间，剪掉鸡泄殖腔周围6cm范围内的所有羽毛，先粗剪再细剪。隔离训练，公鸡在使用前 3～4 周内转入单笼饲养，便于熟悉环境和管理人员，开始训练公鸡时，动作迅速轻柔，隔 1d 训鸡 1 次，连续训 1 周后，对采不出精的公鸡挑出来单独处理。采精每天一次或隔天一次，一旦训练成功则坚持隔天采精。

**（二）采精方法**

准备采精管 3 个、集精管 1 个、药棉。采用按摩采精法，两人一组，一人保定公鸡，一人按摩与收集精液。

（1）保定公鸡　保定员用双手各握住公鸡一只腿自然分开，两拇指各扣其两翅，使公鸡头部向后，类似自然交配姿势。

（2）按摩与收集精液　右手的中指与无名指夹着集精杯，杯口向外，左手掌向下，贴于公鸡背部，从翼跟轻推到尾羽区，按摩数次，引起公鸡性反射后，左手迅速将尾羽拔向背部，并使拇指与食指分开跨捏于泄殖腔上缘两侧，与此同时，右手呈弧口状紧贴于泄殖腔下缘腹部两侧，轻轻抖动触摩，当公鸡露出交配器时，左手拇指与食指作适当压挤，精液流出，右手便可将集精杯承接精液，然后用吸管吸于 10ml 试管中，置于保温瓶保存。采精当天公鸡须于采精前 3～4h 绝食，以防排粪尿。人工授精用具应完好无损并清洁消毒烘干。采用隔日采精制度，如连采 3～4 次后，精液中几乎无精子（表 8-14），应注意公鸡的营养状况及体重变化。定期矫正温度计及存放精液的保温瓶，水温为 28～35℃并于 30min 用完（表 8-15）。采精过程中不粗暴对公鸡，人员固定，环境安静，不污染精液（包括粪便、尿酸盐、吸烟、喝酒）。按摩时间不宜过久，捏挤动作不要太用力，否则会引起公鸡排粪，尿液透明液增多或损伤黏膜出血从而污染精液。

表 8-14　采精频率和精液质量

| 频率（d） | 精液量/射精（ml） | 精子数/1ml 精液（十亿） | 精子数/射精（十亿） |
|---|---|---|---|
| 1/4 | 0.80 | 0.53 | 0.49 |
| 1/2 | 0.70 | 0.80 | 0.55 |
| 1 | 0.75 | 2.36 | 1.74 |
| 2 | 0.87 | 3.85 | 3.33 |
| 3 | 1.20 | 3.85 | 4.65 |
| 4 | 0.98 | 4.54 | 5.30 |

表 8 - 15　时间长短对精子生存能力影响

| 时间（min） | 1 | 2 | 3 | 4 | 5 |
|---|---|---|---|---|---|
| 10 | + + | + + | + + | + + | + + |
| 20 | + + | + + | + + | + + | + + |
| 30 | + | + + | + + | + + | + |
| 40 | − | + | + | + | − |
| 50 | − | − | − | − | − |

**（三）输精**

（1）输精前准备　健康无病且没有惊群。舍内通风良好无浮尘，每天带鸡消毒，夏季搞好灭蚊蝇工作。准备消毒医用脱脂棉并剪成条状便于使用。输精管圆滑无棱角干净并消毒。把寡产鸡挑出，产蛋鸡集中，以节约人力和时间。输精前 2～3h 禁食禁水。

（2）翻肛与输精　右手打开笼门，伸进鸡笼，抓住鸡的双腿，正拉至笼门边缘。左手食指位置在泄殖腔上侧1cm，大拇指位置在泄殖腔下侧3cm，拇指稍用力轻压腹部，使泄殖腔的输卵管稍外翻成伞状，翻肛时用力要轻柔，忌用力过猛。吸精时，大拇指先把按钮压到第一挡，枪头稍放入精液液面下，松开大拇指吸取精液；输精时右手持枪，四指紧握枪体，大拇指压按钮，装枪头稍为上紧；使枪头与生殖道平行，进入到规定的深度后，大拇指稍用力迅速压下按钮，压到底止住不放，输精枪取出生殖腔外，再松开拇指，再压退枪头按钮更换枪头。吸取精液时不能有气泡，没有输进去的鸡要重输。当输精人员输完精拔出枪的一刹那先松开左手大拇指，观察输卵管口有无精液外漏，有外漏或有气泡的重输，无外漏无气泡的右手将鸡送进笼内。必须每输一只母鸡用消毒棉花擦拭输精管一次，输完后关好笼门。

（3）输精部位与深度　采用浅阴道输精 2～3cm 为宜，蛋种鸡 1.5～2cm；肉种鸡 2～3cm，符合自然状况速度，受精率高。长期实行深度输精，由于生殖道的生物学机能受到破坏，使受精率下降甚至产蛋中断。

（4）输精量与输精次数　采用原精液，输精量与次数取决于原精液的品质和母鸡的周龄、健康状况和蛋壳品质，精液稀薄或活力差、母鸡周龄大、蛋壳不好要输入精液量适当大些，间隔时间要少些，输精量不是越多越好，因为储精腺对精子容量是有限的，多了有害无益，建议每次输入 0.03ml 原精液（表 8 - 16），每4d 一轮回，首次输精做两个轮回后检测种蛋。

表 8 - 16　输精量对 3 周内受精率的影响

| 精液量 | 第一周 | 第二周 | 第三周 |
| --- | --- | --- | --- |
| 0.0002 | 3 | 1 | 0 |
| 0.0006 | 25 | 3 | 0 |
| 0.001 | 37 | 9 | 0 |
| 0.002 | 41 | 10 | 1 |
| 0.003 | 53 | 24 | 1 |
| 0.004 | 74 | 21 | 2 |
| 0.005 | 75 | 1 | 2 |
| 0.006 | 80 | 37 | 4 |
| 0.007 | 86 | 48 | 5 |
| 0.01 | 93 | 46 | 5 |
| 0.02 | 92 | 61 | 5 |
| 0.03 | 94 | 49 | 4 |
| 0.05 | 95 | 68 | 14 |

（5）输精时间　母鸡子宫有蛋时输精受精率很低，易造成腹膜炎，产前 4h 内和产后 1h 内输精受精率最低，绝大多数母鸡产蛋 3h 后或产蛋 4h 前，受精率最高，根据光照制度而定，输精时间为每天下午 14：30～19：00，每输 1 只鸡更换 1 个枪头并检查枪头是否有精液残留。

**（四）精液品质检查**

（1）外观检查　正常精液为乳白色不透明液体，混入血液为粉红色，被粪便污染为黄褐色，尿酸盐混入时则呈粉白色棉絮状，过量的透明液混入则有水泽状，凡受污染的精液品质急剧下降，受精率不会高。

（2）活力检查　采精后 20～30min 内进行，取精液及生理盐水各一滴，置于载玻片一端混匀，放上盖玻片。精液不易过多，以布满两片空隙不溢出为宜。在 37℃用 200～400 倍显微镜检查；直线前进运动，有受精能力，占其比例多少评为 0.1～0.9 级。圆周运动、摆动两种方式均无受精能力。活力高、密度大的精液呈旋涡翻滚状态。

（3）密度检查　采用红细胞计数板计数法或估测法，密度大显微镜下整个视野布满精子，几乎无空隙约 40 亿以上/ml；中等密度，精子距离明显约 20 亿～40 亿/ml；密度稀，精子间有很大空隙约 20 亿以下/ml。

（4）畸形检查　取精液一滴于玻片上抹片，自然干燥后用 95% 酒精固定 1～2min 冲洗，再用 0.5% 甲紫或红蓝墨水染 3min 冲洗，干后镜检，300～500

精子中有多少个畸形精子。

**（五）输精器械的管理**

每天人工授精前，由组长从器械消毒房领取经消毒的输精器械（输精枪、枪头、采精管、药棉等）并由消毒员按栋登记发放。输精器械放到鸡舍操作间的输精器械存放处。输精枪头和采精管随用随拿，枪头每只鸡换一个，采精管每采一次精用两个管。输精前，检查输精枪的灵敏度及刻度是否符合规定的剂量。用过的枪头装入枪头盒并盖好，用过的采精管放入小塑料桶并盖好。人工授精完后，输精器械送回消毒室，并由消毒员清点登记。消毒室要整洁干净，每天下午消毒结束后，桌面用消毒药擦一遍，地面要用消毒水拖一遍。消毒过的输精器械密封保管，以防污染。发现枪头有水或洗不干净时挑出来，严禁使用。使用时轻拿轻放，减少输精器械的损耗率。输精枪有问题时不得私自拆开，应送办公室待修。装枪头时不要用力过猛。

**（六）输精器械的清洗消毒程序**

（1）采精管的清洗消毒程序　用完后清水浸泡冲洗、洗洁精浸泡、刷洗，清水冲洗干净，微波炉烧烤 5min，消毒柜消毒 50min 备用。

（2）输精枪头的清洗消毒程序　用完后清水浸泡冲洗、洗洁精浸泡、刷洗，清水冲洗干净软水煮沸 15min，干燥箱 80℃烘干，装入枪盒，消毒柜消毒 50min 备用。

（3）枪头盒的清洗消毒程序　用完后清水冲洗干净，软水煮沸 15min，干燥箱 80℃烘干，装入枪头，消毒柜消毒 50min 备用。

（4）微量移样器（输精枪）　用湿布擦干净，消毒柜消毒 50min，低温备用。

# 第九章　孵化管理

## 一、孵化场应符合生物安全原则

### （一）合理设计孵化场

孵化场的设计应考虑其工作效率高、未来扩大的可能性，又要易于卫生清理工作；孵化厅厂房应设计有足够的空间，各个区域内都要有良好的通风，光线充足且适于清洗和消毒；配备高质量的温度计、恒温器和湿度计并保证处于正常状态；配备发电机以备急需。

### （二）重视生物安全

清洁区与污染区应严格分开，只能朝一个方向走，不能逆向；孵化厅所有通向外界的门都应关闭上锁，防止无关人员进入。所有工作人员进入孵化厅之前，必须淋浴洗澡并更换干净的靴帽和工作服。

### （三）应有良好的通风

空气不足，二氧化碳水平增高会导致孵化率下降、雏鸡质量差并降低生长率。排气口应远离新鲜空气的入口以免污染厅内空气。进入孵化厅的空气应干净并经过过滤，不能有贼风；空气调节设备不应使朝任何一个方向的空气流动超过15m，若空气流动超过15m，将导致室内环境条件达不到均衡。需要热风时，将每一区域的热风机均设定为静压，将热风机的吹风机全负荷运转，调节每一个热风机的进气口以维持室内良好的静压值，整个过程完成后，将热风机罩恢复原位；需要冷风时，将每一区域的蒸发冷却器均设定为静压，将吹风机全负荷运转，调节排风扇以维持室内良好的静压值。孵化器和出雏器运转期间，切忌将门长时间敞开，开着门运转机器仅对温度监控设备有利，但对胚胎的发育极其不利。

### （四）保持水质优良

水的质量十分重要，为确保获得良好的水质，应达到以下条件，无杂质（使用10μm的过滤器十分有效）和细菌，不含铁、锰、氧硫化物；可溶解的总固化物应低于10μg/L；pH值为6~8；水质硬度低于2μg/L；可溶解的有机物低于 2μg/L；为孵化厅提供大量新鲜、洁净的水，并安装足够的排污系统排除废物。

### （五）确保孵化厅内卫生良好

新鲜空气是孵化厅内最好的清洁剂，要制定并严格遵守卫生消毒程序，减少孵化厅内病原微生物的含量。

## 二、蛋库

### （一）蛋库保温应良好，湿度适宜，并保持合理的通风

储蛋间种蛋上方的空气流动应尽量保持为零，储蛋间的风扇只能使用搅动风扇，搅动风扇将气流吹向屋顶。

### （二）及时将种蛋入库

发育中的胚胎在温度低于 26℃ 时，细胞分裂速度明显减慢，21℃ 时细胞分裂完全停止（胚胎细胞开始停止分裂的温度为生理零度）。如产蛋后细胞分裂持续时间超过 5h，种蛋的孵化率就会由于早期胚胎死亡率的增加而降低。

### （三）检查蛋壳表面的细菌和其他有机物

从每个蛋箱中随机抽取六枚种蛋，将种蛋大端在标准的营养琼脂盘上转动，盖好盖，将培养皿放入运转中的孵化器内，培养 24h 并检查细菌数；培养 48h 并检查霉菌数。

### （四）做好详细记录

种蛋应标明群次和产蛋日期并记录入孵时的蛋龄；不同蛋龄分开存放，存放时间不应超过 7d（表 9 - 1），并应满足种蛋和雏鸡的需要（表 9 - 2）。事实证明，种蛋储存期超过 7d 后，每增加 1d 的存放，孵化时间相应增加 30min，孵化率降低 0.5% ~ 1%，同时会增加雏鸡淘汰的数量。应为刚开产种鸡前几周的种蛋增加 6h 的孵化时间。为减少烂蛋，45 周后建议将 42 枚的蛋盘换成 36 枚的蛋盘；对于巷道机种蛋入孵计划建议比例为年轻鸡群所产种蛋：主力鸡群所产种蛋：老龄鸡群所产种蛋 = 20：60：20。

表 9 - 1 种蛋的存储温度

| 储存天数 | 1 ~ 3 | 4 ~ 7 | > 7 | > 13 |
|---|---|---|---|---|
| 温度（℃） | 20 ~ 23 | 15 ~ 18 | 12 ~ 15 | 12 |
| 相对湿度（%） | 75 ~ 80 | 75 ~ 80 | 75 ~ 80 | 75 ~ 80 |

表 9 - 2  种蛋和雏鸡的需要

| 孵化期间蛋表温度 | $100 \sim 101℉$ |
|---|---|
| 孵化期间的适宜失水 | 在 18d 失水率达到 10.5 ~ 12.5，拣雏时雏蛋比达到66% ~67% |
| 鸡出壳时间紧凑 | 拣鸡前 30h < 1% 的鸡出壳 |
| 拣雏时间正确 | 蛋壳上胎粪很少 |
| 翻蛋 | 1 ~ 15d 要翻蛋，角度在 38°~ 45° |
| 雏鸡适宜的肛门温度 | $103 \sim 105℉$ |

## 三、孵化室

目前，国内使用的孵化机大致有箱体式（图 9 - 1）、巷道式（图 9 - 2）和大箱体式 3 种。

图 9 - 1  箱体式孵化机

图 9 - 2  巷道式孵化机

### （一）种蛋上孵

只入孵合格种蛋，上孵时要分配好上孵时间和次数，这将影响到出雏的时间和次数，先入孵年龄较小鸡群所产的种蛋，上孵时两边蛋车应均衡放置，以利通风。

### （二）种蛋消毒

在种蛋入孵前进行消毒（表9－3）；禁止熏蒸孵化时间在12～96h的种蛋；为每1 000只入孵蛋冬季每分钟提供0.23m³、夏季1.42m³的新鲜空气。

表9－3　建议熏蒸标准（每立方米空间）

| 浓度 | 福尔马林（ml） | 高锰酸钾（g） | 时间（min） | 用途 |
|---|---|---|---|---|
| 2倍量 | 28 | 14 | 30 | 孵化室 |
| 3倍量 | 43 | 22 | 30 | 刚产出的种蛋 |
| 3倍量 | 43 | 22 | 20 | 入蛋前后、转蛋后、出雏器、出雏室、鸡盒、垫纸等 |
| 5倍量 | 72 | 36 | 20 | 运输车辆 |

注：为安全起见，切记始终将福尔马林倒入高锰酸钾内，切勿反之

### （三）做好监视记录

每小时应监测记录1次孵化器的温度、湿度及翻蛋情况。

### （四）正确掌握孵化的四要素即温度、湿度、氧气和翻蛋

（1）温度　孵化温度过高可导致胚胎后期死亡率增加，温度过低则会引起胚胎发育缓慢、出雏晚且不均匀以及啄壳但未出雏蛋百分比增加。应经常对胚胎温度和蛋表温度进行测量，以确定每台孵化机最佳的孵化温度和时间（表9－4）。孵化温度偏离最佳范围时，将导致孵化率下降和畸形雏鸡数增加。从上蛋开始到出雏的标准孵化时间为492～504h。孵化时间受季节、受精率、饲料质量、上蛋数量、储存时间、储蛋温度、孵化场卫生状况及环境温度等因素的影响。

表9－4　建议温度

| 项　目 | 蛋　库 | 孵化室 | 孵化器 | 出雏室 | 出雏器 | 雏鸡室 |
|---|---|---|---|---|---|---|
| 温度（℃） | 18 | 24 | 37.5 | 24 | 36.7 | 24 |
| 相对湿度（%） | 75 | 50 | 55 | 50 | 60～73 | 50 |

（2）湿度　低湿影响鸡苗的出雏时间；高湿会感觉孵出的鸡雏收脐较差；应经常检查孵化加湿情况。

（3）氧气　孵化室通风量应足够，避免过多或过少（表9－5）。换气量太少，胚胎活力降低，孵化率低下，严重时胚胎死亡。换气量太多，温度很难稳定，保持湿度也很困难，鸡苗较小且羽毛较短。含氧量在21%时，每减少1%，孵化率大约下降5%。孵化器中的 $CO_2$ 水平超过0.5%会使孵化率下降，含量达到1%时则显著降低，当达到5%时则完全致死。

表9－5　新鲜空气需要量（通风量/每1 000枚种蛋）

| 名　称 | 冬季（$m^3$） | 夏季（$m^3$） |
| --- | --- | --- |
| 储蛋库 | 0.06 | 0.06 |
| 孵化室 | 0.23 | 1.42 |
| 出雏室 | 0.62 | 3.26 |
| 雏鸡室 | 0.71 | 4.25 |

（4）翻蛋　为防止胚胎上浮与卵壳膜粘着，在孵化的头14d里经常翻蛋十分重要；翻蛋不正常，影响孵化率，次品畸形鸡多见表9－6和表9－7；每隔1~4h翻蛋一次。

表9－6　翻蛋对孵化率的影响

| 每天翻蛋次数 | 受精蛋孵化率（%） |
| --- | --- |
| 2 | 78.1 |
| 4 | 85.3 |
| 6 | 92.0 |
| 8 | 92.2 |
| 10 | 92.1 |

表9－7　孵化期间不同时期翻蛋的效果

| 孵化期间翻蛋时期（d） | 受精蛋孵化率（%） |
| --- | --- |
| 不翻蛋 | 28 |
| 1~7 | 78 |
| 1~14 | 95 |
| 1~18 | 92 |

（5）及时落盘　当有1%的蛋已啄壳，去除无精蛋、臭蛋、破蛋及裂蛋，尽快将种蛋从孵化器转盘到出雏器，以避免受寒而造成胚胎发育中止。落盘时应倍加小心，持稳蛋盘，以免造成蛋壳破裂。被淘汰的种蛋应立即将其处理，

避免不必要的污染。

（6）监测种蛋失水率 孵化期间对种蛋定期称重是生产高质量雏鸡的一个很好的质量控制程序。影响孵化期间种蛋水分失重程度的因素包括孵化厅内湿度、季节、周围环境、种鸡年龄、蛋重、蛋壳质量以及蛋壳孔隙率等，但孵化器中的相对湿度对种蛋水分失重的影响最大。落盘时，种蛋大约有1/3的空间为气室，接近种蛋直径最粗部位，该现象可通过小型电筒来进行观察。①种蛋失水率。种蛋孵化期间每天水分失重的最适范围在0.60%~0.65%，每天可接受的范围在0.55%~0.70%。种蛋入孵到18d落盘失水率达到11%~12%，雏鸡的重量应是种蛋入孵时重量（雏蛋比）的67%~68%。②正常啄壳。正常情况下，当雏鸡啄壳时，其头部应保持水平而不是垂直，先啄出一个小洞眼儿，稍事休息，然后沿蛋壳缓缓啄出一道弧圈。③失水不足。若雏鸡未获得理想的失水，在其啄壳时，会在蛋壳表面啄出一个较大的洞；雏鸡的头部将垂直且沿蛋壳来回啄壳，致使啄壳口变大，常常仅撕开部分蛋壳膜，这样，雏鸡就需重新再次啄壳，确保完全将壳膜穿透。由于太多的蛋壳膜露在外面，且常常易变得干燥，倘若雏鸡不能及时脱壳而出，便会由于孵化应激而体力不支，这些雏鸡在出雏几个小时之后看似不错，但事实表明，其第1周死亡率会大大增高。失重不足表现为跗关节红肿、软雏、采食不活跃。若雏鸡啄壳位置偏高或蛋壳壳膜上存有血渍，说明孵化过程中失水不够。

（五）确保孵化质量

不同的场家都应对不同的孵化器在不同的季节测定种蛋失水率，以确保孵化质量。

# 四、出雏室

## （一）落盘前清洗消毒出雏器

温度、湿度达标后，按3倍量甲醛熏蒸出雏器20min后通风，雏鸡啄壳时会释放出大量细菌，因而应避免鸡只在孵化器中啄壳特别是巷道机。每次出雏后对出雏器中加湿器进行清理。

## （二）正确熏蒸雏鸡

出雏前30h，在出雏器内熏蒸24h，每隔3h把60ml福尔马林放置在干净的纸浆蛋托上蒸发，出雏前6h排除福尔马林气体。

## （三）及时出雏

太早出雏，鸡苗会枯萎，羽毛短，孵化率低，雏鸡也需要更多的时间才会硬朗；太晚出雏，将导致雏鸡脱水而降低品质。最佳的时机是出雏前几小时检查雏鸡，有5%~10%的颈部仍轻微潮湿时取出。事实证明，及时出雏的雏鸡与晚5h出雏的雏鸡比较，体重会有明显提高，10d龄内的死淘率也会明显降低。如果孵化过程后5h孵化温度过热，也会导致雏鸡在育雏第10周脱水。这种孵化后5h温度过热的问题比早期温度偏低的问题更为常见。若出雏器的温度过高，雏鸡消耗卵黄的速度要比平常快上5倍。出雏器中如果雏鸡温度过高，可以看到雏鸡嘴角会有绒毛的现象；出雏时，若发现蛋壳碎片和蛋壳表面残留有较多的雏鸡粪便，则表明雏鸡出雏较早并有脱水现象。孵出的雏鸡较种蛋胚胎能释放出更多的$CO_2$，出雏器中的$CO_2$耐受水平约为0.75%。

**（四）监测表面洁净程度**

每次出雏之间要清理消毒出雏器和出雏室，用平板培养方法监测表面清洁程度。雏鸡未发完之前，不能开始清理工作。

**（五）对出雏器绒毛取样并进行检验**

从出雏器内抽取绒毛样本进行分析，可决定出雏器的卫生水平及雏鸡健康状况。在出雏前干燥时收集至少0.5g不含蛋壳的绒毛，用干净未经使用的信封收集并密封好送检，对结果进行分析并采取措施对相关问题进行改进和解决。

（1）绒毛取样　按常规从出雏器内对绒毛取样进行分析，以测定孵化厅的洁净程度。出雏前，采集干燥的雏鸡绒毛。每次出雏，每一台出雏器都要进行绒毛取样。可从风扇护网提取绒毛或从出雏盘顶部采集。用经过消毒的器械收集至少0.5g绒毛如同一枚种蛋大小。切勿触摸绒毛，导致样品污染。绒毛取样切记不要带有蛋壳碎片。分别将每一台机器提取的绒毛装入未经使用且干净的信封内，将信封封好。在信封上分别注明与之相对应的出雏器代号、日期，将样品送至实验室进行相关检测。检验结果出来后，对所存在的问题进行改进。

（2）出雏器绒毛检测　按照下列程序检测出雏器绒毛，确保样品未被污染。将0.5g（500mg）干燥绒毛放入已消毒的器皿内，将器皿加盖封好，确保无蛋壳碎片。将50ml经过消毒的蒸馏水注入该器皿内，即按照1:100的比例稀释，将盖封好并均匀摇晃；然后将其放置5min，从该溶液底部提取1ml和0.1ml，分别放入两个培养皿中，加入15ml容量的平板试验液或营养琼脂；轻轻地旋转平皿使琼脂与样品充分融合，当平皿内液体凝固时，在37.5℃的温度条件下培养24h。对细菌菌落计数，并参照表9-8进行详细计算。在同样的温度条件下再一次培养平皿24h，采用与计数细菌菌落数相同的方法来计算霉菌菌落数，检查曲霉菌的状况。采用Vogel&Johnson琼脂尽量将葡萄球菌从细菌菌落中分离出来，在 37.5℃温度条件下培养 24h。检查是否有葡萄球菌菌落的状况。采用几何平均数计算方法来获得某一次出雏的绒毛检测评价值，将每一细菌数转化为对数，"0"细菌数则用"10"来代之作为计算数字，加上对数值，然后除以取样数见表 9–9。

表 9–8　对细菌菌落计数并进行详细计算

| | | 平皿 | | |
|---|---|---|---|---|
| | | 1.0ml | 0.1ml | |
| 细菌菌落 | X | 100 | 1 000 | =标准平皿计数/g 绒毛 |

表 9–9　不同出雏器绒毛检测对比分析

| 出雏器 | 出雏 | 细菌菌落（SPC/g） | 对数 | 曲霉病（霉菌/g） | 分离出的葡萄球菌 |
|---|---|---|---|---|---|
| 6 | 128 | 100 | 2 | 0 | 0 |
| 8 | | 10 | 1 | | |
| 9 | | 200 | 2.3 | | |
| 11 | | 36 000 | 4.6 | | |
| 12 | | 500 | 2.7 | | |
| 13 | | 200 | 2.3 | | |
| 14 | | 200 | 2.3 | | |
| 20 | | 10 | 1 | | |
| | | 孵化厅：8 号 | Log（对数）：18.2 | | |

评分 = 18.2 ÷ 8 = 2.27 = 2.3（优秀 < —— > 好）
得分评价：1 = 最佳　4 = 一般　2 = 优秀　5 = 较差 3 = 好　6 = 差
孵化厅曲霉菌计数应为"0"。对结果进行分析并采取措施对相关问题进行改进和解决

### （六）正确存放雏鸡并及时发放

装箱前应清点分级雏鸡并计数，淘汰有缺陷或体弱的鸡只；室内应干净；为每 1 000 只雏鸡每分钟提供冬季 0.7m³、夏季 4.2m³ 新鲜空气，见彩插 14。完成各项程序将雏鸡装箱后，放置在出雏室 4~5h 使其硬朗。实验证明，雏鸡在 13℃的环境下放置 45min，到 35d 其体重比对照组低 154g。雏鸡存放空间为 1 000 只/m²，确保雏鸡存放于适宜的雏鸡盒和雏鸡车，同时确保房间处于适宜的存放条件，如图 9–3~图 9–8 所示；观察倾听雏鸡的行为并采取相应的措施改进提高；检查并记录肛门温度，使肛门温度维持在 39.4~40.6℃。

## 五、孵化场的卫生消毒

制定孵化场卫生程序并严格执行，定期（每两周一次）对孵化场进行卫

图 9 - 3　不正确的存放

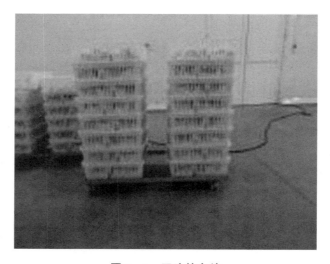

图 9 - 4　正确的存放

图 9－5 存放时光照过强

图 9－6 存放时光照过强造成

图9-7 蓝光存放时鸡安静

图9-8 存放时测量鸡盒内的温度：雏鸡周围的
温度应是30℃，相对湿度60%~70%

生监测，监测点为种蛋、雏鸡、绒毛、空气、设备内壁、室内墙壁。

**（一）孵化场外环境的卫生消毒**

每周用5%的福尔马林或2%～3%的NaOH溶液喷洒消毒一次。

**（二）孵化场内环境的卫生消毒**

每天一次喷雾消毒。

**（三）箱体式孵化器的卫生消毒**

洗衣粉擦洗→清水冲洗→消毒液喷洒消毒→烘干→3倍量熏蒸消毒→种蛋入孵后消毒。

**（四）巷道式孵化器的卫生消毒**

入孵前对入孵车位擦洗消毒、入孵后熏蒸消毒（避开12～96h的胚蛋），每周对孵化器内部进行擦洗消毒。每两个月腾空孵化器彻底消毒。

**（五）出雏器的卫生消毒**

洗衣粉擦洗→清水冲洗→消毒液喷晒消毒→烘干→3倍量熏蒸消毒→落盘后消毒。

**（六）种蛋的卫生消毒**

种蛋收集后3倍量熏蒸，入库储存前3倍量熏蒸。

**（七）雏鸡的卫生消毒**

福尔马林蒸发消毒，消毒初生雏鸡的呼吸道及体表，使雏鸡羽毛变为金黄色，外观漂亮。

**（八）水、空气的卫生消毒**

冲洗用水加氯制剂；加湿用水用消毒药。进风口加过滤网确保空气清洁，孵化室、出雏室正压通风，过道负压排风。

**（九）人员、物品的卫生消毒**

人员洗澡、换衣、换鞋，各房间门口设置消毒盆。小件物品紫外线灯照射；大件物品、蛋托、运送车辆熏蒸消毒。

## 六、做好设备的维修保养工作

经常维修保养设备，冬季和夏季来临之前清理加热和降温设备。孵化机门的密封情况、隔板门的状况、风扇的调准及其转速等都能对孵化机内的气流和温度分布产生显著的影响，因此，应经常检查孵化出雏机的门垫、帘布、风扇皮带、震动、风门系统等。由于多数或全部通风设备都安装在屋顶，所以屋顶是孵化厅最为重要同时也是最容易被忽视的地方。应安装通向孵化厅屋顶的永久性扶梯并配有扶手，以便于清理屋顶和维修保养设备。

## 七、及时对孵化效果分析并反馈

### (一) 认真细致做好孵化场的统计记录并绘制曲线进行分析

全面细致的资料记录是孵化场生产管理的重要内容之一。资料统计记录包括种蛋入库入孵记录、照蛋记录、苗鸡出雏记录；孵化器、出雏器温度、湿度记录；苗鸡运送记录等。根据记录对每批入孵、出雏情况进行汇总进而形成批报、周报、月报、年报表等。再根据报表绘制不同鸡群的实际毛蛋率、受精率、出雏率及健雏率等曲线，曲线变化较大时，及时查找原因。

### (二) 综合评估孵化效果，指导今后的生产

对入孵种蛋进行打蛋分析，一般来讲，孵化 $1 \sim 8d$ 胚胎死亡，主要原因在于种鸡场问题、种蛋储存或孵化早期；孵化 $8 \sim 16d$ 胚胎死亡，主要原因在于种蛋污染、营养问题或孵化条件不良；孵化 $17 \sim 21d$ 胚胎死亡，主要原因在于孵化条件不良，要针对不同的情况正确做出分析判断，发现问题及时处理。同时应监测记录种蛋失水率、雏蛋比、死胚率等数据 (表 9 - 10)，找出不同孵化场在不同季节不同孵化机的孵化效果，并进行分析，以取得较好的孵化业绩。

表 9 - 10　鸡群不同周龄的目标死胚率

| 鸡群周龄 | 胚胎发育阶段 | | | | | | |
|---|---|---|---|---|---|---|---|
| | 无精蛋 | 早死 | 中死 | 晚死 | 啄壳死 | 蛋壳破裂 | 污染蛋 |
| 25 ~ 30 周 | 6 | 5.5 | 1 | 3.5 | 1 | 0.5 | 0.5 |
| 31 ~ 45 周 | 2.5 | 3.5 | 0.5 | 2.5 | 0.5 | 0.5 | 0.5 |
| 46 ~ 50 周 | 5 | 4 | 1 | 2.5 | 0.5 | 0.5 | 0.5 |
| 51 ~ 66 周 | 8 | 4.5 | 1 | 3 | 0.5 | 1 | 1 |

# 第十章　饲料营养

饲料对家禽生长很重要，一只肉鸡每增长 0.5kg 的体重，需消耗 0.9 ~ 0.95kg 的优质配合饲料。如果饲料质量不好，轻者导致生长缓慢，重者可能引起中毒死亡等。

## 一、营养供应

在整个生长周期中，为种公母鸡提供具有特定营养需求的饲料，最大限度地发挥其生产性能。任何一种营养成分过剩或缺乏都将对整个鸡群的生产性能带来负面影响（表 10-1）。

表 10-1　营养要求

| 项　目 | 指　标 | 不足影响 | 过剩影响 |
|---|---|---|---|
| 粗蛋白质 | 15% | 基于氨基酸水平而异，低于 14%，降低蛋重、产蛋数和年轻鸡群所产的雏鸡质量 | 高于 17%，蛋重增加，孵化率降低 |
| 代谢能 | 11 704J/kg | 体重、蛋重、产蛋率下降，除非调整料量 | 双黄蛋特大蛋肥胖后期受精率下降 |
| 可利用赖氨酸 | 0.61 | 低于标准 10%，降低蛋重和产蛋数量 | |
| 可利用蛋+胱 | 0.5 | 低于标准 10%，降低蛋重和产蛋数量 | |
| 亚油酸 | 1.2 | 低于 0.9% 蛋重下降 | 蛋重太大 |
| 钙 | 2.8 | 蛋壳质量差 | 营养利用率下降 |
| 可利用磷 | 0.35 | 低于 0.25% 影响产蛋率和孵化率，雏鸡骨胳灰分减少 | 蛋壳质量差 |

### （一）能量

代谢能是鸡所需能量的标准量度，适量的能量摄入在公鸡和母鸡整个生长周期中至关重要，摄入的能量不足将导致鸡群生长率、体重、均匀度、产蛋率、蛋重、受精率、孵化率等方面表现不佳。饲料原料成分质量欠佳（低消化能），则无法使鸡只摄入适量的饲料以满足代谢能的需求。饲料中粗纤维含量高于 5%，鸡只不易消化并导致其在消化过程中产生多余的热量，这种状况也许在寒冷季节对鸡只有好处，但在炎热季节却十分有害。能量摄入过多会导致双黄蛋多、蛋重过大、鸡只过肥等情况，同时在鸡只受热应激时会增加死亡率。当饲料中包含小麦、大麦、黑麦和高粱中的可溶性非淀粉多聚糖时，将降低脂肪消化率。日粮中较高的植酸盐和游离脂肪酸含量会降低钙的利用率。饱和脂肪含量较高，特别是使用以大麦为主要原料的饲料，将限制鸡的早期生长。饲料中的油脂要保持较低的水平，如果大鸡料（肉鸡）的营养水平过低，将增加脂肪沉积和降低胸肉的出肉率。除非病原微生物得到有效的控制，最好不循环使用动物性脂肪。饲料中加 2% 油脂或在每吨饲料中加 500g 合美酵素（相当于加 1% 的油脂），会使肠道蠕动减慢，消化率提高，提高采食量 3% ~ 5%。

### （二）蛋白质和氨基酸

饲料中蛋白质和氨基酸的水平对鸡只的生长、饲料利用率、性成熟、免疫系统功能、产蛋率、蛋重及孵化率均有至关重要的影响。建议为种鸡在产蛋期间最高提供 15% 的蛋白质，过高蛋白质影响受精率（表 10 - 2）。在炎热季节摄入过多的蛋白质 [26g/（只·d）]，将加剧肉种鸡群的热应激程度，进而导致死亡率的增加。蛋白质质量不好或不平衡会产生代谢应激，在造成垫料潮湿的同时伴随着能量消耗的增加。可利用赖氨基酸标准为 0.61%，蛋 + 胱标准为 0.5%，低于标准 10% 以上时，蛋重和产蛋数均下降。18 周至产蛋高峰阶段的饲料，在手册标准的基础上，每吨饲料再额外补充纯度为 99% 的蛋氨酸 600g，产蛋进入高峰或蛋重达到 58g 后，再分 3 次减掉，每周减 200g，可提高鸡群丰满度，促进早期蛋重。

表 10 - 2 过高蛋白对受精率的影响

| 蛋白百分比 | 64 周的受精率 |
| --- | --- |
| 16 | 91.6 |
| 14 | 93.3 |
| 12 | 95.1 |
| 10 | 95.4 |

### （三）饲料能量蛋白比

能量与产蛋率有关；蛋白与蛋重有关。建议预产料至 34 周的比值为 187；35 周至淘汰为 200，可控制后期蛋重的增加。

### （四）主要矿物元素和微量元素

主要矿物元素钙和磷对于鸡只良好的骨骼发育、机体功能、繁殖性能以及蛋壳质量有着非常重要的影响。自鸡只开始产第一枚种蛋当天起,每只母鸡每天需要 4~5g 钙以维持鸡只体内钙含量的平衡。在实践中,该需求可通过育雏料、育成料或预产料转换成产蛋 I 号料(产蛋率达 5%,3.05%~3.15% 的钙)加以满足。为保持理想的蛋壳质量,可考虑用直径为 3.2mm 粒状的石灰石或牡蛎壳为每只鸡每天补充钙 1g,尤其在使用颗粒料时作用最为明显。近年来,通常在加工饲料时添加石灰石的细粉末,以弥补制粒过程中的损失。若在白天早些时候饲喂鸡只,饲料中小颗粒的石灰石会很快被吸收,并早早地于傍晚蛋壳形成之前通过肾脏排泄掉,这样在下午为鸡只提供较大颗粒钙物质将提高蛋壳质量,前提是要确保钙在蛋壳形成期间已存在于鸡只内脏。实施这种额外补充钙的有效方法之一是将其均匀地散撒在垫料上,但也不能在垫料上撒上过多的钙质,否则鸡只摄入过多的钙将对蛋壳质量有害。如果垫料上蓄积了钙补充物,应立即停止再加补充物,直至鸡只采食干净垫料上所有的钙物质。如使用粉料,则很容易将大颗粒的石灰石或牡蛎壳混合到饲料中。关键的问题在于鸡只所摄入的钙和可利用磷必须要正确平衡。磷摄入过多会导致蛋壳质量下降,同时对鸡群孵化率有负面影响。建议参照最新营养标准,获取有关可利用磷的使用标准。适量补充微量矿物元素同样十分重要,不足时会对其后代产生影响(表 10-3),应参照最新营养标准,获取有关增加微量矿物元素的实施标准,特别是 Cu、Zn、Fe 更应重视。制定微量元素预混料标准时,对具有较高生物学效价的元素应加以注意如硫酸锌和硫酸锰等,要达到饲料中电解质的均衡,应考虑到一些阴离子,尤其是氯化物等。若采用其他含钠物质如碳酸氢钠来取代氯化钠,应注意避免氯含量过低。在制定饲料配方时,应考虑其他原料中氯的含量,如赖氨酸和氯化胆碱等。电解质不均衡将导致粪便稀湿、饮水量增加、营养吸收不良和生长缓慢。建议用低钙饲料配方,每千克饲料含钙 2.3%~2.5%,不足部分用贝壳或石灰石粒补充。

表 10-3 种鸡矿物质营养对其后代性能的影响

| 项 目 | 生 长 | 成活率 | 免疫功能 | 骨 骼 |
|---|---|---|---|---|
| 氟化物 | | | | √ |
| 磷 | | | | √ |
| 硒 | | √ | | |
| 蛋氨酸硒 | √ | | √ | |
| 锌 | √ | | √ | √ |
| 锌和蛋氨酸 | | √ | √ | |
| 锰 | | √ | √ | |

### （五）维生素

维生素在鸡群生长和产蛋性能方面有着至关重要的作用，缺乏维生素影响种鸡的生产性能（表10-4），同时还会造成鸡胚发育异常（表10-5）。建议参照最新营养标准使用维生素。在应激条件、疾病暴发或其他情况下，鸡只对摄入额外补充的维生素如通过饮水补充具有良好的应答效果。但是，使用维生素的目的在于消除或降低应激的因素，而不能依靠多余的维生素来提高生产性能。维生素对许多因素都很敏感，如热、氧化和使用期限等。采取下列措施有助于鸡群获得所推荐的维生素营养成分含量，分开使用维生素和微量元素预混料；维生素预混料中不包含氯化胆碱。成品料中所推荐使用的是最低维生素水平的含量，为解决饲料加工各环节中维生素效价衰减的问题，应在饲料配方中调整维生素的水平，特别是使用高温高压如膨化、颗粒蒸煮和挤压调制系统时，此种调整显得尤为重要。在饲料额外添加物中，维生素E是最昂贵的成分之一，维生素E在众多重要的生物进程中起着重要的作用。对于种鸡料，建议在每千克成品料中应含有100个国际单位的维生素E，确保每克种蛋的蛋黄中含有200μg的生育酚（维生素E）；研究表明，该水平的维生素E有助于提高孵化率，同时可增强新生雏鸡的免疫功能。某些情况下如疾病暴发、环境应激，提供更高水平的维生素E对鸡群大有帮助。具有免疫功能的营养有维生素E、维生素$B_{12}$、维生素$B_6$、维生素C、维生素A、维生素K和叶酸；每吨料中添加150g维生素C不仅能提高受精率，而且具有免疫功能和抗应激作用，还具有提高蛋壳质量的效果。要提高生产水平，提高维生素浓度是一条非常重要的措施。

#### 表10-4 维生素缺乏症

| 可能原因 | 产蛋率 | 受精率 | 孵化率 | 抗病力 | 羽毛生长 | 骨胳畸形 | 腿软 | 蛋壳薄 |
|---|---|---|---|---|---|---|---|---|
| 维生素A | + | | + | + | + | | + | |
| 维生素$D_3$ | + | | + | | | + | | + |
| 维生素E | + | + | + | + | | | | |
| 维生素$B_{12}$ | + | | + | | | | | |
| 核黄素 | | | + | + | | | + | |
| 烟酸 | | | | | + | + | | |
| 泛酸 | | | + | | + | | | |
| 胆碱 | + | | | | | | | |
| 维生素K | | | | | | + | | |
| 叶酸 | + | | + | | + | + | | |
| 维生素$B_1$ | | | | | | | | |
| 维生素$B_6$ | + | | + | | | | | |
| 生物素 | + | + | + | | + | + | + | |

表 10 – 5　鸡胚由于维生素缺乏引起的异常

| 异常 | A | $D_3$ | E | K | $B_1$ | $B_2$ | $B_6$ | $B_{12}$ | 烟酸 | 泛酸 | 叶酸 | 生物素 |
|---|---|---|---|---|---|---|---|---|---|---|---|---|
| 骨骼 | × | × | | | | | | | × | × | | × |
| 短腿 | | × | | | | × | | | | | × | × |
| 矮小 | | × | | | | × | | × | | | | |
| 卷趾 | | | | | | × | | × | | | | |
| 脚蹼 | | | | | | | | | | | × | × |
| 喙 | | × | | | | | | | × | × | × | × |
| 水肿 | | | × | | | × | | | × | × | × | |
| 眼盲 | × | | | | | | | | | | | |
| 肌肉和神经障碍 | | | × | | × | × | | | × | × | | × |
| 成活率差 | | | × | | × | × | | × | | | | × |

## 二、饲喂程序和营养指标

在整个生产周期，应综合运用饲料配方和饲喂程序，密切监测和观察种鸡群，使其体重达到标准要求并取得良好的均匀度。饲料成分和饲料形式的突然变化会导致种鸡采食量降低，即便是短暂现象也应避免。在饲料转换过程中，应避免诸如转群、免疫接种等具有应激性的活动。

### （一）温度对饲喂的影响

环境温度是影响种鸡能量需求的主要因素，并随鸡群年龄产生变化。

### （二）饲喂设备

目前大型养殖场都配有自动喂料器，如蛟龙式或链条式饲喂器，蛟龙式对饲料的要求较高，更适用于商品鸡的饲喂，由于机器饲喂使料量分布更加均匀，能保持鸡群良好的均匀度而被广泛应用。对于雏鸡来讲，开始饲喂必须量少多次，如第一天需饲喂 6 ~ 8 次，这样既促进采食，又确保饲料新鲜。在饲喂过程中，管理人员必须查看鸡舍的喂料系统是否够用。而对于种鸡而言，在确保充足有效采食位置的同时，也尽可能的不要有富余的采食位置，这样能保证全群种鸡体重均衡增长，提高均匀度。

## 三、种公鸡的营养

研究表明，在产蛋期间为种公鸡提供特制的饲料有助于提高精子的特性如精子活力、精液浓度等。然而，据不完全数据表明，这种特定的饲料配方可提高其自然交配的能力。另外，单独为种公鸡配制饲料，有可能带来管理方面的挑战（由于用量少，导致饲料在场内存放时间过长或增加饲料运送失误的可能性）。饲料中适宜的抗氧化剂水平会对种公鸡的质量起着重要作用。

## 四、饲料的选择

肉种鸡全程使用颗粒饲料未必太好，由于种鸡育成期采取限饲方法来延长采食时间，颗粒饲料采食时间短、维生素和营养物质的高温破坏、饲料成本的增加都会使种鸡饲喂颗粒料没有粉料那么多优势。但是 1~2 周使用颗粒料应值得推广，这样能保证前期发育完全，特别是鸡只的消化器官和免疫器官（表 10-6）。

表 10-6 饲料形态与肉鸡的采食行为

| 鸡种 | 饲料形态 | 采食次数 | 采食时间（min） | 采食量（g） |
|------|---------|---------|----------------|-----------|
| A | 粉　料 | 19 | 136 | 62 |
| | 颗粒料 | 24 | 16 | 57 |
| B | 粉　料 | 35 | 103 | 38 |
| | 颗粒料 | 27 | 34 | 37 |

# 第十一章　生物安全

生物安全管理和隔离区划是现代养禽生产的第一原则，也是大型养殖企业赖以生存的基本保障。生物安全的实质是指对环境、鸡群及从业人员的兽医卫生管理。

## 一、生物安全体系的组成

### （一）基础性生物安全

鸡场选址、鸡舍布局结构、服务配套设施、周边情况等。

### （二）结构性生物安全

合理布局、净化环境中断传染链、科学的免疫接种、控制害虫、淘鸡集中无害化处理严禁外卖、正确处理污水和鸡粪等，保持生产和生活区的环境卫生。

### （三）操作性生物安全

精心饲养，减少应激；正确诊断，科学用药；仔细观察，隔离淘汰病弱残次鸡。

## 二、如何做好生物安全

### （一）隔离

（1）正确选址，合理布局　切实可行的鸡舍设计。

（2）防止人类传播疾病　杜绝外来人员进入生产区，因工作需要进入生产区必须经主管批准，并且经喷淋、消毒、洗澡、更换所有衣服、鞋子方可进入，工作人员不经洗澡不能进入不同年龄的鸡舍；所有鸡舍入口应由足浴池和鞋刷，以备清洁消毒胶鞋；饲养人员进舍前必须用0.1%新洁尔灭洗手后方能操作；饲养人员不得串舍，不得将任何物品、食品特别是禽产品带入生产区，保证鸡舍门关闭并上锁；对进入鸡场的所有人员、车辆和设备等进行登记记录。控制人员流动，非生产安排人员不得串栋，进栋之前必须严格喷雾消毒，特别是免疫人员串栋时更应注意。

（3）交通控制　进场路径必须是从脏区至净区，单向进场淋浴，单向出场也淋浴。进入生产区的任何物品如砻糠、饲料、物品、设备等可据情选择用福尔马林、酒精、紫外线等消毒后方可入内。外来车辆禁止入内，本厂车辆入厂时必须严格冲洗消毒。

（4）防止动物传播疾病　对疫病携带者如害虫、野鸟、苍蝇或其他昆虫加以控制。①控制鼠类。保持舍内及周围没有散落的饲料，定期检查顶棚，保证舍中和舍周围5～6m内不存在可造巢穴的区域。因鼠类喜欢在顶棚筑窝，应定期进行检查。5周龄之前的小鸡，很容易受到老鼠的咬伤或咬死，常常可以看见小鸡脖子或者身上有伤口；有时在晚上鸡舍熄灯之后，可能会听到鸡群叫声异常，产生惊群，往往是受到了老鼠的惊吓，老鼠晚上在鸡舍天花板上活动时，发出"沙沙"声响，导致鸡群害怕，产生惊群。创造一个卫生的环境无疑对鸡群的生长生产有利，同样也有利于控制老鼠，老鼠喜欢生活在杂乱的地方，如杂乱的仓库、饲料间、鸡舍天花板上。还有鸡舍和鸡舍外围的消毒同样不容忽视，定期消毒和更换消毒液不仅杀死细菌病毒，同样能破坏老鼠熟悉的路线，限制它们的活动。先使用类似磷化锌的速效单剂量毒药，继而持续使用诸如抗凝血剂等慢性毒药。应定期更换诱饵和毒药的种类以确保持续有效的灭鼠作用如表11－1。为更好地控制鼠类传播疾病，种鸡场应设立专人负责灭鼠工作，该负责人除了定期投放鼠药之外，还负责定期监视鼠密度，并依据鼠密度的高低来确定灭鼠计划，种鸡场正常的鼠密度不应高于3%～5%。在鸡群淘汰前集中灭鼠一次，鸡粪清理干净后再集中灭鼠一次。采用诱饵扑杀如图11－1或使用捕鼠器是杀鼠最有效的方法。②控制鸡羽虱。用12.5mg/kg氯氰菊酯对鸡体喷雾（表11－2），并进行鸡舍用具消毒，在第1次喷药后的第4d、第10d再各喷1次。治疗用药要掌握好药液浓度，在喂料饮水后，将饲料饮水清理干净后进行，防止鸡只误食药液污染的饲料；用药时要保持舍温在18℃以上，以防喷雾淋湿鸡体引起感冒。③控制蚊蝇和昆虫。每日丢弃所有垃圾和清除破损鸡蛋，减少蚊蝇繁衍的媒质；制定一个使用喷洒和诱引杀灭蚊蝇的方法，消灭寄生虫、飞禽等易传播疾病的动物。对蚊蝇的控制，关键是从搞好鸡舍内外环境卫生做起。目前有多种有效杀蝇剂可用来制成诱蝇卡（参照产品说明书执行）。如有必要可同时喷洒灭蝇剂。若条件允许，在饲料中适当加入杀幼虫剂，对灭蝇虫也有效。昆虫是疾病重要的传播媒介，必须在其移居于木制品或其他物品中之前，将其杀灭。当种鸡淘汰后，鸡舍还较温暖，应立即在垫料、鸡舍设备和鸡舍墙壁的表面喷洒杀虫剂或者选择在种鸡淘汰前两周在鸡舍使用杀虫剂。第二次使用杀虫剂应在熏蒸消毒前进行。④控制黑甲虫。鸡群淘汰前 2 周且在鸡舍温度还没有降下来之前，在垫料、棚架、设备和所有表面喷洒适合于当地使用的杀虫剂；鸡群淘汰前 1d 在鸡舍边墙喷杀虫剂；鸡群运出鸡舍后再用 4.5% 的氯氰菊酯 1 000 ~ 2 000 倍稀释喷洒，关闭门窗 2 ~ 3d，杀灭黑甲虫。⑤控制野鸟。通过无食源、无水源、无栖息地三无和防鸟网、防鸟罩、防鸟粪三防控制野鸟直接飞入鸡舍，所有建筑要防止野鸟进入。一般的做法是在鸡舍周边约 50m 范围内只种草不种树，减少野鸟栖息的机会。另外，搞好鸡舍周边环境卫生，对撒落在鸡舍周边的饲料要及时清扫干净，避免吸引野鸟飞进鸡场采食。⑥畜禽不能混养。鸡场内不饲养其他家畜并应远离水禽；一个鸡场只养一批鸡，减少饲养批次。

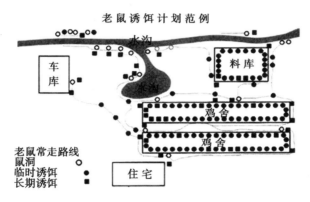

图 11-1　老鼠诱饵投放计划示意图

表 11-1　家禽生产中常用的灭鼠药

| 有效成分 | 饵料类型 |
| --- | --- |
| 溴鼠隆 | 一种抗凝血剂。每次投放 2 ~ 3d 后，因内出血而死亡。通常配制为颗粒状灭鼠剂或适用于各种气候条件下易于储藏的蜡质包装 |
| 溴敌隆 | 一种抗凝血剂。每次投放 2 ~ 3d 后，因内出血而死亡。通常配制为颗粒状灭鼠剂或适用于各种气候条件下易于储藏的蜡质包装 |
| 溴鼠胺 | 一种中央神经系统的毒药。投放一次（若剂量大）2 ~ 3d 内因代谢受阻而死亡。必要时投放 2 ~ 3 次。通常为颗粒状鼠药 |
| 氟鼠定 | 一种抗凝血剂。每次投放 7d 后，因内出血而死亡。通常为颗粒状鼠药。饵料含同类灭鼠有效成分的一半 |
| 磷化锌 | 一种剧毒药物。每次投放或分撒后几分钟至几小时内，因心脏衰竭或肝肠受损死亡。通常为与饲料混合成高浓度的颗粒 |
| 氯鼠酮 | 复合型抗凝血剂。持续投放 10 ~ 14d 后，因内出血而导致死亡。通常为颗粒状或适用于任何气候条件下易于储藏的蜡质包装 |

（续表）

| 有效成分 | 饵料类型 |
|---|---|
| 敌鼠 | 复合型抗凝血剂。持续投放 10～14d 后，因内出血而导致死亡。通常为颗粒状或适用于任何气候条件下易于储藏的蜡质包装。也可为液态浓缩装 |
| 异戊 | 复合型抗凝血剂。持续投放 10～14d 后，因内出血而导致死亡。只配制成低浓度粉药 |
| 鼠完 | 复合型抗凝血剂。持续投放 10～14d 后，因内出血而导致死亡。通常为颗粒状或适用于任何气候条件下易于储藏的蜡质包装。也可与饲料混合成高浓度的药物 |
| 灭鼠灵 | 复合型抗凝血剂。持续投放 10～14d 后，因内出血而导致死亡。通常为颗粒状或适用于任何气候条件下易于储藏的蜡质包装。也可与饲料混合成高浓度的药物或低浓度粉药 |

表 11-2　家禽生产中常用的杀虫剂

| 活性成分 | 含量（%） | 物理特性 | 杀灭对象 |
|---|---|---|---|
| 氟氯氰菊酯 | 6～20 | WP，EC，F | 苍蝇、黑甲虫、臭虫、蟑螂、蜘蛛 |
| 甲奈威 | 10～80 | F，B，WP | 黑甲虫、虱子、臭虫、螨 |
| 灭蝇胺 | 1～2 | PM，F | 苍蝇 |
| 氯氟氰菊酯 | 9.7～10 | F，WP | 苍蝇、黑甲虫、臭虫、蟑螂、蜘蛛 |
| 乐果 | 2 | EC | 苍蝇 |
| 氰戊菊酯 | 10 | F | 苍蝇、黑甲虫、蜘蛛、蟑螂 |
| 马拉硫磷 | 5～57 | An，Pr | 苍蝇、螨、臭虫 |
| 灭多威 | 1 | B | 苍蝇 |
| 毒死蜱 | 20 | F | 苍蝇、黑甲虫、蜘蛛、蟑螂 |
| 噻嗪 | 1 | Strip | 苍蝇 |
| 硼酸 | 30～99 | WSP，B | 黑甲虫 |
| 氯菊酯 | 0.25～30 | D，EC，WP，RTU | 蟑螂、虱子、寄生虫、苍蝇、黑甲虫、臭虫 |
| 杀虫畏 | 23 | EC | 苍蝇、黑甲虫、虱子、螨 |
| 敌敌畏 | 1～40.2 | RTU，EC | 苍蝇、臭虫 |

说明：B=饵料，D=粉料，EC=浓缩乳剂，F=悬浮液，PM=预混料，RTU=即开即用 WP=吸湿性粉剂，WSP=水溶性剂

（5）及时处理死鸡和废弃物　通过焚烧、堆肥、化尸坑等方法对死鸡和排除物进行无害化处理。淘死鸡必须从污道进入尸房，处理死鸡后应洗手并进行消毒。处理死鸡是避免环境污染，防止与其他家禽交叉感染，预防损害邻居利益的方式。①坑埋法。坑埋法是传统的处理方法之一。优点是挖土坑费用较低且不易产生较大气味。缺点是埋尸坑易成为疾病的贮藏之地，而且需要良好的排水系统。地下水污染越来越成为社会所关注的问题，有些地方坑埋法为违法行为。②焚烧法。焚烧法是另一种传统的死鸡处理方法。优点是如果地面管理的好，焚烧不会污染地下水，不会与其他鸡只产生交叉感染。只有很少的剩余物（骨灰）需搬离鸡场。缺点是费用较高且易造成空气污染。许多地方制

定了大气污染条例，限制焚烧炉的使用。如使用焚烧炉，要确保日后鸡场规模扩大时的需求。操作使用时要确保鸡体完全焚烧成白灰。③堆肥法。堆肥法已成为场区内处理死鸡最受欢迎的选择之一。优点是经济实用，如设计并管理得当，不会污染地下水和空气。建造堆肥设施为按 1 000 只种鸡的规模，建造 2.5m 高 3.7m 的建筑，该建筑地面要呈混凝土结构，屋顶要防雨；将该设施至少分隔为两个隔间，每个隔间不得超过 3.4m；边墙要用 5.1cm × 20.3cm 的厚木板制作，即可以承受肥料的重量压力又可使空气进入肥料之中使需氧微生物产生发酵作用如图 11 - 2。操作方法为在堆肥设施的底部铺放一层 15cm 厚的鸡舍地面垫料；再铺上一层 15cm 厚的棚架垫料；在垫料中挖出 13cm 深的槽沟，再放入 8cm 厚的干净垫料；将死鸡顺着槽沟排放，但四周要离墙板边缘 15cm；将水喷洒在鸡体上，再覆盖上 13cm 部分地面垫料和部分未使用过的垫料。堆肥再不需其他任何处理，堆肥过程在 30d 内将全部完成。正常情况下，2 ~ 4d 内堆肥中的温度会迅速上升，高峰温度可达到 57 ~ 66℃。因为昆虫、细菌和病原体会分别在 46℃、55℃ 和 60℃ 时被杀灭，堆肥可有效地将这些生物体消灭。堆肥后的物质可用于改良土壤的材料或肥料。大多数生产厂家会将堆肥物质随垫料同时运出场外。④废弃法。有些鸡场将死鸡运到废弃物加工厂进行处理。优点是本单位现场无须处理死鸡，无须任何资本投资，也不会产生环境污染问题。废弃物加工厂处理后的产品还可做饲料成分。缺点是死鸡储存时需要冷冻设备，以防止腐败。同时还需严格的生物安全措施，防止运揄人员将疾病从废弃物处理厂或其他鸡场带入本场。

图 11 - 2　死鸡堆肥处理示意图（仅供参考）

**（二）消毒**

消毒可以代替投药、预防疾病，可以使鸡群更健康，使鸡场得到更大的回报。提前对鸡舍彻底清扫、冲洗和消毒，并检查消毒效果（表 11 - 3），确保达到预期目的。

表 11 - 3   鸡舍内清扫、冲洗、消毒的效果

| 方法 | 舍内空气落下的细菌数 | | 清扫后减少（%） |
|---|---|---|---|
| | 清扫前 | 清扫后 | |
| 清扫 | 1 425 | 1 125 | 21.5 |
| 清扫 + 水洗 | 1 530 | 610 | 60.1 |
| 清扫 + 水洗 + 喷雾消毒 | 1 275 | 127 | 90.0 |
| 清扫 + 水洗 + 蒸气消毒 | 1 425 | 40 | 97.2 |

（1）地面消毒　舍内病菌比舍外病菌要多得多，鸡舍中细菌的污染程度较高，每克尘埃中有 50 万个细菌，每克垫料中含 8 亿个细菌，且细菌的增殖速度很快，如大肠埃希氏杆菌在适当的条件下，从开始时的 1 个细菌，8h 后达到 16 728 000 个。据测定，在容纳 1 000 只鸡的散养鸡舍中，每天可从空气中收集到 1.8kg 灰尘。因此应加强消毒，减少舍内粉尘和病原微生物的含量。消毒应在地面干燥干净时进行，面面俱到，不留死角，采用后退消毒法。选择有效的消毒药物，恰当保存，避光，减少与空气的接触，每天至少消毒一次。根据消毒药的使用说明配比，确保消毒效果。消毒液一般在冲洗晾干后进行消毒，喷洒必须退而不进，让消毒液形成保护膜（一般 5 ~ 10min）后再在其上走动，要求均匀使用。

（2）带鸡消毒　带鸡喷雾消毒是减少或消除舍内病原微生物的主要方法，是养鸡场综合防制措施的重要组成部分，是控制舍内小环境污染和疫病传播的有效手段。①消毒剂的选用。消毒剂必须广谱、有效、强力、无毒害、刺激性小和无腐蚀性，不宜选用有刺激的消毒剂。②使用剂量。应按照使用说明书介绍的方法和剂量使用，剂量准确，现配现用。一般喷雾量按每立方米空间 15ml 计算。③喷雾消毒的次数。根据鸡群年龄确定，鸡龄越大消毒间隔时间越短，21d 龄内的鸡群每隔 3d 消毒一次；21 ~ 40d 龄的鸡群隔天消毒一次；41d 龄后每天消毒一次。④消毒器械的选择和使用。带鸡喷雾消毒可使用雾化效果较好的自动气雾装置或电动喷雾器，也可使用高压冲洗机。喷雾时，雾粒吸附尘埃下沉，同时杀灭细菌和病毒，喷雾粒子大小以 100 ~ 150μm 较适宜，100 ~ 150μm 雾粒基本不漂浮；漂浮的雾粒一般在 50μm 以下，50μm 以上雾粒不会被鸡吸入。雾粒小，重量小，飞散速度慢，又呈漂浮状态，而对地面、墙壁及其他物体，若消毒药不能使其湿润，就不能发挥消毒作用，所以微粒子型的消毒效果差，且易被鸡吸入呼吸道，引起肺水肿，甚至诱发呼吸道病。雾粒较大时，粒子的重量及速度变大，当与物体冲突时，水滴被破坏，将物体表面

淋湿，消毒效果很好。然而当粒子过大时，粒子数少，在与物体的冲突中，会在物体表面留下空白处，从而降低整体消毒效果，易造成喷雾不均匀和鸡舍太潮湿。建议鸡舍配置干湿球温度计，密切关注舍内空气湿度的变化并及时调整喷雾时间，喷雾消毒宜选在气温高的中午，平养鸡则应选在灯光调暗或关灯后鸡群安静时进行，以防惊吓。⑤消毒药液的配制。配制消毒药液应选用深井水或自来水，注意水的酸碱度和杂质情况。一般消毒药液的温度以 38 ~ 40℃ 为宜。夏季尤其是炎热的夏天可用凉水。⑥准备工作。带鸡消毒前应先扫除屋顶的蜘蛛网、墙壁和鸡舍通道的尘土、鸡毛和粪便，减少有机物的存在，以提高消毒效果和节约药物的用量。做好消毒用喷雾器的准备工作，把喷雾器清洗干净，调整好喷雾雾滴的大小。⑦消毒方法。先关闭风口使舍内空气流动平衡并达到一定温度，在喷雾器里配好药液，喷头距鸡体 70 ~ 100cm，喷头向上，由鸡舍的一端开始消毒，边喷雾边向另一端慢慢走，使药液似雾一样慢慢下落；地面、墙壁、顶棚、笼具都要喷上药液；动作要轻，声音要小。初次消毒，鸡只可能会因害怕而骚动不安，应激较大，随着次数增多鸡群就会逐渐适应。⑧注意事项。鸡群接种疫苗前后 3d 内停止进行喷雾消毒。由于喷雾会造成鸡舍和鸡体表面潮湿，事后要开窗通风，使其尽快干燥，但开窗门时应循序渐进，不要突然一次性开窗。注意保持好温度特别是育雏期喷雾。消毒完毕，应用清水将喷雾器内部连同喷杆彻底清洗，晒干后妥善放置，以备下次再用。带鸡消毒一旦实施后要经常保持。

（3）消毒程序 ①空舍期。种鸡场一般空舍期不少于 8 周，场区在彻底清理的基础上，用 3% ~ 5% 的氢氧化钠溶液两次全面彻底喷洒消毒，然后按酸、中、碱性、甲醛熏蒸的程序执行，注意不同消毒药的消毒时间间隔不少于 24h（表 11 - 4）。②栋舍消毒。育雏前期 1 ~ 3 周内每天消毒一次，3 周后每 2d 消毒一次；网上育雏时，即便在免疫日，也要对栋舍中间过道、操作间泼洒消毒液，保证人员活动频繁场所洁净。③环境消毒。每周不少于 3 次，防止场区大环境空气中的病原微生物随通风而进入鸡舍。

表 11 - 4 鸡舍清理冲洗后的消毒程序

| 日期（周） | 消毒剂名称 | 消毒方法 | 用量（ml/m²） | 比例（ml） | 次数 | 雾粒大小 | 备注 |
|---|---|---|---|---|---|---|---|
| 1 | 拜洁 | 气雾 | 100 ~ 200 | 0.4 | 清理冲洗后及时 | 越细越好 | 进鸡前 5d 进行通风 |
| 2 | 拜净 | 气雾 | 100 ~ 200 | 0.4 | | 越细越好 | |
| 3 | 速可净 | 气雾 | 100 ~ 200 | 3 | | 越细越好 | |
| 4 | 安灭杀 | 气雾 | 300 | 0.2 | 进鸡前 10d | 越细越好 | 1 000m² 鸡舍需 800 升药液 |

### （三） 卫生控制

（1） 强化免疫　鸡场卫生程度、免疫效果和生物安全需定期检测和常规监查；定期对工作人员的手、孵化厅空气、种蛋表面、产蛋箱和鸡舍垫料、饮水、绒毛和 1 日龄雏鸡卵黄等进行细菌培养，以检测每项工作的效果。血清学试验可检测鸡群是否带有疾病，并对一些主要传染疾病的免疫能力提出印证；通过血清学试验和监测对生物安全措施和免疫程序进行调整。

（2） 采用 "4321" 管理模式　在适当的时间合理用药，如在产蛋率 5%、40%、70% 时可以分别投预防性抗生素，以后根据实际需要，每 4～6 周进行一次预防性投药。药物水量 = 料量 ×2－2.5 倍 ×2÷5，2h 饮完；使用药物喷雾时 1 000 $m^2$ 用 30kg 水，先用部分水，加药后再加水混匀后再喷。采用 "4321" 管理模式，即生物安全占 40%，鸡舍环境控制占 30%，鸡群管理占 20%（其中，公鸡管理 15%，母鸡管理 5%），其他如人员管理、生产安全、后勤辅助管理占 10%，打造一个相对舒适的养禽环境，精心细致做好现场细节管理，减少疫病的发生。

# 第十二章　免疫的细节管理

## 一、制定合理的免疫程序

了解鸡场的历史、地区目前的疾病流行情况、鸡场鸡群的健康状况，根据本地实际制定切实有效的免疫程序（表12-1），某个免疫程序不可能适用于所有的情况。

表12-1　建议免疫程序及注意事项

| 序　号 | 日　龄 | 周　龄 | 名　称 | 计划时间 | 实际时间 | 方　法 | 品牌/产地 | 使用剂量 |
|---|---|---|---|---|---|---|---|---|
| 1 | 1 | | LDT3 + Ma5 + cl30 | | | SP | 信得/英特威 | 1.2D + 1.1D |
| 2 | 5 | | Cocci - D | | | DW | 正典 | 1D |
| 3 | 7 | | Reo | | | SC | 英特威/荷兰 | 1D（0.2ml） |
| 4 | 8 | | cl30 | | | SP | 英特威/荷兰 | 1.2D |
| 5 | 9 | | ND + IB + AIH9 | | | IM | 威克/扬州 | 0.3ml |
| 6 | 13 | | MG - 6/85 | | | SP | 英特威/荷兰 | 1D |
| 7 | 14 | | IBD - D78 | | | DW | 英特威/荷兰 | 1.5D |
| 8 | 18 | | AIH5 - Re - 6 + Re - 7 | | | IM | 根据库存 | 0.3ml |
| 9 | 21 | | IBD228E + POX | | | DW + WW | 英特威 + 梅里亚 | 1.5D + 0.7 |
| 10 | 28 | | Ma5 + cl30 | | | SP | 英特威/荷兰 | 1.2D |
| 11 | 42 | | ND + AIH9 | | | IM | 大华农 | 0.6ml |
| 12 | 49 | | AIH5 - Re - 6 + Re - 7 | | | IM | 根据库存 | 0.6ml |
| 13 | 56 | | Reo + cl30 | | | SC + SP | 英特威/荷兰 | 0.2ml + 1.5D |
| 14 | | 11 | AE + POX | | | WW | 英特威/荷兰 | 0.8D |
| 15 | | 13 | ND - K + Ma5 + cl30 | | | IM + SP | 梅里亚/法国 | 0.5ml + 1.5D |
| 16 | | 14 | ILT | | | DW | 英特威/荷兰 | 1D |
| 17 | | 17 | ND + AIH9 | | | IM | 威克/华南农大 | 0.7ml |

（续表）

| 序　号 | 日　龄 | 周　龄 | 名　称 | 计划时间 | 实际时间 | 方　法 | 品牌/产地 | 使用剂量 |
|---|---|---|---|---|---|---|---|---|
| 18 | | | AIH5 - Re - 6 + Re - 7 | | | IM | 根据库存 | 0.7ml |
| 19 | | 18 | EDS | | | IM | 梅里亚/法国 | 0.5ml |
| 20 | | 19 | MG - 活 | | | SP | 易邦/青岛 | 2D |
| 21 | | 20 | ND + IB + IBD + Reo | | | IM | 英特威/荷兰 | 0.5ml |
| 22 | | | cl30 | | | SP | 罗曼/德国 | 1.5D |
| 23 | | 24 | H5 - Re - 6 + Re - 7 | | 提前调整为两个厂家 | IM | 根据库存 | 0.5/0.5ML |
| 24 | | 25 | H9 | | | IM | 梅里亚/华南农大 | 0.5/0.5ML |
| 25 | | 26 | NDcl30 + VG/GA | | | SP + YS | 英特威/荷兰 | 1.5D + 3D |
| 26 | | | ND - K | | | IM | 英特威/荷兰 | 0.6ml |
| 27 | | 30 | VG/GA | | | DW | 英特威/梅里亚 | 3D |
| 28 | | 34 | Ma5 + cl30 + VG/GA | | | SP + DW | 英特威/梅里亚 | 1.2D + 2D |
| 29 | | | ND - K | | 根据情况推迟 | IM | 梅里亚/法国 | 0.6ml |
| 30 | | 38 | cl30 + VG/GA | | | SP + DW | 英特威/梅里亚 | 1.5D + 3D |
| 31 | | 41 | ND + AIH9 | | | IM | 华南农大/大华农 | 0.7ml |
| 32 | | | AIH5 - Re - 6 + Re - 7 | | 根据情况推迟 | IM | 根据库存 | 0.7ml |
| 33 | | 42 | Ma5 + cl30 | | | SP | 英特威/荷兰 | 1.5D |
| 34 | | 47 | VG/GA | | | DW | 梅里亚/法国 | 3D |
| 35 | | 51 | ND - M + C | | | SP | 梅里亚/法国 | 1.5D |
| 36 | | | ND - K | | | IM | 英特威/荷兰 | 0.5ml |
| 37 | | 56 | VG/GA | | | SP | 梅里亚/法国 | 1.5D |
| 38 | | 61 | Ma5 + cl30 | | | SP | 英特威/荷兰 | 1.5D |

## 二、遵循正确的免疫原则

使用前认真阅读产品说明书、注意事项和疫苗生产商所推荐的使用方法。接种前对疫苗质量进行检查，发现无标签、无头份和有效期或标识不清者；疫苗瓶破裂或瓶塞松动者；生物制品质量与说明书不符如色泽、沉淀发生变化，瓶内有异物或已发霉者；过了有效期者；未按产品说明和规定进行保存的疫苗均应弃之不用。有必要时应进行加强免疫而不要减少成本，免疫只能减轻症状而不能清除疾病，也不能用来代替良好的生物安全措施（表12 - 2）。免疫时记录批号、有效期、接种日期、接种方法、接种剂量等；免疫后将疫苗瓶进行加热消毒处理。过期或失效的疫苗不能使用，更不能增加剂量来弥补。

**表 12 – 2　生物安全对高峰产蛋的影响**

| 鸡群 * | 育雏设备 | 空场时间 | 高峰产蛋（%） |
|--------|----------|----------|--------------|
| 39# | 不好 | 不空场 | 78.1 |
| 40# | 好 | 2 周 | 82.2 |

\* 鸡群 1 日龄免疫 Ma5，10 日龄免疫 49/1，6 周二免 49/1，育成期加强免疫麻株死苗，产蛋期免活苗

## 三、选择合适的疫苗和免疫方法

疫苗一般分为活毒疫苗和死疫苗两大类。活毒疫苗多为弱毒疫苗，可用多种方式接种；死疫苗又叫灭活疫苗，只能通过注射途径接种，其特征比较见表 12 – 3。生产实际中应根据具体情况选择合适的疫苗。

**表 12 – 3　活疫苗与灭活疫苗的特征比较**

| 活疫苗 | 灭活疫苗 |
|--------|----------|
| 出现较多的全身反应（疫苗接种反应） | 出现较少的全身反应（疫苗接种反应） |
| 疫苗毒株的扩散导致毒力返强 | 不会扩散到易感鸡群 |
| 需要多次接种疫苗（免疫保护期短） | 接种次数较少（免疫保护期长） |
| 接种方法较复杂，如喷雾/饮水免疫 | 接种方法不复杂，肌肉或皮下注射 |
| 鸡群的免疫反应较不一致 | 鸡群的免疫反应为一致 |
| 存在病毒传播的可能性 | 不存在病毒传播，也不会出现毒力返强 |
| 产生较少的循环抗体 | 产生较多的循环优体，对后代雏鸡的被动保护效果好 |
| 贮存条件要求高 | 贮存条件要求不高，货架寿命一般较长 |
| 不同活疫苗之间可能发生干扰 | 不同灭活疫苗之间不会发生干扰 |
| 每头份疫苗价格较低 | 每头份疫苗价格较高 |
| 能够进行大规模免疫接种 | 不可能进行大规模免疫接种 |
| 需要较少的劳动力 | 需要较多的劳动力 |
| 接种以后立即产生免疫保护效果 | 如果进行首免，接种灭活疫苗也能较快产生保护效果 |
| 活疫苗接种剂量较少，且能够在体内增殖 | 灭活疫苗接种剂量较大以便诱导足量的免疫反应 |
| 产生较好的局部和细胞免疫 | 仅产生高水平的血清抗体 |

### （一）活苗

如果鸡群数量和疫苗所使用的瓶数不相等，则应用足头份，永远不要降低

使用头份；只有在使用之前配制疫苗，配制好而未使用的疫苗应丢弃，配制应准确；接种之前应轻轻摇动疫苗瓶使其充分溶解，混合均匀；点眼、滴鼻或滴口免疫过快会造成一部分鸡漏免；饮水中加 0.1% ~ 0.3% 脱脂乳（或脱脂奶粉）或山梨糖醇（保护效价）能保护病毒；免疫时理想的水温为 8 ~ 21℃；免疫前48h 不能用氯化物或其他消毒剂消毒饮水。免疫后活苗能产生亚临床反应，因此，免疫后 7d 内不要打扰鸡群。

**（二）灭活苗**

灭活苗接种时的温度应在 15 ~ 25℃，以利于促进吸收和方便注射，必要时加温；免疫前和免疫过程中应摇晃，注射针头应进行更换避免感染；控制好计量，使用时间长了以后可能不一定准确；避免将鸡只扔到地上，采用斜坡或饲料袋避免受伤。

**（三）免疫反应**

如果疫苗注射途径不准确，可能会出现肿胀，感染并发症。免疫方式决定免疫应答的途径和强度即免疫效果；免疫方式包括滴鼻（IN）、点眼（IO）、翅种（周周）、皮下（SC）、肌注（IM）、喷雾（Spray）、饮水（DW）、蛋内（In – ovo）等（表 12 – 4）；应答效果依次为胚内接种 > 肌内注射 > 皮下注射 > 刷肛 > 气雾 > 滴鼻点眼 > 饮水；应激反应依次为饮水 < 滴鼻点眼 < 气雾 < 皮下注射 < 肌内注射 < 刷肛 < 胚内接种。

**表 12 – 4  主要疫苗及接种方式**

|  | ND | IB | AE | IBD | ILT | POX | TRT | MD | COX | SG | MG | CAA | REO |
|---|---|---|---|---|---|---|---|---|---|---|---|---|---|
| IN | √ | √ |  | √ | √ |  | √ |  |  |  | √ |  |  |
| IO | √ | √ |  | √ | √ |  | √ |  |  |  | √ |  |  |
| WW |  |  | √ |  |  | √ |  |  |  |  |  | √ |  |
| DW | √ | √ | √ |  |  |  | √ |  | √ | √ |  |  |  |
| Spray | √ | √ |  |  |  |  | √ |  | √ |  | √ |  |  |
| SC | √ |  |  | √ |  |  |  | √ |  | √ |  | √ | √ |
| IM | √ |  |  |  |  |  |  | √ |  | √ |  |  |  |
| IN – OVO |  |  |  | √ |  |  |  | √ |  |  |  |  |  |

# 四、正确运输保管稀释疫苗

## （一）疫苗的运输与保管

避免高温和阳光直射，在夏季尤其重要；疫苗应低温保存并使用冰袋冷藏运输。按生产厂家的要求储存疫苗，进口疫苗一般最适温度为 2~8℃，油乳剂苗和铝胶苗则应避免结冰；对疫苗应分类保存，以免错乱；每天至少记录 2 次冰箱的温度并注意冷藏设备的实际温度。

**（二）疫苗的稀释**

稀释疫苗前应对使用的疫苗逐瓶检查，尤其是名称、有效期、剂量、封口是否严密、是否破损和吸湿等；稀释疫苗应按说明书的规定或相应的稀释液进行稀释，对需用特殊稀释液的疫苗，应用专用稀释液，而其他的疫苗一般可用生理盐水或蒸馏水稀释，注意水的质量要求，以保证疫苗的质量与活性，避免使用不纯、污染或含氯的水；稀释液应清凉，尤其夏季；稀释液用量应准确；稀释过程应对疫苗瓶冲洗 2~3 次以防疫苗损失；稀释好的疫苗应尽快用完，尚未用完的应冷藏；稀释过程中应避光、避风尘和无菌操作，尤其是注射用的疫苗应严格无菌操作；对液氮保存的 MD 苗应严格按照生产厂家要求的操作程序进行。疫苗稀释液应在卫生条件下进行，确保无菌，一般不要加抗生素。

**（三）疫苗剂量**

疫苗的剂量太少，不足以刺激机体产生足够的免疫效应；剂量过大可能会引起免疫麻痹或毒性反应；不能随意增加或减少剂量，应按厂家推荐的剂量进行。

## 五、关注各种疫苗的免疫注意事项

**（一）点眼/滴鼻**

点眼免疫时，疫苗滴后等鸡只有吞咽动作，稍等片刻放开；做好已接种和未接种鸡群的隔离，避免漏防。稀释液用量要准确，需提前用滴管或针头试滴，确定每毫升的滴数，再计算实际使用疫苗稀释液的用量；一次一手一只鸡，避免同时抓 2 只及以上鸡，确保操作无误；免疫时滴头不得接触眼球，以免损伤眼睛。滴鼻免疫时，把鸡的头颈摆成水平位置，并用一只手按住向地面一侧鼻孔，以确保疫苗能更好地从另一侧鼻孔吸入。

**（二）饮水免疫**

饮水应清凉，水中不得含有灭活疫苗的物质；饮水器应清洁，免疫前不要用消毒剂清洁饮水器；稀释疫苗所用的水量，依据鸡龄及室温确定（表 12-5），一般以 1~2h 饮完为宜；饮水器应充足，使 2/3 的鸡只同时有饮水位置；饮水器应避开阳光直射。

表 12 – 5　饮水免疫用水量

| 疫苗剂量 | 2~4 周龄鸡只饮水量（L） | 4 周龄以上鸡只饮水量（L） |
|---|---|---|
| 2 500 头份 | 25~50 | 50~100 |
| 1 000 头份 | 10~20 | 20~40 |

### （三）皮下注射

灭火苗接种前 24h 将疫苗从冰箱中取出恢复至室温，用前将疫苗摇匀。每次接种疫苗前和中途应校准注射器，如使用注射器注入 5 头份的量，每头份为 0.2ml，总量应校准为 1ml，必要时可以校准每头份的剂量。维护好注射器。

### （四）肌肉注射

疫苗的稀释和注射量应适当，一般 0.2~1ml/只；对连续注射器，应经常核对注射器刻度容量和实际容量的误差；注意注射器及针头的消毒；针头插入的方向和深度应适当，胸注时，针头方向应于胸骨大致平行，插入深度雏鸡为 0.5~1cm，大鸡 1~2cm。疫苗推入后，针头应慢慢拔出，以免疫苗液漏出。在注射过程中，注苗针头和吸取疫苗的针头应绝对分开，避免因注射引起疾病的传播或引起接种部位的局部感染。

### （五）翼翅刺种

刺种时，应小心拨开鸡羽，注意勿伤及肌肉、关节、血管、神经和骨头；给 2 周龄以下小鸡接种时，最好每接种一瓶疫苗换一枚刺种针；勿用不合适的针接种疫苗，注意针槽勿向下，免疫后 7~10d 检查有无结节。

### （六）喷雾免疫

（1）鸡舍的条件　①密闭鸡舍。在关闭风扇的条件下，不能形成与外界对流的条件。②遮光。在喷雾操作时，应在无光线的条件下进行。③温度。考虑喷雾操作时，由于较长时间关闭风扇，可能造成温度上升。所以，夏季操作时，尽量在最凉爽的时间进行。④湿度。能达到在喷雾操作时，鸡舍内不起粉尘为准。

（2）喷雾器具　①喷雾器。在进行喷雾免疫前，先在鸡舍外进行调试。②电缆。长度要符合鸡舍长度要求，且接好不漏电的插头、插座。③喷雾器调节。在明亮处喷雾以观察雾滴的大小。

（3）疫苗　要结合鸡只数，多准备 10%~15% 疫苗，以备喷雾时浪费的应急。在使用前要保证疫苗的保存条件。

（4）稀释液　要用与点眼、喷雾或饮水相同的稀释液；结合不同的鸡舍及不同的鸡数、周龄用不同的量（表 12 – 6）。水质要非常好，最好用蒸馏水或去离子水，疫苗瓶要在水中开启，以便溶解疫苗，喷雾器应绝对清洁，一定不能有消毒剂或洗涤剂残留。

**表 12 − 6　喷雾免疫所需用水量**

| 鸡　龄 | 1d 龄（孵化室） | 7d 龄以上 |
|---|---|---|
| 所需水量/1 000 只鸡 | 300ml | 500 ~ 1 000ml |

（5）围栏　作用是圈鸡，对平养鸡，尽量圈定在鸡舍 1/3 的面积，不能圈的太密或太稀。

（6）校验　喷雾前 1 ~ 2d，按要求计算出喷雾免疫所需的水量和疫苗接种的速度；喷雾器必须为接种疫苗专用，使用前以清水反复冲洗干净，在明亮处喷雾以观察雾滴的大小。

（7）操作规程　①准备好喷雾器具。②使用足够数量符合要求的稀释液。将疫苗溶解后加入水中；反复冲洗疫苗瓶，冲洗液倒回疫苗溶液中，将疫苗溶液混合均匀。③开始喷雾。喷雾器喷头距鸡头 1m，并且尽量水平出水，即喷出的雾滴距鸡头的距离约 0.8 ~ 1m。喷雾器喷头喷出的雾滴可达 3 ~ 4m，所以，在角落的鸡只喷雾时要考虑距离。喷雾时要调节好喷嘴大小，使雾滴大小合适，喷雾中定期检查调节喷嘴。④开灯。操作结束后 3 ~ 5min 开灯，以免鸡群密度过大造成应激。⑤开启排风扇。操作结束后的 20 ~ 30min 开启风扇，以免过长时间关闭风扇造成温度上升，但不能开启太早，以免影响效果。⑥消毒。喷雾免疫的 2 ~ 3d 内尽可能不进任何形式的消毒，以免影响免疫效果。

# 第十三章　主要疫病的控制

当前，养禽业最大的困惑不是种和料的问题而是疫病的问题，如夏季鸡群的肠炎、冬春季鸡群的呼吸道病、产蛋下降及免疫失败等问题。预防和控制好重要疫病的发生与流行需要良好的鸡群健康管理、严格的生物安全措施，使鸡群建立坚强的免疫抵抗力，即优质疫苗 + 有效的免疫程序 + 正确的免疫操作 + 良好的管理与监控。

## 第一节　病毒性疾病

### 一、禽流感（AI）

根据表面抗原 HA 和 NA 的抗原性不同，可将 A 型流感病毒分成若干亚型，目前，已发现了 16 种 HA 和 10 种 NA 亚型。A 型流感病毒具有宿主特异性，感染禽类并致病的通常是 H5、H7 和 H9 亚型。H5N1 和 H9N2 亚型禽流感目前仍是对我国养禽业危害最大的疾病。H5 可引起产蛋鸡产蛋下降，甚至急性死亡，对整个行业的打击很大；H9 会引起产蛋鸡产蛋下降，与 ND 和 IB 等病混合感染时，对生产危害更大。2013 年秋至今，多个不同基因分支上出现了新毒株，新毒抹的流行状况不相同，大体可分为长江南北两大区域，这种多个新毒株同时间段集中出现的现象预示了病毒进化走到了一个新阶段。今后防控对象更多，困难更大，公共卫生问题可能更突出，养殖业面临更大的挑战。

#### （一）高致病性禽流感（H5 亚型）

发病主要集中在每年的 10 月到次年的 5 月，目前主要注意 7.2 分支病毒（H5N1、H5N2 亚型）、2.3.2 分支病毒（H5N1、H5N5 亚型），在水禽养殖密集区域应注意 2.3.4.6 分支（H5N1、H5N8 亚型）。发病后育成鸡精神不好，死亡快，粪便黄绿，每天出现数量不等的死亡，病程 2 周以上；产蛋鸡早期大群正常，突然个别鸡只死亡，随后精神不佳鸡只增加，采食量与产蛋率波动，发病 4~5d，采食下降 10%~40%，产量率下降 10%~50% 不等，死亡增加，发病 10～15d 病情缓和，死亡减少，病程 2 周死亡率 2%～10% 不等，后期易出现神经症状。免疫不好的鸡群发病速度快，采食量变化大，短时间内几乎绝产，产蛋率变化大，3～4d 产蛋下降 50%～60%，死亡 30%～50%，出现神经症状。刚开产的蛋鸡，表现为产蛋率缓慢上升，蛋壳几乎没有发生大的变化，但每天出现零星死亡，有的个别笼子出现全部死亡的现象。解剖病死鸡器官有黏液，卵泡出血或充血，输卵管内有黏液如图 13－1。防控时应选择有针对性、高效的疫苗进行高密集免疫，抗体越高，保护越好，目前主要是应用 Re－6＋Re－7 疫苗分别在 15d、50d、100d 及开产前进行针对性免疫，开产后根据季节选择免疫的时间，一般间隔 2～3 个月一次，定期进行血清学抗体跟踪监测，特别是有针对性地对毒株检测才有意义，及时与生产结合并合理分析。

图 13－1　输卵管病变

### （二）低致病性禽流感（H9N2 亚型）

H9N2 的感染率高，传播范围广，发病时间普遍在 11 月至来年 3～4 月；15～40 日龄雏鸡多发，死亡率较以前增高；传播快，鸡场一旦受污染，很难将其清除。在季节交替、温差变化大、空气干燥的条件下易发生感染，目前，主要是以肉鸡为主，20～35d 龄多发，个别产蛋鸡或种鸡零星发病，200～300d 龄多发，在肉鸡养殖密集区域或养殖公司，H9N2 污染严重，发病日龄会提前至 10～20d 龄。H9N2 虽然发病率高但死亡率低，一般感染后造成多器官损伤，引起免疫抑制、产蛋下降。育成鸡表现长时间的呼吸道症状，鸡群其他表现正常，死淘较少，用药效果不明显；产蛋鸡发病开始表现严重的呼吸道反应，拉绿色粪便，随后出现死亡，死亡率在 1%～5% 不等，产蛋率下降迅速，约 10%，蛋壳发白，这样的鸡群以在开产前防疫过 H9 疫苗，但开产后没有进行 H9 疫苗防疫的鸡群多见。鸡群在感染 H9N2 亚型禽流感后主要呈现呼吸、消化、生殖系统和全身组织器官轻度出血等症状和病变；可破环免疫系统，导致严重的免疫抑制，且易继发大肠杆菌或其他疾病如 IB、ND 等的感染，造成家禽发病率和死亡率上升，引起产蛋下降，病愈后难以恢复到原有水平。预防 H9N2 除了加强生物安全措施以外，应做好疫苗免疫；关注环境，重视管理，解决好通风与保温的关系，避免鸡群受凉。

### （三）H7N9 亚型

2013 年 3 月国内报告首例 H7N9 流感病例，10 月起人感染 H7N9 病例又开始报导，12 月至 2014 年 2 月形成了流行高峰，发生例数已超 300 且出现不少死亡病例，至今人的感染仍在持续。这一事件不仅形成很大的公共卫生问题，也给养鸡生产造成巨大冲击和巨大的经济损失。H7N9 传播能力较差，类似 H5N1。栋舍之间传播可能需 1 周以上，以后才加快，一个场内感染完毕可能会长达 $40 \sim 60d$。一旦出现变强现象，则致病性强于 H9N2，但会弱于 H5N1，不会造成 100% 死亡。临床表现可见大群尚好，死亡突然增多，不断出现蔫鸡并快速死亡，死前沉郁、个别拉稀、采食量轻微减少；产蛋下降 $15\% \sim 25\%$。死亡率可达 $10\% \sim 20\%$，病程持续 $2 \sim 3.5$ 周。剖检可能表现为卵泡赤红为主，伴有卵泡坏死和软化，输卵管及子宫内有大量乳白色黏性分泌物，肺、气管不同程度充血、出血，心、肝、脾、胰、肾、脂肪有不同程度的出血而少见肌肉出血。应高度关注 H7N9 致病性变强的问题，一旦变强其冲击力会大大提升。防控应重视生物安全工作，加强消毒隔离，发现疫情，及时上报。

## 二、新城疫（ND）

新城疫病毒自 1948 年在我国首次分离至今已 60 多年。近 30 年来，由于疫苗的广泛使用，ND 的发病和死亡率均得到了较好的控制。但自 20 世纪 90 年代以来，临床上非典型 ND 的发生现象十分普遍，同时，临床上 ND 与其他呼吸道病原体协同致病的现象也较为常见。目前，新城疫仍然是国内养鸡生产中影响最大与控制难度最大的疫病。ND 虽然只有一个血清型，但其强毒已进化出现了九个基因型，毒株众多，生物学特性差别较大。近年免疫失败增加甚至部分高抗体水平的鸡群仍然发病。ND 的致病性及毒力变化主要表现在：对同种宿主致病性发生变化；同种宿主携带毒株的毒力发生变化；宿主选择压力影响毒株毒力。不管通过人工传代或是自然选择，ND 毒力均可能由弱变强且这种毒力演化的速度在加快。ND 一直处于不断进化之中，目前，已产生了多个不同的基因型，由近十多年来从不同种类宿主临床病例中所分离到的 ND 毒株绝大多数属于基因 VII 型，而常用 ND 疫苗株 La Sota 的基因型为 II 型。临床发病主要集中两个阶段，20～40d 龄和产蛋高峰期。新城疫的防制应做好以下几点：制定科学合理的免疫程序并严格执行，做到灭活苗和弱毒苗联合使用，提高免疫应答的整齐度，避免免疫空白期和免疫麻痹是预防感染的关键；抗体监测要及时，发现抗体水平低、抗体离散度大、疫苗免疫后抗体没有增加、临床或剖检有新城疫症状时，要做好紧急免疫接种；紧急免疫接种时机的掌握很重要，一定要在鸡群刚出现轻微临床症状或没有临床症状，但在退色蛋增多、产蛋率轻微下降之前进行紧急接种，否则效果不是很理想；严格掌握免疫剂量和次数，避免大剂量、频繁免疫，导致机体免疫麻痹、耐受和免疫系统功能低下；选择适合的免疫方法，注意每种免疫方法各自的特殊要求，做到免疫效果确实；弱毒苗免疫特别应注意有隔离措施和事后的消毒措施，避免疫苗毒株扩散；应注意其他疫病的干扰如感染 IBD、MD 等时对 ND 产生严重的免疫抑制，支原体、传贫、白血病、大肠杆菌感染等也在不同程度上影响疫苗的免疫效果。

## 三、鸡传染性支气管炎（IB）

鸡传染性支气管炎是由鸡传染性支气管炎病毒引起的鸡的一种急性、高度接触性的传染性疾病。主要侵害鸡的呼吸、泌尿生殖和消化系统。引起鸡咳嗽、喷嚏、气管啰音、呼吸困难、肠炎、产蛋数量和质量下降等症状。IB 往往引起混合感染，并可继发细菌性疾病，从而加重了对鸡群的危害。该病具有高度传染性，病原系多血清型，目前，IB 的血清型至少有 29 种之多且新的血清型和变异株不断出现，从而使免疫接种复杂化且感染鸡生长受阻、耗料增加、产蛋下降、死淘率增加，给养鸡业造成巨大经济损失；输卵管囊肿鸡群产蛋无高峰，产蛋率为 40%～75%，上不了高峰；感染日龄越小，对后期产蛋影响越大。在规模化饲养条件下，IB 感染率更高，病型更复杂。本病一年四季流行，尤其在秋冬和冬春交替初期气温寒冷多变季节易发病，南方高温、高湿的气候本病也多发，在管理不良包括通风不良、氨气浓度大、饲养密度过高、舍温过低或过高及饲料中的营养成分配比失当、缺乏维生素和矿物质及其他不良应激因素都会促进本病的发生。临床症状主要有呼吸型、生殖型、肾型、腺胃型、肠型、混合型等。预防本病应加强生物安全措施，采取科学合理的饲养管理。加强抗体监测，制定合理的免疫程序。做好免疫预防工作，由于传支的血清型多，变异较快，在疫苗选择方面，要选择与本地流行毒株血清型一致的疫苗进行免疫。全进全出，减少饲养批次，尽可能延长空舍时间，污染重的鸡场要求空舍时间达到 1 个月以上方可进雏。季节交替时注意气温的变化，防止冷应激特别是在育雏早期要注意温度相对稳定，最好达到适宜温度的上限。

## 四、鸡传染性法氏囊（IBD）

IBD 为高度接触传染性病毒病，20～60d 龄高发，30d 龄左右最危险，未做过法氏囊疫苗免疫的鸡、法氏囊抗体很低的鸡或接种了强毒株的法氏囊疫苗，易患典型的法氏囊病，并发感染其他病时死亡率高达 40%，发病后 3～4d 死亡高峰，6～7d 逐渐平稳。病鸡精神不振、食欲下降；腹泻，排出大米汤样或牛奶样的白色稀便；脱水，眼窝下陷、干爪，病初有些鸡啄自己的尾部羽毛或泄殖腔。剖检胸肌、腿肌有条状、斑点状或刷状出血。但也要警惕非典型传染性法氏囊病，其病变为胸肌、腿肌没有明显的出血斑点，但法氏囊皱褶轻度水肿且有明显的针尖样出血点；腺胃与肌胃连接处靠近腺胃一侧有出血点或有一条出血带。病初法氏囊肿胀，浆膜表面呈现黄白色胶胨样浸润，囊壁增厚，质硬，外形变圆，呈黄白色瓷器样外观，黏膜皱褶水肿有出血点或出血斑；有时囊腔内有液状无色或浅黄绿色分泌物或呈豆腐渣样干酪样物；病情严重者法氏囊肿大 3～5 倍，外观颜色像"紫葡萄"样，法氏囊黏膜皱褶严重水肿、出血或糜烂溃疡；肾脏出现不同程度的肿胀，严重者呈花斑状，肾的横切面会流出白色的尿酸盐，并继发痛风；输尿管内有白色的尿酸盐，呈粗、细不一的白线状；常继发非典型新城疫的病变，腺胃乳头间出血、肠道有 3 处淋巴滤泡隆起出血，盲肠扁桃体肿胀出血，泄殖腔有点状或条状出血。预防该病应作好种鸡的免疫接种，使雏鸡有较高的母源抗体；肉鸡可用两次弱毒苗免疫。已感染典型传染性法氏囊病的鸡群，应紧急注射法氏囊病精制卵黄抗体；在早期、中期的治疗剂量，一般情况注射 1 次即可，必要时可于 24h 重复注射一次；需要注意的是应在注射法氏囊抗体 6～7d 后再进行一次法氏囊疫苗的免疫。

## 五、传喉（ILT）

本病是由疱疹病毒引起，主要发生于成年鸡，造成产蛋下降。临床表现呼吸频率增加，部分病鸡蹲坐地上，伸颈张口呼吸，发生喘鸣声。鸡只呼吸困难、血氧降低、冠髯变青紫色。眼睛产生结膜炎、流泪。气管黏膜充血、出血、肿胀，常见有带血黏液或血凝块或淡黄色分泌物，致使气管变窄。重症的咳出带血分泌物或血块。喉头分泌物及血块不能咳出时，可导致鸡只窒息死亡。病鸡和带毒鸡是传染源，主要通过呼吸道和眼内感染。预防本病可使用传喉弱毒苗对鸡群进行免疫，发病鸡群可紧急接种。

## 六、鸡痘（FP）

鸡痘是由禽痘病毒引起的慢性传染病，鸡痘流行时常爆发葡萄球菌病。根据发病部位不同，本病可分为皮肤型、眼鼻型、白喉型及混合型四种情况见图13-2和图13-3。皮肤型是最常见的类型，病鸡皮肤无毛处及羽毛稀少的部位出现分散或密集融合的痘疹，经数日结成棕黑色痘痂，慢慢脱落痊愈；传染较慢，病程3周左右；如群体没有继发感染，则对生产性能影响不大。眼鼻型多见于20~50d龄，病鸡最初眼、鼻流出稀薄液体，逐步变稠，眼内蓄积脓性渗出物，使眼皮胀起，严重者造成眼皮闭合，失明，造成营养衰竭死亡。白喉型（黏膜型）病鸡咽喉黏膜上出现灰黄色痘疹，很快扩散融合，形成假膜，造成鸡只呼吸困难，最后窒息死亡。鸡痘的防治在10~20d龄第一次刺种免疫，第二次在开产前进行。有时可根据各地疫情不同进行免疫接种特别是在本病高发季节前要注意免疫。对于发病早期的鸡群，可采取紧急免疫的办法，接种12h后药物保守治疗，主要以抗病毒为主。对个别鸡处理时，皮肤型鸡痘可在患处涂抹甲紫；眼型鸡痘使用眼药水洗眼；白喉型鸡痘用镊子清除气管内的痘痂，口腔、咽部患处可涂抹碘甘油。

图13-2　皮肤型鸡痘

图 13 – 3　混合型鸡痘

# 第二节　细菌性疾病

## 一、葡萄球菌

葡萄球菌病为环境性疾病。引起该种鸡群发病的主要原因为该场使用的竹排鸡床质量差，造成鸡腿部损伤。病鸡坡行、不喜站立和走动、多伏卧；关节肿胀、发热、多为单侧。关节囊内有或多或少的浆液，有的有纤维性或干酪样渗出物，剖检时流出淡黄色渗出物或浓性渗出液（图 13 – 4）。诊断时取关节囊液涂片，染色镜检，如有多量的葡萄球菌可确诊，然后将病料接种到普通琼脂培养基上培养，做药敏试验。治疗时选用高敏药物如庆大霉素按治疗量（1g 对水 2.5kg）连续饮水 5d，饲料中同时添加多维素，提高机体的抗病力。保持鸡舍卫生，每天用 0.3% 过氧乙酸带鸡消毒一次。勤更新垫料，防止垫料过分潮湿结块。发现病鸡，立即隔离或淘汰，防止传播。选用优质的鸡床材料，防止外伤；加强饲养管理，注意通风，提供全价的营养，保持适宜的饲养密度。

## 二、弧菌性肝炎

弯曲杆菌是条件致病菌，临床症状为死亡鸡多为夜间死亡，开灯喂料后有零星死亡。病鸡表现为精神不振、消瘦、腹泻、排黄白色水样粪便，外观部分鸡冠苍白、干燥、萎缩。剖检病死鸡及挑出的精神不好的鸡发现肝脏形状不规则、肿大、质脆、呈土黄色，表面隆起，有大小不等的出血点和出血斑，肝表

**图 13 – 4　葡萄球菌引起的腿病**

面有坏死灶，有的肝被膜下有出血囊肿或肝破裂大出血，血流入腹腔凝成血块，有的腹腔内有大量未凝固的血水（图 13 – 5）；脾肿大，肾脏苍白肿大；胆囊肿大，充满浓稠胆汁；卵泡发育停止，萎缩变形；部分病鸡出现心包积液。用灭菌注射器抽取胆汁及肝脏，将病料划线接种于 10% 鸡血琼脂平板上，在 10% $CO_2$ 环境中培养 24～72h，可见细小、圆形，呈半透明或灰色的菌落。挑出单个菌落，染色镜检可见弯曲杆菌。治疗时可选用丁胺卡那按产品说明书中建议的治疗量（1g 对水 3kg）连续饮水 5d；同时在饲料中添加维生素，补充营养，提高机体的抵抗力；用过氧已酸按说明每天带鸡消毒两次，上下午各一次。加强通风管理，注意昼夜温差，尽量避免各种应激因素；搞好鸡舍内外的环境卫生，彻底更换垫料，对鸡舍器具消毒，保持鸡舍的干净卫生，特别是饲料和饮水卫生；对鸡舍外环境每天消毒一次。

## 三、大肠杆菌

大肠杆菌在大自然界广泛存在，在环境优越的条件下很少引起发病。病鸡主要表现为采食量减少，精神沉郁，闭目发呆，缩颈，羽毛松乱，肛门突出外翻，拉黄白色或黄绿色黏稠稀便，部分有轻微呼吸道症状，单侧眼脸肿胀，有浓性分泌物。解剖病死鸡腹腔腹水呈黄绿色，并伴有纤维素样物流出，心包炎，肝脏肿大、质脆，表面覆盖一层黄白色纤维性渗出物，气囊壁浑浊、增厚，附有片状黄白色干酪样物，有的卵泡破碎，粘附在肠管浆膜面，有鸭卵样大小不等的球状物，质地硬，有的卵黄凝固，在输卵管内形成栓塞。肠系膜上

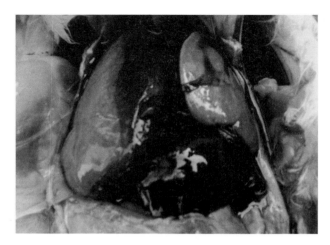

**图 13 – 5　弧菌性肝炎血不凝固**

附有大量黄色干酪样渗出物，肠黏膜有出血点或呈弥漫性出血性炎症变化。肌胃内膜易剥脱，有的鸡腹水严重，血液稀薄有溶白现象。实验室无菌操作取病死鸡的肝脏、脾脏，作组织涂片，采取革兰氏染色，用高倍镜检查可见大量呈淡红色、两端钝圆、无芽胞的阴性球杆菌；无菌操作取病死鸡的肝脏、脾脏等病变组织接种于普通肉汤培养基，同时接种于 LB 培养基和麦康凯琼脂平板，置 37℃ 温箱中，18h 后观察，普通肉汤培养基变为浑浊；在 LB 培养基上可见一个个圆形、光滑、湿润、半透明、直径 2～3mm 的菌落；在麦康凯培养基上的菌落形态特征呈鲜桃红色或微红色，圆形扁平，边缘整齐；无菌操作分别取肉汤培养基和 LB 及麦康凯培养基菌落涂片，革兰氏染色镜检呈革兰氏阴性两端钝圆、无芽胞的球杆菌；将纯培养物接种于葡萄糖、乳糖、蔗糖等生化培养管中，置 37℃ 温箱中观察 24～72h，结果葡萄糖、乳糖、蔗糖都产酸产气，甲基红试验呈阳性即可确诊。然后取大肠杆菌的纯培养进行药敏试验，根据药敏实验进行对症药物治疗。预防本病应加强饲养管理，减小饲养密度，重视通风换气，定期消毒，及时清理粪便，保持鸡舍干燥卫生，适时调节鸡舍温度。

# 第三节　原虫病与支原体病

## 一、组织滴虫病

组织滴虫病又称盲肠肝炎或黑头病，其主要特征是盲肠发炎和肝脏表面纽扣状溃疡灶。发病临床症状为精神不振、采食下降，垂翅、低头、闭眼、下痢，粪便恶臭、呈淡黄色或暗红色，个别鸡头部淤血呈黑紫色。剖检病死鸡可见小肠壁散布针尖大出血点，一侧或两侧盲肠肿大，黏膜出血，肠腔中积干酪样凝栓，凝栓表面粘附血液及坏死剥落的黏膜；断面呈同心轮层状，中心是黑红色血块。肝肿大，呈紫褐色，表面散在大小不一的圆形黄绿或黄白色坏死灶，坏死灶中央稍下陷，边缘稍隆起，呈扣状凹陷，坏死灶深入肝实质内。采集病变盲肠内容物，以40℃温热的生理盐水稀释制成悬滴标本，镜检可见大量急速旋转的组织滴虫虫体。治疗时用0.02%的甲硝唑连续伴料使用5d，饮水中同时添加液体多维，以提高机体的抵抗力；用药5d后间隔5d再用药一次；对个别重症者挑出，每只鸡单独肌肉注射青霉素10万IU、链霉素5IU。预防本病应加强鸡舍环境的卫生管理，适度通风，保持垫料干燥；定期消毒，减少病源微生物在鸡舍内外的数量，创造鸡舍良好的小气候环境。

## 二、球虫病

球虫病是养鸡业特别是地面平养和两高一低鸡舍中较严重的疾病，不仅可以引起鸡群的大量死亡，而且会造成饲料转化率低、增重降低，还可继发其他一些细菌和病毒性疾病，造成巨大的经济损失。防治球虫病一般有两种方法，一是药物预防，二是使用球虫疫苗。在药物防治球虫方面，总结出了早期投药、轮换用药、穿梭用药、连续用药、渐减用药、联合用药等多种给药方法，虽然控制了局部或地区的某一时间段鸡场的病势发展，但本病仍从整体上顽固地威胁着养殖业。药物预防还有盲目用药、迟误用药、超剂量用药、不足量用药、不交替轮换用药等操作不当的误区，从而使鸡群产生耐药性；同时有些药物会导致肠道菌群失调，干扰维生素的体内合成，进而影响增重。生物防治即使用球虫疫苗是当前防治球虫病的主要发展趋势，使用球虫疫苗后，在成活率、均匀度、饲料转化率和产蛋量等方面，优于抗球虫药物。但使用球虫疫苗免疫后而爆发球虫病的现象时有发生，给业者带来了较大的经济损失。因此，为了确保球虫疫苗的免疫效果，应注意以下细节。

### （一）正确储存稀释疫苗

球虫疫苗储存温度为2～8℃，严禁冰冻，冰冻解冻后也不能再用。稀释温度在20℃左右。

### （二）采用合适的免疫方法

球虫免疫一般是鸡通过采食饲料或啄食垫料，食入球虫孢子，经自身轻微感染3～4个周期后，建立免疫机制，一般一个周期为7d，在鸡的肠道6d，体外 1d。生产中通常采用 3～5d 喷料、滴口、饮水免疫。喷料免疫 1 000 头份疫苗加入到 600～1 000ml 洁净的水中，加入 1 袋助悬剂，用加压式喷雾器均匀喷洒到饲料上，搅拌均匀，让鸡自由采食 3～4h 即可。使用滴口免疫时，应经常来回晃动滴瓶，避免球虫卵囊沉淀。使用饮水法接种时，先将疫苗逐瓶倒入量好的水中，并将疫苗瓶内残留液充分洗出，再进行充分搅匀；缓慢加入助悬剂，边加边用木棒反复搅拌，避免其在水中结块，直到完成时溶液呈稀糊状；按照 50 只鸡一个饮水器将球虫疫苗溶液均匀分配，而后让鸡只自由饮用 4～6h，在此期间要求每间隔半小时赶动鸡群一次，直至全部溶液饮完后，将饮水器全部撤出进行认真、彻底清洗后再用；接种期间应确保除疫苗外无其他水源，并现配现用。

**（三）重视免疫细节**

只接种健康家禽，如有严重的鸡白痢、曲霉菌病，则不宜接种球虫疫苗；严格认真按说明书使用，不能超过或低于推荐的使用剂量；接种日龄最好在 3d 左右，不要超过 7d；饮水免疫接种时间一般不超过 2～3h，若在此期间疫苗还没饮完，疫苗应继续留在那里直至饮完；接种前应修好漏水的饮水器，不要向地面洒水，不要用乳头式饮水器接种；避免漏免；切记疫苗只能预防球虫病但不能治病。

**（四）关注免疫接种后的管理**

（1）禁用抗球虫药物　接种期间及接种后 14d 内，禁止对家禽使用抗球虫药物，不能使用含金霉素或洛克沙胂等含有抗球虫活性的添加剂，即使低剂量的药物也会降低甚至破坏疫苗的功效。饲料中也不能添加任何抗球虫药物。球苗免疫鸡群可选用新霉素、杆菌肽锌、黏杆菌素、吉它霉素等药物。

（2）正确使用抗生素，避免药物干扰　多数抗生素如链霉素、庆大霉素、青霉素、林克霉素以及喹诺酮类可与球虫疫苗同时使用，但广谱抗生素如硝基呋喃类、磺胺类具有抗球虫的功效，不可与疫苗同时或在疫苗接种后 14d 内使用。3 周内不能用强力霉素类药物，以免干扰免疫的建立，3 周内治疗呼吸道疾病时可选用泰乐菌素、红霉素、氧氟沙星、替米考星等。确保雏鸡开口药不含氯霉素类（氟苯尼考等）、四环素类（强力霉素等）、磺胺类及增效剂 TMP 等对球虫有抑杀作用的药物，开口药可选用喹诺酮类如恩诺沙星、环丙沙星等。

（3）正确识别和处理疫苗反应　由于垫料过于潮湿，促使排出的球虫卵囊过度孢子化以及鸡只个体的差异会出现疫苗反应，在接种后的第 12～14d 应特别注意，鸡群可能会出现拉肉红色或酱油色粪便，这是正常的疫苗反应，不需采取任何的措施；如出现大量血便，甚至有病死鸡，采食量减少，则是疫苗反应过重或过早感染强毒虫株，要立即在饮水中连续 2d 投予治疗量的地克珠利或百球清；也可以在免后 16 ~ 17d 投予 2d 预防量的地克珠利，防止过度免疫反应的发生。

（4）及时扩栏　建议不要逐日扩栏，接种后第 7d 应扩大围栏，满足到 17d 时鸡群需要的饲养面积，以利于鸡群获得均匀的重复感染机会；为使家禽获得好的免疫力，使其有机会从排出的粪便中食入新一代的虫卵，并使虫卵在体内第二次繁殖，扩栏和转群时应将一部分旧垫料撒在新的垫料表面，保证鸡只还能接触到原先排出的球虫卵囊，不断进行球虫疫苗的免疫。接种后足 8 ~ 16d 内要求在围栏中间位置、料桶下垫上饲料袋，其摊开面积为育雏栏面积的 1/3 ~ 1/4，并在上面撒上少许垫料；严格按要求在接种后 8 ~ 16d 内不能扩栏，如果确实需要扩栏，应注意在 6 ~ 10d 内不能扩栏，让鸡群食入球苗卵囊，实现二免。在 11d 时可以有一天的扩栏时间，之后从 12 ~ 16d 不能扩栏，让鸡群食入球苗卵囊，实现三免。16d 后可按照常规扩栏。

（5）补充维生素　球虫卵囊在消化道内繁殖，需要消耗较多的维生素，如饲料中维生素不足，不仅影响球虫卵囊的繁殖，而且会造成维生素的缺乏。

（6）注意加强对坏死性肠炎的控制　曾有坏死性肠炎流行的鸡场勿用球虫疫苗。通过饲料中添加抗生素类促生长剂或微生态活菌制剂、饮水中添加抗生素等预防坏死性肠炎。

**（五）确保免疫成功**

成功的关键是均匀一致的免疫和良好的免疫后饲养管理。

（1）注意观察鸡群的粪便　一般在免疫 5 ~ 7d 后鸡开始排出虫卵，7 ~ 10d 粪便变黑或呈褐色稀便、淡红色软便，说明免疫成功。如出现多量血便，有可能是盲肠球虫。

（2）加强垫料管理　免疫后的垫料管理至关重要，垫料过干，球虫卵囊不能孢子化或孢子化太慢，鸡群啄食不易得到反复免疫；垫料太湿，卵囊孢子化的数量太多，易使免疫力尚未建立的鸡群发病，这在扩群和转群时尤要注意。垫料湿度以 25% ~ 30% 为宜，用手抓起一把垫料，手心有微潮的感觉。免后 4 周内不要彻底清除或更换垫料，如更换就中断了鸡只与球虫卵囊的接触机会，造成免疫力不完全。如垫料过于潮湿或粪便结块，应局部更换。

（3）强化环境控制，预防球虫病的发生　严格的环境控制和良好的日常管理是消灭球虫传染源与切断球虫传播途径的最有效方法。因为无论药物或疫苗在使用时间上总有与其他免疫或用药相抵之处，如按现在市售药物的作用机理和本病高发日龄，预防性投药应在 1d 开始，然后 10、20、30、40d 选用不同的药物投药 3~5d，而这同其他疫苗免疫和其他病症的药物防治是无法科学安全交错进行的，可操作性极差。球虫卵囊虽然对多种环境因素具有强大抵抗力，但是对高温和干燥抵抗力弱，鸡粪的堆积发酵可产生 70℃ 左右的温度，足可以杀灭虫卵，并且所产生的氨气也能极好的杀灭球虫。空舍时间长，保持干燥能使球虫卵发育停止或死亡，因此是一种抑杀办法。球虫卵囊在体外适宜的发育温度为 20~30℃，高于 37℃ 或低于 8℃ 发育停止，40℃ 经 2~4d 死亡。其发育的适宜温度区大多正是育雏温度期，也正是鸡的球虫易感高发期，但是刚排出到外界的虫卵要在适宜的温湿度条件下经 1~3d 才能发育成有感染力的孢子卵囊，因此，在没有应用球虫疫苗的鸡场，应趁虫卵尚未发育成致病卵囊之前，及时清扫粪便，这也是预防球虫病的办法之一。对空舍地面、墙壁、笼具、通风孔、下水道口进行喷灯（枪）火焰消毒是又一有效方法，可先将鸡舍彻底清扫冲洗干净，然后用煤油或汽油喷灯（枪）直烧地面等 1min 以上，火焰可达 600~800℃，可将虫卵、病毒、细菌一并杀灭。通常每千克煤油约可喷烧 30m² 面积。人员鞋底、车辆、用具、飞鸟、老鼠、昆虫等也是球虫传播的媒介，鸡场管理应尽可能减少或杜绝这类传播。如苍蝇食入卵囊可在其肠道保持活力 24h，鸡若啄食苍蝇也会积累发病，所以，鸡舍防蝇这类看似不起眼的措施，都对减少球虫病的发生有效。改变饲养方式如笼养或网上平养，减少鸡只粪便与虫卵接触机会；加强环境卫生管理，降低球虫卵囊的污染程度，均能有效降低球虫病的发生。

（4）增强职工责任心　鸡场管理人员的责任心是防治球虫病的重中之重。如对鸡群粪便的观察，正常情况下鸡的排便是每天 12~16 次，多是黑色带白边或棕色带白边有固定形状，盲肠粪便是土黄色呈糊状，每天 1~2 次，多在早晨。而在球虫发病前 1~2d，鸡群通常会表现为采食明显增加，之后才会渐减饮水增加；一些鸡开始排水样便、料渣便，盲肠便变深棕色或血色，羽毛脱落比平常多等，如果不能及时观察到这些变化，就会延误防治的最佳时机。这需要鸡场管理人员细心、及时、周到地考虑。

（5）尽量减少应激　避免接种新城疫 I 系或传染性喉气管炎等毒力较强的疫苗。

（6）做好免疫抑制性疾病的预防和控制工作　许多免疫抑制性疾病如传染性法氏囊病、霉菌毒素中毒等，会严重影响抗球虫免疫力的建立，加重疫苗反应。应避免这些疾病对疫苗免疫效果的干扰。加强日常管理，重视温、湿度，通风和密度，因温湿度是肉种鸡生产中关键所在；通风是肉种鸡生产中生命所在；密度是肉种鸡生产中灵魂所在，为种鸡创造良好的生活环境，提高疫苗的保护力，以取得较好的生产成绩。

### 三、鸡毒支原体病

鸡毒支原体病发病率高、病死率低，造成的损失主要在于感染鸡生长缓慢、不均匀，饲料报酬低，降低孵化率、产蛋率等。本病主要呈慢性经过，病程可持续 1 个月以上甚至 3 ~ 4 个月。幼龄鸡表现少食，体重减轻，鼻孔流浆液性、黏液性直到脓性鼻液，病鸡流出鼻液时常表现咳嗽和气喘，呼吸时常有气管啰音。有的病例口腔黏膜及舌背有白喉样伪膜，喉部积有渗出纤维蛋白，病鸡常张口伸颈吸气，呼气时则低头、缩颈。后期渗出物蓄积在鼻腔和眶下窦引起眼睑肿胀。成年鸡还表现产蛋量下降。发生输卵管炎时，产软壳蛋，这种情况在鸡群中可持续半年以上。最常见的病理变化是呼吸道、鼻腔和眶下窦内有多量混浊、黏稠的液体渗出物和干酪样渗出物，黏膜水肿、充血、肥厚。喉头黏膜轻度水肿、充血和出血，并覆有多量灰白色黏液性或脓性渗出物。气管和支气管内有多量灰白或红褐色黏液。治疗本病必须全群投药，并注意交替和联合用药。可采用 0.1% 泰乐菌素或支原净（泰妙菌素）、0.025% 红霉素、0.05% 北里霉素拌料或饮水，连用 5 ~ 7d。为有效地预防本病水平传播及垂直传播，必须做到培育和建立无支原体感染鸡群，杜绝从本病污染场引进种鸡。加强饲养管理，严格执行鸡舍卫生防病制度，控制和避免各种应激因素及继发症。国内外使用的弱毒疫苗有 F 株、6/85、TS - 11 等疫苗，对 1 日龄、3 日龄和 20 日龄雏鸡点眼接种，免疫保护力在 85% 以上，免疫期 7 个月。本病的油乳剂灭活疫苗已在国内外广为使用，安全有效，保护率可达 80% 以上。

## 第四节 其他疾病

### 一、脂肪肝综合征

鸡脂肪肝综合征是以肝脏脂肪变性、脂肪过度沉积、肝细胞与血管壁变脆而致肝脏破裂，引起肝脏出血为主要特征的营养代谢性疾病。该病在夏季高温季节最易发生。发病鸡精神委顿，多喜卧，腹部膨大而软绵下垂，很少运动，采食速度慢，产蛋上升缓慢，并出现黄绿、水样粪便；病鸡鸡冠、肉髯褪色变淡，苍白，甚至发嵌，有少数鸡死亡；部分病鸡出现瘫痪，临死前侧卧于地；肥胖鸡发病率高，下腹部可触摸到厚实的脂肪组织。剖检病死鸡发现尸体肥胖，体重偏大，皮下、腹腔及肠系膜均有多量的脂肪沉积；肝脏肿大，色泽变黄，质地松软，易碎，淤血，边缘钝圆，呈黄色油腻状，表面有条状破裂区和小的出血点，肝脏表面有大小不等的出血块；个别鸡胸腔积血水，卵黄破裂，输卵管末端有一枚完整而未产出的硬壳蛋；有的鸡心肌变性呈黄白色；有的鸡肾略变黄，脾、心、肠有程度不同的小出血点。取病鸡肝触片镜检，可见肝细胞内充满脂肪空泡，胞浆内有大量的脂肪沉积以及大小不等的出血；有的可见局部肝细胞坏死，脂肪弥漫分布整个肝小叶，使肝小叶失去正常的结构，与一般的脂肪组织相似。取病鸡血液化验，血清胆固醇为 825mg/100ml；血钙为 52mg/100ml，均高于正常值。治疗时合理调整日粮中的蛋能比，适当降低日粮的能量水平，增加蛋白质的含量；降低油脂的用量，由 2% 降至 1%。保证日粮中有足够的营养成分，在每吨饲料中另加蛋氨酸 500g，氯化胆碱 1 000g，维生素 E200g，维生素 C200g，并适当增加其他维生素和微量元素的添加量；调整饲喂时间，将种鸡的上料时间由原来的早晨 6 点提前到早晨 5 点，以减少高温对种鸡采食的影响；加强通风，降低舍温，减少应激。

## 二、磺胺类药物中毒

禽类对磺胺类药物较为敏感，据试验，幼禽采食含 0.25% ~ 1.5% 磺胺嘧啶的饲料或口服 0.5 克磺胺类药物，即可呈现中毒表现，如用药剂量太大或连续用药超过 7d，会引起急性中毒。病鸡表现为羽毛松乱，腹泻，鸡冠苍白，精神沉郁、扎堆、蹲伏不能站立，采食量减少而饮水量增加，重症者出现痉挛或麻痹等神经症状。剖检病鸡皮肤、肌肉、内脏出血，大腿内侧斑状出血，脑膜充血水肿，肠道黏膜、腺胃和肌胃黏膜有出血点，个别肌胃角质层下出血，肾脏明显肿大、输尿管增粗并充满白色的尿酸盐，肝脏肿大，呈紫红色，胆囊充盈，内充满胆汁。治疗时立即停用引起病变的药物。给予充足的饮水。在饮水中加入 1% 的小苏打和多种维生素特别是维生素 C 和维生素 $B_1$，促进药物排泄和提高解毒效果。用 10% 的葡萄糖拌料，连用 7d，同时每千克饲料中加入 5mg 维生素 $K_3$，连用 7d。实际生产中，应严格控制剂量，正确掌握疗程，一般不超过 5d，对幼禽和产蛋禽应少用或禁用。

## 三、霉菌毒素

霉菌毒素是由不同的霉菌或真菌所产生的具有毒性的次级代谢产物，大多数饲料原料都较适合霉菌的生长，在饲料原料中广泛存在特别是玉米、豆粕、麦麸、花生粕。穗顶部玉米、玉米皮和原料粉尘及玉米副产品如玉米蛋白粉、玉米胚芽粕、次粉中的毒素含量更高。在抽样检测中多种霉菌毒素共存的现象很普遍，含两种或两种以上霉菌毒素的样品占80%以上；检测到4种及以上霉菌毒素的样品占比接近70%。世界谷物总产量的25%受霉菌毒素的污染，我国大宗原料有近1/3霉菌毒素超标，每年仅此一项造成的经济损失多达20亿元人民币。没有一种单一的方法能解决霉菌毒素问题，只有结合不同的情况采取相应的对策才能获得成功。

**（一）霉菌毒素的种类**

霉菌毒素的种类很多，已知的霉菌毒素种类超过300种，如曲霉菌、麦角菌、青霉菌、镰刀霉菌、红青霉菌和玉米赤霉烯酮等。严重威胁养鸡生产。

**（二）霉菌毒素的危害**

霉菌感染对鸡的影响程度，随鸡日龄的增长而减少，造成的危害是长期积累的。霉菌毒素扰乱营养物质的消化吸收，继而造成机体营养缺乏，影响动物的生产性能，降低繁殖性能，用药失败（抗菌素），对疾病的敏感性增强，抗病力降低，免疫抑制——免疫效果减弱或无效，死亡率增加。在实际生产中，表现为多种毒素混合存在，又有一定的地域差异，随地域不同各种毒素的危害程度略有差异。导致免疫抑制的霉菌毒素有黄曲霉毒素、玉米赤霉毒素、赭曲霉毒素、呕吐素（T-2毒素、HT-2毒素）和烟曲霉毒素等。

**（三）感染霉菌毒素的症状**

霉菌感染的雏鸡1日龄会出现呼吸道症状，大约10%会从肺部和气囊发现霉菌的斑块状感染变化或有结节，肌胃黏膜常可见黑色条纹状病变；有此变化的雏鸡，检查其孵化场的毛蛋可发现大约70%以上在气囊和肺部有霉菌斑块状感染变化，此类雏鸡，在早期的7d内会有不同程度的死亡，极易在4~10日继发大肠杆菌，使鸡群难以继续饲养。雏鸡感染霉菌会导致生长不良，4日龄后表现为采食量下降，群发性生长迟缓，体重减轻，羽毛蓬松，饲料便，尖叫奔跑，精神异常，如无细菌感染将在更换没有霉菌毒素污染的饲料以后或3周以后生长情况转好。玉米赤霉烯酮会导致15d的公鸡鸡冠发育过度甚至打鸣。15周至产蛋高峰期，对鸡的影响最大，通常表现为喜卧，采食慢；产蛋上高峰期如发生霉菌毒素中毒会引起拉稀；高峰鸡产的雏不如老鸡雏好养，毛蛋率、受精率和产蛋率等一系列生产指标下降。玉米赤霉烯酮（F-2毒素）及T-2毒素会使活鸡腹泻和肝脏等重要脏器坏死，脂肪肝，肝脏有出血斑，血斑蛋、破蛋、软蛋增多；腺胃、肌胃黏液分泌物增多或出现溃疡，腺胃肿胀，严重的导致突然死亡，影响产蛋5%~30%甚至停产。饲喂含有2mg/kg T-2毒素的饲料，5~7d后就能看到口腔溃疡见彩插 15 和彩插 16。饲料发霉导致黄曲霉菌中毒而产生免疫抑制，抑制禽类抗体的合成，使胸腺、法氏囊、脾脏萎缩，增加鸡对马立克病毒、盲肠球虫、沙门氏菌的敏感性且死亡率增高。即使饲料中黄曲霉毒素浓度很低（0.1mg/kg），仍会引起营养吸收不良，生产性能下降，见表 13-1，造成某些营养物质如维生素 D 和维生素 $B_2$ 的缺乏。当鸡群表现为免疫抑制时，应考虑霉菌毒素问题，多是饲料问题，其他原因引起的免疫抑制，通常只表现为个别或部分免疫抑制。

表 13-1　黄曲霉毒素的影响

| 品　种 | 饲料中毒素量（mg/kg） | 症状与影响 |
| --- | --- | --- |
| 产蛋鸡 | 2.5 | 产蛋率下降 |
| | 10 | 产蛋率下降 50% |
| | 20 | 产蛋率下降 100% |
| 肉仔鸡 | 0.44 | 无影响 |
| | 0.8 | 肝脏有变化 |
| | 1.6 | 肝脏病变、体重下降 |
| | 1.5 | 体重下降、死淘率上升、肝脏病变 |
| 肉鸡 | 0.625 | 增加伤口感染 |
| | 2.5 | 体重下降 |

### （四）霉菌的防控

影响养鸡成败的 3 个关键因素有疾病、饲料（霉菌和真菌中的一些微生物）和环境。饲料质量的好坏至关重要，而其中解决霉菌及霉菌毒素问题尤为迫切。霉菌的来源主要是饲料、垫料和环境。最根本来源又可分为田间、饲料原料的生产收获过程、贮藏、原料的各流通环节及在本场原料库中的贮藏过程。

（1）加强饲料质量的管控　从原料的选择、入库、贮藏等过程，全程严把饲料质量关，防止污染。霉菌毒素的控制应从作物生长、收割以及动物生产循环的整个过程进行控制包括种子的控制、作物的生长和收割、干燥或储存、饲料制作和储存等环节。动物的霉菌毒素中毒处于整个较长而复杂的生产链的末端。雏鸡料及预产期（18 周至开产前）的饲料质量尤其需要注意。选择好的原料，因为霉菌毒素无处不在，选购的各种饲料原料应进行检测留存备查，成品料进行化验分析，尽量使用新鲜饲料。保持良好的储存条件，夏天不超过5d，冬天不超过10d。控制水分，注意饲料储存仓库、蛋库及鸡舍内的湿度。

（2）注意鸡舍卫生  保持用具和设备干净尤其应注意料槽、料桶、料箱底、转角器、仓库死角、饲料机底部等。防鼠、虫、飞鸟和动物。对空料仓不适当的处理方法会造成霉菌毒素的产生。

（3）勤换垫料和产蛋窝垫料  防止种鸡舍地面垫料和产蛋窝垫料污染霉菌。产蛋期每天翻垫料一次；太脏的垫料、结块扳结、潮湿和发霉的垫料要及时更换；不要图省事，往湿垫料上添加新垫料。笼养鸡在产蛋期笼具垫网上的粪便每周应至少清理两次，确保垫网清洁。产蛋箱内应铺设柔软舒适、弹性适度、清洁新鲜的垫料；保持蛋箱中的垫料干净卫生不缺失，如有粪便及时清理，每周更新一次蛋箱内的垫料。及时收集种蛋，拣蛋间隔时间不超过2h，开产至产蛋高峰前每小时强制赶鸡下地面；开产时不要在地面上添加新的垫料，厚而干燥的垫料会布满鸡只刨抓形成的临时产蛋窝；巡视时，及时发现在垫料上做窝的鸡只，驱赶鸡只远离墙边和角落，减少窝外蛋。

（4）使用吸附剂控制霉菌滋生  饲料中添加霉菌毒素吸附剂控制霉菌，防止霉菌毒素被机体吸收如活性炭、沸石黏土、水合硅铝酸盐（钠或钙）等，见表13-2。

表13-2  矿物盐对黄曲霉毒素水溶液的吸附作用

| 矿物盐种类 | 黄曲霉毒素吸附率（%） |
| --- | --- |
| 氧化铝 | 27 |
| 沸石 | 75 |
| 硅石 | 82 |
| 硅铝酸盐 | 88 |
| 化学级页硅酸盐 | 98 |

（5）脱毒去除饲料中的霉菌毒素  防霉剂可以防治、抑制霉菌的生长，但不能去除已存在的霉菌毒素。采用物理、生物转化和化学处理如亚硫酸氢钠、二甲基亚砜、氢氧化钙、次氯酸钠、过氧化氢、甲醇、碳酸氨、水、二氧化硫、甲醛、氯气、无水氨等方法去除饲料中的霉菌毒素如表13-3；使用抗氧化剂BHA减少黄曲霉毒素；使用防霉剂控制霉菌如丙酸类防霉剂比甲酸类有效；通过肠道菌群解毒，蛋白质和胱氨酸促进肝脏谷胱甘肽对黄曲霉毒素的解毒作用。

表13-3  不同霉菌处理方法的对比

| 方 法 | 功能物质 | 作用机理 | 优 势 | 劣 势 |
|---|---|---|---|---|
| 吸附法 | 矿物质吸剂如蒙脱石 | 吸附固定 | 绿色、安全 | 吸附不完全，对无极性或极性不强的霉菌毒素无作用，同时可吸附营养物质如维生素，造成营养物质流失 |
| 生物转化 | 微生物、酶、代谢中间体等 | 生物转化反应 | 绿色、安全，对无极性或极性不强的霉菌毒素也有效 | 成本高、不能抑制或杀灭真菌 |
| 生物保护 | 植物、海藻提取物、合成化药等 | 消除 | 杀灭真菌、修复肝肾损伤、解毒迅速 | 成本高 |

（6）转移用途　从易感动物转移到非易感动物，从饲料用途转移到酿造用途或榨油，副产品可能含有非常高浓度的毒素。

（7）注意与白色念珠菌混合感染的区别　白色念珠菌主要感染雏鸡和幼龄鸡，表现为嗉囊胀大，剖检可见嗉囊内有白色假膜样粘附物、溃疡。如果在腺胃发现有白色黏液，应注意观察嗉囊内是否有白色假膜样物质，若有则怀疑为白色念珠菌。

**（五）现场处置**

（1）取样分析并检测　①取样。霉菌存在与否并不是判断霉菌毒素中毒的依据，只有检测原料或饲料中毒素的含量才是最可靠的依据。如饲料未见霉变现象，应多取一些样品进行分析；如饲料有霉变则取霉变部分进行化验。一般霉菌毒素的控制主要针对黄曲霉毒素，但也包括其他毒素。原料或成品料在湿度12%的条件下，原料中黄曲霉毒素含量最大不超过0.05mg/kg；成品料（除育雏料外）不超过0.02mg/kg；其他家禽饲料不超过0.01mg/kg；补充性家禽饲料不超过0.03mg/kg；花生饼、棉籽饼、玉米及上述原料衍生产品不超过0.02mg/kg。②化验步骤。霉菌毒素的分析比较复杂，不同的霉菌毒素及不同的分析研究目的应采用不同的方法。一般用氯仿或水提取、清洁、分离、检测和鉴定，通过薄层色谱法或高性能液体色谱仪分离、检测。某些霉菌毒素的分析研究需采用荧光过滤筛选法或气相色谱分析法。近年来，免疫学分析方法已被运用，用以筛选霉菌毒素的ELISA试剂盒也已商品化。抗毒素血清的出现能够针对大多数霉菌毒素，免疫吸附也有效地运用在霉菌毒素化验分析当中。

（2）加强饲养卫生管理　防止饲料和垫料发霉，使用清洁干燥的无霉菌污染的饲料，避免接触发霉堆放物，改善舍内通风和湿度，减少空气中霉菌孢子的含量。

（3）清扫消毒　及时移除污染霉菌的饲料和垫料，清扫禽舍，喷洒1∶2 000的硫酸铜溶液，更新垫料。清除鸡场粪便，集中用漂白粉处理，用具用0.2%次氯酸钠溶液消毒。

（4）避免使用发霉的饲料或饲料原料　从霉菌毒素含量较低的地区购入玉米及其他饲料原料，并做好毒素分析。做好饲料原料及全价饲料的储运及存放工作，防止受潮发霉。

（5）投抗厌氧菌药物　使用甲硝唑混饮，1g对水10~20kg，拌料加倍，连用4d；也可使用乙酰甲奎（痢菌净），使用量0.008%~0.01%，并采用五级拌料方法进行五倍稀释，充分混均，防止中毒，连用2~3d，再改用0.005%，减量饲喂2~3d。重症7~10d后再投一次。

（6）适当添加防霉剂或霉菌毒素吸附剂　使用质量可靠的防霉剂，选择正确真正有效的毒素吸附剂如霉卫宝1.0~2.9kg/吨料，前10d按最大剂量，然后递减。使用制霉菌素每只空腹3万~5万单位，1d2次，连续2~3d。对不同程度的霉变饲料要有正确的使用方案。

（7）使用合格的多种维生素添加剂　降低饲料中维生素 $B_1$ 可以减轻黄曲霉毒素中毒。使用维生素C能减轻产蛋鸡赭曲霉素中毒的影响。

（8）添加酸化剂，降低肠道pH值　如使用巧妙酸1∶1 000，每天用6h，连用3d，重症可连用6d。使用优酸净1∶（1 200~1 500），连用5d。

（9）种鸡产蛋期口腔溃疡的防治　可通过饮水添加15~20mg/L的甲紫或碘制剂，隔日使用一次，连用2~3次，可明显改善口腔溃疡；轻度感染者可用1∶（2 000~3 000）硫酸铜溶液连续饮用3~4d，可减少新病例的发生，但应注意用量，防止损伤肠胃；每日两次饮5%的葡萄糖水，提高饲料营养水平，添加维生素如维生素A、维生素C等。

## 四、产蛋猝死症

产蛋鸡猝死症，又称产蛋疲劳症，是当今种鸡生产中以笼养鸡夜间突然死亡或瘫痪为主要特征的疾病。装笼不久的新开产母鸡和高产鸡易发，最近在平养中也多见。初开产的鸡群产蛋率在20%~60%时，产蛋率越高，发病率就越高。常发生于夜间。临床上没有任何发病症状，突然死亡，有时可见死于产蛋箱中。肛门外翻，充血。有时在死亡前可见种鸡呼吸困难。慢性病鸡一般站立困难，腿软无力，负重时呈弓形或以飞节和尾部支撑身体，甚至发生跛行、骨折、瘫痪而伏卧。同时产软壳、薄壳蛋，产蛋量下降，种蛋孵化率降低。解剖可见肝、肺、脾、输卵管等内脏充血，有时肝脏破裂，肌肉苍白；心脏右心房显著扩大，并可见心包积液。诊断该病时，发现多见发病突然，没有任何症状，大群中比例不高，通常不会超过1%。预防本病应降低饲养密度，加强通风，特别是夏季，当气温高于35℃时，需要使用水帘降温，避免鸡舍内温度过高，增加鸡舍内氧气含量。可适当使用抗生素进行预防如青霉素类，但要注意抗生素的使用时间和交叉使用，避免产生耐药性。为缓解病情，可以适当补充 $V_c$。如猝死比例较高，可在料中加入碳酸氢钾 0.62g/只。在天气闷热时，鸡舍内绝对不能控水，对于严重的鸡群，必要时晚上开灯 1~2 次，补充饮水，降低血压黏度，减轻心脏负担。

# 附　录

附录内 1 大卡 = 4.18 焦。

**附表 1　AA<sup>+</sup>父母代种母鸡体重标准与饲喂程序**

所有遮黑鸡舍育成的鸡群都认定为顺季鸡群　　顺季

| 鸡群年龄 | | 体重（g） | | 料量 | 能量 |
|---|---|---|---|---|---|
| 周龄 | 日龄 | 标准 | 周增重 | [g/（只·d）] | [大卡/（只·d）] |
| 0 | 1 | | | 自由采食 | |
| 1 | 7 | 100 | | 23 | 65 |
| 2 | 14 | 200 | 100 | 29 | 83 |
| 3 | 21 | 320 | 120 | 34 | 96 |
| 4 | 28 | 420 | 100 | 38 | 106 |
| 5 | 35 | 515 | 95 | 41 | 114 |
| 6 | 42 | 610 | 95 | 43 | 121 |
| 7 | 49 | 705 | 95 | 45 | 127 |
| 8 | 56 | 800 | 95 | 47 | 132 |
| 9 | 63 | 895 | 95 | 49 | 137 |
| 10 | 70 | 990 | 95 | 51 | 143 |
| 11 | 77 | 1 085 | 95 | 53 | 149 |
| 12 | 84 | 1 180 | 95 | 55 | 155 |
| 13 | 91 | 1 280 | 100 | 58 | 163 |
| 14 | 98 | 1 390 | 110 | 62 | 173 |
| 15 | 105 | 1 500 | 110 | 66 | 185 |
| 16 | 112 | 1 630 | 130 | 71 | 199 |
| 17 | 119 | 1 760 | 130 | 78 | 217 |
| 18 | 126 | 1 890 | 130 | 85 | 238 |
| 19 | 133 | 2 030 | 140 | 92 | 258 |
| 20 | 140 | 2 170 | 140 | 99 | 277 |
| 21 | 147 | 2 310 | 140 | 104 | 291 |

| 鸡群年龄 | | 体重（g） | | 料量 | 能量 |
|---|---|---|---|---|---|
| 周龄 | 日龄 | 标准 | 周增重 | [g／（只·d）] | [大卡／（只·d）] |
| 22 | 154 | 2 460 | 150 | 112 | 313 |
| 23 | 161 | 2 630 | 170 | 121 | 338 |
| 24 | 168 | 2 810 | 180 | 129 | 361 |
| 25 | 175 | 2 960 | 150 | 136 | 380 |
| 26 | 182 | 3 110 | 150 | 145 | 407 |
| 27 | 189 | 3 210 | 100 | 155 | 435 |
| 28 | 189 | 3 270 | 60 | 166 | 464 |
| 29 | 196 | 3 300 | 30 | 166 | 464 |
| 30 | 203 | 3 325 | 25 | 166 | 464 |
| 31 | 210 | 3 345 | 20 | 166 | 464 |
| 32 | 217 | 3 365 | 20 | 166 | 464 |
| 33 | 224 | 3 385 | 20 | 166 | 464 |
| 34 | 231 | 3 405 | 20 | 166 | 464 |
| 35 | 235 | 3 420 | 15 | 166 | 464 |
| 36 | 252 | 3 435 | 15 | 165 | 462 |
| 37 | 259 | 3 450 | 15 | 165 | 461 |
| 38 | 266 | 3 465 | 15 | 164 | 459 |
| 39 | 273 | 3 480 | 15 | 163 | 457 |
| 40 | 280 | 3 495 | 15 | 163 | 456 |
| 41 | 287 | 3 510 | 15 | 162 | 454 |
| 42 | 294 | 3 525 | 15 | 162 | 453 |
| 43 | 301 | 3 540 | 15 | 161 | 451 |
| 44 | 308 | 3 555 | 15 | 160 | 449 |
| 45 | 315 | 3 570 | 15 | 160 | 448 |
| 46 | 322 | 3 585 | 15 | 159 | 446 |
| 47 | 329 | 3 600 | 15 | 159 | 444 |
| 48 | 336 | 3 615 | 15 | 158 | 443 |
| 49 | 343 | 3 630 | 15 | 158 | 441 |
| 50 | 350 | 3 645 | 15 | 157 | 440 |
| 51 | 357 | 3 660 | 15 | 156 | 438 |
| 52 | 364 | 3 675 | 15 | 156 | 436 |
| 53 | 371 | 3 690 | 15 | 155 | 435 |
| 54 | 378 | 3 705 | 15 | 155 | 433 |

（续表）

| 鸡群年龄 | | 体重（g） | | 料量 | 能量 |
|---|---|---|---|---|---|
| 周龄 | 日龄 | 标准 | 周增重 | [g/（只·d）] | [大卡/（只·d）] |
| 55 | 385 | 3 720 | 15 | 154 | 431 |
| 56 | 392 | 3 735 | 15 | 153 | 430 |
| 57 | 399 | 3 750 | 15 | 153 | 428 |
| 58 | 406 | 3 765 | 15 | 152 | 426 |
| 59 | 413 | 3 780 | 15 | 152 | 425 |
| 60 | 420 | 3 795 | 15 | 151 | 423 |
| 61 | 427 | 3 810 | 15 | 151 | 422 |
| 62 | 434 | 3 825 | 15 | 150 | 420 |
| 63 | 441 | 3 840 | 15 | 149 | 418 |
| 64 | 448 | 3 855 | 15 | 149 | 417 |

备注

1. 35 周龄后周增重应保持 15g

2. 体重标准基于喂料后 4 ~ 6h 以后

3. 料量仅供参考，实际饲喂量应按体重目标执行

4. 饲料能量基于 11 704kJ/kg

5. 北半球：8 ~ 12 月出雏的鸡群，南半球：2 ~ 6 月出雏的鸡群，1 和 7 月为过渡月份，对这两个月出雏的鸡群应据个人经验和所处位置制定相应的光照程序

### 附表2　AA⁺父母代种母鸡体重标准语饲喂程序

逆季

| 鸡群年龄 | | 体重（g） | | 料量 | 能量 |
|---|---|---|---|---|---|
| 周龄 | 日龄 | 标准 | 周增重 | [g/（只·d）] | [大卡/（只·d）] |
| 0 | 1 | | | 自由采食 | |
| 1 | 7 | 100 | | 23 | 65 |
| 2 | 14 | 200 | 100 | 29 | 82 |
| 3 | 21 | 320 | 120 | 34 | 95 |
| 4 | 28 | 420 | 100 | 38 | 106 |
| 5 | 35 | 515 | 95 | 41 | 114 |
| 6 | 42 | 610 | 95 | 43 | 121 |
| 7 | 49 | 705 | 95 | 45 | 127 |
| 8 | 56 | 800 | 95 | 47 | 132 |
| 9 | 63 | 895 | 95 | 49 | 138 |
| 10 | 70 | 990 | 95 | 51 | 143 |

（续表）

| 鸡群年龄 | | 体重（g） | | 料量 | 能量 |
|---|---|---|---|---|---|
| 周龄 | 日龄 | 标准 | 周增重 | ［g/（只·d）］ | ［大卡/（只·d）］ |
| 11 | 77 | 1 085 | 95 | 53 | 149 |
| 12 | 84 | 1 180 | 95 | 55 | 156 |
| 13 | 91 | 1 280 | 100 | 58 | 164 |
| 14 | 98 | 1 390 | 110 | 62 | 174 |
| 15 | 105 | 1 500 | 110 | 66 | 186 |
| 16 | 112 | 1 630 | 130 | 71 | 201 |
| 17 | 119 | 1 770 | 140 | 78 | 220 |
| 18 | 126 | 1 910 | 140 | 86 | 242 |
| 19 | 133 | 2 050 | 140 | 95 | 265 |
| 20 | 140 | 2 200 | 150 | 102 | 286 |
| 21 | 147 | 2 360 | 160 | 108 | 303 |
| 22 | 154 | 2 530 | 170 | 116 | 325 |
| 23 | 161 | 2 700 | 170 | 125 | 351 |
| 24 | 168 | 2 910 | 210 | 133 | 373 |
| 25 | 175 | 3 075 | 165 | 140 | 391 |
| 26 | 182 | 3 240 | 165 | 149 | 417 |
| 27 | 189 | 3 350 | 110 | 159 | 444 |
| 28 | 189 | 3 420 | 70 | 168 | 471 |
| 29 | 196 | 3 450 | 30 | 168 | 471 |
| 30 | 203 | 3 475 | 25 | 168 | 471 |
| 31 | 210 | 3 500 | 25 | 168 | 471 |
| 32 | 217 | 3 520 | 20 | 168 | 471 |
| 33 | 224 | 3 540 | 20 | 168 | 471 |
| 34 | 231 | 3 560 | 20 | 168 | 471 |
| 35 | 235 | 3 580 | 20 | 168 | 471 |
| 36 | 252 | 3 595 | 15 | 168 | 469 |
| 37 | 259 | 3 610 | 15 | 167 | 468 |
| 38 | 266 | 3 625 | 15 | 166 | 466 |
| 39 | 273 | 3 640 | 15 | 166 | 464 |
| 40 | 280 | 3 655 | 15 | 165 | 463 |

（续表）

| 鸡群年龄 | | 体重（g） | | 料量<br>［g/（只·d）］ | 能量<br>［大卡/（只·d）］ |
|---|---|---|---|---|---|
| 周龄 | 日龄 | 标准 | 周增重 | | |
| 41 | 287 | 3 670 | 15 | 165 | 461 |
| 42 | 294 | 3 685 | 15 | 164 | 459 |
| 43 | 301 | 3 700 | 15 | 163 | 458 |
| 44 | 308 | 3 715 | 15 | 163 | 456 |
| 45 | 315 | 3 730 | 15 | 162 | 454 |
| 46 | 322 | 3 745 | 15 | 162 | 453 |
| 47 | 329 | 3 760 | 15 | 161 | 451 |
| 48 | 336 | 3 775 | 15 | 161 | 449 |
| 49 | 343 | 3 790 | 15 | 160 | 448 |
| 50 | 350 | 3 805 | 15 | 159 | 446 |
| 51 | 357 | 3 820 | 15 | 159 | 444 |
| 52 | 364 | 3 835 | 15 | 158 | 443 |
| 53 | 371 | 3 850 | 15 | 158 | 441 |
| 54 | 378 | 3 865 | 15 | 157 | 440 |
| 55 | 385 | 3 880 | 15 | 156 | 438 |
| 56 | 392 | 3 895 | 15 | 156 | 436 |
| 57 | 399 | 3 910 | 15 | 155 | 435 |
| 58 | 406 | 3 925 | 15 | 155 | 433 |
| 59 | 413 | 3 940 | 15 | 154 | 431 |
| 60 | 420 | 3 955 | 15 | 153 | 430 |
| 61 | 427 | 3 970 | 15 | 153 | 428 |
| 62 | 434 | 3 985 | 15 | 152 | 426 |
| 63 | 441 | 4 000 | 15 | 152 | 425 |
| 64 | 448 | 4 015 | 15 | 151 | 423 |

备注

1. 35 周龄后周增重应保持 15g

2. 体重标准基于喂料后 4～6h 以后

3. 料量仅供参考，实际饲喂量应按体重目标执行

4. 饲料能量基于 11 704kJ/kg

5. 北半球：8～12 月出雏的鸡群，南半球：2～6 月出雏的鸡群，1 月和 7 月为过渡月份，对这两个月出雏的鸡群应据个人经验和所处位置制定相应的光照程序

附表3 AA⁺父母代种公鸡体重标准与饲喂程序

| 鸡群年龄 | | 体重（g） | | 料量 | 能量 |
| --- | --- | --- | --- | --- | --- |
| 周龄 | 日龄 | 标准 | 周增重 | [g/（只·d）] | [大卡/（只·d）] |
| 0 | 1 | | | 自由采食 | |
| 1 | 7 | 150 | | 35 | 97 |
| 2 | 14 | 320 | 170 | 42 | 118 |
| 3 | 21 | 525 | 205 | 48 | 134 |
| 4 | 28 | 755 | 230 | 52 | 147 |
| 5 | 35 | 945 | 190 | 56 | 158 |
| 6 | 42 | 1 130 | 185 | 60 | 168 |
| 7 | 49 | 1 280 | 150 | 63 | 177 |
| 8 | 56 | 1 420 | 140 | 66 | 185 |
| 9 | 63 | 1 545 | 125 | 69 | 193 |
| 10 | 70 | 1 670 | 125 | 72 | 202 |
| 11 | 77 | 1 795 | 125 | 75 | 210 |
| 12 | 84 | 1 920 | 125 | 78 | 218 |
| 13 | 91 | 2 045 | 125 | 81 | 227 |
| 14 | 98 | 2 170 | 125 | 84 | 236 |
| 15 | 105 | 2 295 | 125 | 88 | 246 |
| 16 | 112 | 2 420 | 125 | 92 | 257 |
| 17 | 119 | 2 560 | 140 | 96 | 269 |
| 18 | 126 | 2 715 | 155 | 101 | 282 |
| 19 | 133 | 2 875 | 160 | 106 | 296 |
| 20 | 140 | 3 035 | 160 | 111 | 310 |
| 21 | 147 | 3 195 | 160 | 115 | 323 |
| 22 | 154 | 3 355 | 160 | 119 | 334 |
| 23 | 161 | 3 515 | 160 | 123 | 346 |
| 24 | 168 | 3 675 | 160 | 127 | 355 |
| 25 | 175 | 3 825 | 150 | 129 | 362 |
| 26 | 182 | 3 960 | 135 | 131 | 367 |
| 27 | 189 | 4 035 | 75 | 133 | 371 |
| 28 | 189 | 4 090 | 55 | 134 | 375 |
| 29 | 196 | 4 120 | 30 | 135 | 378 |
| 30 | 203 | 4 150 | 30 | 136 | 380 |
| 31 | 210 | 4 180 | 30 | 137 | 382 |
| 32 | 217 | 4 210 | 30 | 137 | 384 |
| 33 | 224 | 4 240 | 30 | 138 | 386 |
| 34 | 231 | 4 270 | 30 | 138 | 388 |
| 35 | 235 | 4 300 | 30 | 139 | 389 |

（续表）

| 鸡群年龄 | | 体重（g） | | 料量 | 能量 |
|---|---|---|---|---|---|
| 周龄 | 日龄 | 标准 | 周增重 | [g/（只·d）] | [大卡/（只·d）] |
| 36 | 252 | 4 330 | 30 | 140 | 391 |
| 37 | 259 | 4 360 | 30 | 140 | 392 |
| 38 | 266 | 4 390 | 30 | 141 | 394 |
| 39 | 273 | 4 420 | 30 | 141 | 395 |
| 40 | 280 | 4 450 | 30 | 142 | 396 |
| 41 | 287 | 4 480 | 30 | 142 | 398 |
| 42 | 294 | 4 510 | 30 | 142 | 399 |
| 43 | 301 | 4 540 | 30 | 143 | 400 |
| 44 | 308 | 4 570 | 30 | 143 | 401 |
| 45 | 315 | 4 600 | 30 | 144 | 403 |
| 46 | 322 | 4 630 | 30 | 144 | 404 |
| 47 | 329 | 4 660 | 30 | 145 | 405 |
| 48 | 336 | 4 690 | 30 | 145 | 406 |
| 49 | 343 | 4 720 | 30 | 146 | 408 |
| 50 | 350 | 4 750 | 30 | 146 | 409 |
| 51 | 357 | 4 775 | 25 | 146 | 410 |
| 52 | 364 | 4 800 | 25 | 147 | 411 |
| 53 | 371 | 4 825 | 25 | 147 | 412 |
| 54 | 378 | 4 850 | 25 | 148 | 414 |
| 55 | 385 | 4 875 | 25 | 148 | 415 |
| 56 | 392 | 4 900 | 25 | 149 | 416 |
| 57 | 399 | 4 925 | 25 | 149 | 417 |
| 58 | 406 | 4 950 | 25 | 149 | 419 |
| 59 | 413 | 4 975 | 25 | 150 | 420 |
| 60 | 420 | 5 000 | 25 | 150 | 421 |
| 61 | 427 | 5 025 | 25 | 151 | 422 |
| 62 | 434 | 5 050 | 25 | 151 | 423 |
| 63 | 441 | 5 075 | 25 | 152 | 425 |
| 64 | 448 | 5 100 | 25 | 152 | 426 |

备注

1. 35 周龄后周增重应保持 25 ~ 30g

2. 体重标准基于喂料后 4 ~ 6h 以后

3. 料量仅供参考，实际饲喂量应根据不同饲料而定，产蛋期饲料应逐渐增加，不能减料

4. 饲料能量基于 11 704kJ/kg

5. 这一体重曲线可以使得种公鸡在母鸡见蛋后达到性成熟，实际生产情况表明，这一标准可以确保种公鸡体况不受影响，因而使其保持最佳的受精率水平

### 附表4 AA⁺父母代种母鸡 周生产性能
（周产蛋率基于产蛋全期死亡8%，周死淘0.2%；种蛋标准50g以上）

| 产蛋周龄 | 日龄 | 周龄 | 入舍母鸡产蛋率（%） | 周产蛋率（%） | 枚/只/周 | 累积枚/只 | 种蛋数只/周 | 累积种蛋数/只 | 周种蛋利用率（%） | 累积种蛋利用率（%） |
|---|---|---|---|---|---|---|---|---|---|---|
| 1 | 175 | 25 | 5.43 | 5.44 | 0.38 | 0.38 | | | | |
| 2 | 182 | 26 | 23.61 | 23.70 | 1.65 | 2.03 | 1.16 | 1.16 | 70.30 | 57.14 |
| 3 | 189 | 27 | 53.61 | 53.93 | 3.75 | 5.78 | 3.28 | 4.44 | 87.47 | 76.82 |
| 4 | 196 | 28 | 75.04 | 75.64 | 5.25 | 11.03 | 4.77 | 9.21 | 90.86 | 83.50 |
| 5 | 203 | 29 | 83.61 | 84.45 | 5.85 | 16.88 | 5.46 | 14.67 | 93.33 | 86.91 |
| 6 | 210 | 30 | 86.47 | 87.52 | 6.05 | 22.93 | 5.76 | 20.43 | 95.21 | 89.10 |
| 7 | 217 | 31 | 87.18 | 88.42 | 6.1 | 29.03 | 5.86 | 26.29 | 96.07 | 90.56 |
| 8 | 224 | 32 | 86.47 | 87.87 | 6.05 | 35.08 | 5.86 | 32.15 | 96.86 | 91.65 |
| 9 | 231 | 33 | 85.32 | 86.89 | 5.97 | 41.05 | 5.78 | 37.93 | 96.82 | 92.40 |
| 10 | 238 | 34 | 84.18 | 85.9 | 5.89 | 46.94 | 5.7 | 43.63 | 96.77 | 92.95 |
| 11 | 245 | 35 | 83.04 | 84.9 | 5.81 | 52.75 | 5.62 | 49.25 | 96.73 | 93.36 |
| 12 | 252 | 36 | 81.89 | 83.91 | 5.73 | 58.48 | 5.54 | 54.79 | 96.68 | 93.69 |
| 13 | 259 | 37 | 80.75 | 82.91 | 5.65 | 64.13 | 5.46 | 60.25 | 96.63 | 93.95 |
| 14 | 266 | 38 | 79.61 | 81.9 | 5.57 | 69.70 | 5.38 | 65.63 | 96.57 | 94.16 |
| 15 | 273 | 39 | 78.47 | 80.89 | 5.49 | 75.19 | 5.3 | 70.93 | 96.51 | 94.33 |
| 16 | 280 | 40 | 77.18 | 79.73 | 5.4 | 80.59 | 5.21 | 76.13 | 96.45 | 94.47 |
| 17 | 287 | 41 | 76.04 | 78.71 | 5.32 | 85.91 | 5.13 | 81.26 | 96.39 | 94.59 |
| 18 | 294 | 42 | 74.89 | 77.69 | 5.24 | 91.15 | 5.05 | 86.31 | 96.33 | 94.69 |
| 19 | 301 | 43 | 73.75 | 76.66 | 5.16 | 96.31 | 4.97 | 91.28 | 96.27 | 94.78 |
| 20 | 308 | 44 | 72.61 | 75.63 | 5.08 | 101.39 | 4.89 | 96.17 | 96.21 | 94.85 |
| 21 | 315 | 45 | 71.47 | 74.6 | 5.00 | 106.39 | 4.81 | 100.97 | 96.16 | 94.91 |
| 22 | 322 | 46 | 70.32 | 73.56 | 4.92 | 111.31 | 4.73 | 105.70 | 96.10 | 94.96 |
| 23 | 329 | 47 | 69.18 | 72.52 | 4.84 | 116.15 | 4.65 | 110.35 | 96.04 | 95.01 |
| 24 | 336 | 48 | 67.89 | 71.32 | 4.75 | 120.90 | 4.56 | 114.91 | 95.98 | 95.04 |
| 25 | 343 | 49 | 66.75 | 70.26 | 4.67 | 125.57 | 4.48 | 119.39 | 95.92 | 95.08 |
| 26 | 350 | 50 | 65.61 | 69.21 | 4.59 | 130.16 | 4.40 | 123.79 | 95.86 | 95.10 |
| 27 | 357 | 51 | 64.47 | 68.15 | 4.51 | 134.67 | 4.32 | 128.11 | 95.80 | 95.13 |
| 28 | 364 | 52 | 63.32 | 67.08 | 4.43 | 139.10 | 4.24 | 132.35 | 95.74 | 95.15 |
| 29 | 371 | 53 | 62.18 | 66.01 | 4.35 | 143.45 | 4.16 | 136.51 | 95.69 | 95.16 |
| 30 | 378 | 54 | 61.04 | 64.93 | 4.27 | 147.72 | 4.08 | 140.60 | 95.63 | 95.18 |
| 31 | 385 | 55 | 59.89 | 63.85 | 4.19 | 151.91 | 4.00 | 144.60 | 95.57 | 95.19 |
| 32 | 392 | 56 | 58.61 | 62.62 | 4.10 | 156.01 | 3.92 | 148.52 | 95.51 | 95.20 |

（续表）

| 产蛋周龄 | 日龄 | 周龄 | 入舍母鸡产蛋率（%） | 周产蛋率（%） | 枚/只/周 | 累积枚/只 | 种蛋数/只/周 | 累积种蛋数/只 | 周种蛋利用率（%） | 累积种蛋利用率（%） |
|---|---|---|---|---|---|---|---|---|---|---|
| 33 | 399 | 57 | 57.47 | 61.53 | 4.02 | 160.03 | 3.84 | 152.35 | 95.45 | 95.20 |
| 34 | 406 | 58 | 56.32 | 60.43 | 3.94 | 163.97 | 3.76 | 156.11 | 95.39 | 95.21 |
| 35 | 413 | 59 | 55.18 | 59.33 | 3.86 | 167.83 | 3.68 | 159.79 | 95.33 | 95.21 |
| 36 | 420 | 60 | 54.04 | 58.23 | 3.78 | 171.61 | 3.60 | 163.39 | 95.27 | 95.21 |
| 37 | 427 | 61 | 52.89 | 57.12 | 3.70 | 175.31 | 3.52 | 166.92 | 95.22 | 95.21 |
| 38 | 434 | 62 | 51.75 | 56.01 | 3.62 | 178.93 | 3.44 | 170.36 | 95.16 | 95.21 |
| 39 | 441 | 63 | 50.61 | 54.89 | 3.54 | 182.47 | 3.37 | 173.73 | 95.10 | 95.21 |
| 40 | 448 | 64 | 49.32 | 53.61 | 3.45 | 185.92 | 3.28 | 177.01 | 95.04 | 95.21 |

### 附表5　AA⁺父母代种母鸡　孵化数及产雏数

（孵化率基于平均蛋龄3d，种蛋存储超7~11d，日降0.5%）

| 产蛋周龄 | 日龄 | 周龄 | 入孵蛋孵化率（%） | 累积孵化率（%） | 入舍母鸡周产雏数 | 累积入舍母鸡周产雏数 |
|---|---|---|---|---|---|---|
| 1 | 175 | 25 | | | | |
| 2 | 182 | 26 | 76.9 | 76.9 | 0.89 | 0.89 |
| 3 | 189 | 27 | 79.3 | 78.7 | 2.60 | 3.49 |
| 4 | 196 | 28 | 81.2 | 80.0 | 3.87 | 7.37 |
| 5 | 203 | 29 | 83.2 | 81.2 | 4.54 | 11.91 |
| 6 | 210 | 30 | 85.1 | 82.3 | 4.90 | 16.81 |
| 7 | 217 | 31 | 86.6 | 83.2 | 5.07 | 21.88 |
| 8 | 224 | 32 | 87.6 | 84.0 | 5.13 | 27.01 |
| 9 | 231 | 33 | 88.5 | 84.7 | 5.12 | 32.13 |
| 10 | 238 | 34 | 89.2 | 85.3 | 5.08 | 37.21 |
| 11 | 245 | 35 | 89.6 | 85.8 | 5.04 | 42.25 |
| 12 | 252 | 36 | 90 | 86.2 | 4.98 | 47.23 |
| 13 | 259 | 37 | 90 | 86.6 | 4.91 | 52.14 |
| 14 | 266 | 38 | 90 | 86.8 | 4.84 | 56.98 |
| 15 | 273 | 39 | 89.6 | 87.0 | 4.75 | 61.73 |
| 16 | 280 | 40 | 89.2 | 87.2 | 4.65 | 66.38 |
| 17 | 287 | 41 | 88.8 | 87.3 | 4.55 | 70.93 |
| 18 | 294 | 42 | 88.3 | 87.4 | 4.46 | 75.39 |
| 19 | 301 | 43 | 87.9 | 87.4 | 4.37 | 79.76 |
| 20 | 308 | 44 | 87.4 | 87.4 | 4.27 | 84.03 |

（续表）

| 产蛋周龄 | 日龄 | 周龄 | 入孵蛋孵化率（%） | 累积孵化率（%） | 入舍母鸡周产雏数 | 累积入舍母鸡周产雏数 |
|---|---|---|---|---|---|---|
| 21 | 315 | 45 | 86.8 | 87.4 | 4.17 | 88.20 |
| 22 | 322 | 46 | 86.3 | 87.3 | 4.08 | 92.28 |
| 23 | 329 | 47 | 85.8 | 87.2 | 3.99 | 96.27 |
| 24 | 336 | 48 | 85.3 | 87.2 | 3.89 | 100.16 |
| 25 | 343 | 49 | 84.8 | 87.1 | 3.80 | 103.96 |
| 26 | 350 | 50 | 84.3 | 87.0 | 3.71 | 107.67 |
| 27 | 357 | 51 | 83.8 | 86.9 | 3.62 | 111.29 |
| 28 | 364 | 52 | 83.2 | 86.8 | 3.53 | 114.82 |
| 29 | 371 | 53 | 82.7 | 86.6 | 3.44 | 118.26 |
| 30 | 378 | 54 | 82.2 | 86.5 | 3.36 | 121.62 |
| 31 | 385 | 55 | 81.7 | 86.4 | 3.27 | 124.89 |
| 32 | 392 | 56 | 81.2 | 86.2 | 3.18 | 128.07 |
| 33 | 399 | 57 | 80.6 | 86.1 | 3.09 | 131.16 |
| 34 | 406 | 58 | 80.1 | 85.9 | 3.01 | 134.17 |
| 35 | 413 | 59 | 79.6 | 85.8 | 2.93 | 137.10 |
| 36 | 420 | 60 | 79.1 | 85.7 | 2.85 | 139.95 |
| 37 | 427 | 61 | 78.6 | 85.5 | 2.77 | 142.72 |
| 38 | 434 | 62 | 78.1 | 85.4 | 2.69 | 145.41 |
| 39 | 441 | 63 | 77.6 | 85.2 | 2.61 | 148.02 |
| 40 | 448 | 64 | 77.1 | 85.1 | 2.53 | 150.55 |

### 附表6　AA⁺父母代种母鸡　周平均蛋重及总产蛋值

| 产蛋周龄 | 日龄 | 周龄 | 产蛋率（%） | 蛋重（g） | 总产蛋值 |
|---|---|---|---|---|---|
| 1 | 175 | 25 | 5.44 | 50.2 | 2.7 |
| 2 | 182 | 26 | 23.70 | 51.9 | 12.3 |
| 3 | 189 | 27 | 53.93 | 53.6 | 28.9 |
| 4 | 196 | 28 | 75.64 | 55.2 | 41.8 |
| 5 | 203 | 29 | 84.45 | 56.5 | 47.7 |
| 6 | 210 | 30 | 87.52 | 57.6 | 50.4 |
| 7 | 217 | 31 | 88.42 | 58.6 | 51.8 |

（续表）

| 产蛋周龄 | 日龄 | 周龄 | 产蛋率（%） | 蛋重（g） | 总产蛋值 |
|---|---|---|---|---|---|
| 8 | 224 | 32 | 87.87 | 59.5 | 52.3 |
| 9 | 231 | 33 | 86.89 | 60.2 | 52.3 |
| 10 | 238 | 34 | 85.9 | 60.9 | 52.3 |
| 11 | 245 | 35 | 84.9 | 61.5 | 52.2 |
| 12 | 252 | 36 | 83.91 | 62.1 | 52.1 |
| 13 | 259 | 37 | 82.91 | 62.6 | 51.9 |
| 14 | 266 | 38 | 81.9 | 63.1 | 51.7 |
| 15 | 273 | 39 | 80.89 | 63.5 | 51.4 |
| 16 | 280 | 40 | 79.73 | 64.0 | 51.0 |
| 17 | 287 | 41 | 78.71 | 64.4 | 50.7 |
| 18 | 294 | 42 | 77.69 | 64.8 | 50.3 |
| 19 | 301 | 43 | 76.66 | 65.3 | 50.1 |
| 20 | 308 | 44 | 75.63 | 65.7 | 49.7 |
| 21 | 315 | 45 | 74.6 | 66.1 | 49.3 |
| 22 | 322 | 46 | 73.56 | 66.5 | 48.9 |
| 23 | 329 | 47 | 72.52 | 66.9 | 48.5 |
| 24 | 336 | 48 | 71.32 | 67.3 | 48.0 |
| 25 | 343 | 49 | 70.26 | 67.7 | 47.6 |
| 26 | 350 | 50 | 69.21 | 68.0 | 47.1 |
| 27 | 357 | 51 | 68.15 | 68.4 | 46.6 |
| 28 | 364 | 52 | 67.08 | 68.7 | 46.1 |
| 29 | 371 | 53 | 66.01 | 69.0 | 45.5 |
| 30 | 378 | 54 | 64.93 | 69.3 | 45.0 |
| 31 | 385 | 55 | 63.85 | 69.5 | 44.4 |
| 32 | 392 | 56 | 62.62 | 69.8 | 43.7 |
| 33 | 399 | 57 | 61.53 | 70.0 | 43.1 |
| 34 | 406 | 58 | 60.43 | 70.2 | 42.4 |
| 35 | 413 | 59 | 59.33 | 70.3 | 41.7 |
| 36 | 420 | 60 | 58.23 | 70.5 | 41.1 |
| 37 | 427 | 61 | 57.12 | 70.7 | 40.4 |
| 38 | 434 | 62 | 56.01 | 70.8 | 39.7 |
| 39 | 441 | 63 | 54.89 | 71.0 | 39.0 |
| 40 | 448 | 64 | 53.61 | 71.2 | 38.2 |

总产蛋值 = 产蛋率（%）×蛋重（g）/100

### 附表 7  AA⁺ 父母代种母鸡  营养标准（2013 版）

| 营养成分 | 单位 | 育雏料 0~28d | | 育成料 29~126d | | 预产料 127d~ 产蛋 5% | | 产蛋 1 期料 产蛋 5%~44 周 | | 产蛋 2 期料 245d 后** | |
|---|---|---|---|---|---|---|---|---|---|---|---|
| 粗蛋白 | % | 19 | | 15 | | 15 | | 15 | | 14 | |
| 代谢能 | kJ/kg | 11 704 | | 11 704 | | 11 704 | | 11 704 | | 11 704 | |
| | MJ/kg | 11.7 | | 11.7 | | 11.7 | | 11.7 | | 11.7 | |
| 氨基酸* | | 总量 | 可利用量 1 | 总量 | 可利用量 | 总量 | 可利用量 | 总量 | 可利用量 | 总量 | 可利用量 |
| 赖氨酸 | % | 1.06 | 0.95 | 0.68 | 0.61 | 0.62 | 0.56 | 0.67 | 0.60 | 0.62 | 0.56 |
| 蛋+胱 | % | 0.84 | 0.74 | 0.62 | 0.55 | 0.57 | 0.50 | 0.64 | 0.56 | 0.62 | 0.55 |
| 蛋氨酸 | % | 0.46 | 0.40 | 0.37 | 0.33 | 0.37 | 0.33 | 0.40 | 0.35 | 0.39 | 0.34 |
| 苏氨酸 | % | 0.72 | 0.64 | 0.54 | 0.48 | 0.48 | 0.43 | 0.53 | 0.47 | 0.50 | 0.45 |
| 缬氨酸 | % | 0.80 | 0.71 | 0.64 | 0.57 | 0.53 | 0.47 | 0.63 | 0.56 | 0.59 | 0.53 |
| 异亮氨酸 | % | 0.70 | 0.62 | 0.56 | 0.50 | 0.48 | 0.43 | 0.59 | 0.53 | 0.57 | 0.51 |
| 精氨酸 | % | 1.17 | 1.05 | 0.84 | 0.76 | 0.77 | 0.69 | 0.88 | 0.79 | 0.85 | 0.77 |
| 色氨酸 | % | 0.19 | 0.16 | 0.16 | 0.14 | 0.15 | 0.13 | 0.16 | 0.14 | 0.15 | 0.13 |
| 亮氨酸 | % | 1.23 | 1.11 | 0.84 | 0.76 | 0.83 | 0.75 | 1.04 | 0.94 | 1.00 | 0.90 |
| 矿物质* | | | | | | | | | | | |
| 钙 | % | 1.00 | | 0.90 | | 1.20 | | 3.00 | | 3.20 | |
| 可利用磷 | % | 0.45 | | 0.42 | | 0.35 | | 0.35 | | 0.32 | |
| 钠 | % | 0.16~0.23 | | 0.16~0.23 | | 0.16~0.23 | | 0.15~0.20 | | 0.15~0.20 | |
| 氯 | % | 0.16~0.23 | | 0.16~0.23 | | 0.16~0.23 | | 0.16~0.23 | | 0.16~0.23 | |
| 钾 | % | 0.40~0.90 | | 0.40~0.90 | | 0.60~0.90 | | 0.60~0.90 | | 0.60~0.90 | |
| 每 kg 微量元素添加量 | | | | | | | | | | | |
| 铜 | mg | 16 | | 16 | | 16 | | 10 | | 10 | |
| 碘 | mg | 1.25 | | 1.25 | | 1.25 | | 2.00 | | 2.00 | |
| 铁 | mg | 40 | | 40 | | 40 | | 50 | | 50 | |
| 锰 | mg | 120 | | 120 | | 120 | | 120 | | 120 | |
| 硒 | mg | 0.30 | | 0.30 | | 0.30 | | 0.30 | | 0.30 | |
| 锌 | mg | 110 | | 110 | | 110 | | 110 | | 110 | |
| 每 kg 维生素添加量 | | | | | | | | | | | |
| | | 小麦 | 玉米 | 小麦 | 玉米 | 小麦 | 玉米 | 小麦 | 玉米 | 小麦 | 玉米 |
| A | IU | 11 000 | 10 000 | 11 000 | 10 000 | 11 000 | 10 000 | 12 000 | 11 000 | 12 000 | 11 000 |
| D3 | IU | 3 500 | 3 500 | 3 500 | 3 500 | 3 500 | 3 500 | 3 500 | 3 500 | 3 500 | 3 500 |
| E | IU | 100 | 100 | 100 | 100 | 100 | 100 | 100 | 100 | 100 | 100 |
| K | mg | 3 | 3 | 3 | 3 | 3 | 3 | 5 | 5 | 5 | 5 |

（续表）

| 营养成分 | 单位 | 育雏料 0~28d | | 育成料 29~126d | | 预产料 127d~ 产蛋5% | | 产蛋1期料 产蛋 5%~44周 | | 产蛋2期料 245d后** | |
|---|---|---|---|---|---|---|---|---|---|---|---|
| $B_1$ | mg | 3 | 3 | 3 | 3 | 3 | 3 | 3 | 3 | 3 | 3 |
| $B_2$ | mg | 6 | 6 | 6 | 6 | 6 | 6 | 12 | 12 | 12 | 12 |
| 烟酸 | mg | 30 | 35 | 30 | 35 | 30 | 35 | 50 | 55 | 50 | 55 |
| 泛酸 | mg | 13 | 15 | 13 | 15 | 13 | 15 | 13 | 15 | 13 | 15 |
| $B_6$ | mg | 4 | 3 | 4 | 3 | 4 | 3 | 5 | 4 | 5 | 4 |
| 生物素 | mg | 0.20 | 0.15 | 0.20 | 0.15 | 0.20 | 0.15 | 0.30 | 0.25 | 0.30 | 0.25 |
| 叶酸 | mg | 1.50 | 1.50 | 1.50 | 1.50 | 1.50 | 1.50 | 2.00 | 2.00 | 2.00 | 2.00 |
| $B_{12}$ | mg | 0.02 | 0.02 | 0.02 | 0.02 | 0.02 | 0.02 | 0.03 | 0.03 | 0.03 | 0.03 |
| 最低含量 | | | | | | | | | | | |
| 胆碱 | mg/kg | 1 400 | | 1 300 | | 1 200 | | 1 200 | | 1 050 | |
| 亚油酸 | % | 1.00 | | 1.00 | | 1.00 | | 1.25 | | 1.25 | |

可利用量：可消化量

* 基于能量的数据，饲料中能量不同，其他营养成分应相应作出调整

** 使用第二阶段饲料有助于控制种蛋大小和改善蛋壳质量

此营养标准仅供参考。应据当地的饲养条件、法规要求和市场情况做相应的调整

### 附表8 AA⁺父母代种公鸡 营养标准

| 营养成分 | 单位 | 公鸡料 | |
|---|---|---|---|
| 粗蛋白 | % | 12 | |
| 代谢能 | kJ/kg | 11 495 | |
| | 兆焦/kg | 11.5 | |
| | 氨基酸* | 总量 | 可利用量 |
| 赖氨酸 | % | 0.50 | 0.45 |
| 蛋+胱 | % | 0.49 | 0.43 |
| 蛋氨酸 | % | 0.32 | 0.29 |
| 苏氨酸 | % | 0.38 | 0.34 |
| 缬氨酸 | % | 0.43 | 0.38 |
| 异亮氨酸 | % | 0.39 | 0.35 |
| 精氨酸 | % | 0.59 | 0.53 |
| 色氨酸 | % | 0.10 | 0.08 |
| 亮氨酸 | % | 0.59 | 0.53 |

（续表）

| 营养成分 | 单位 | 公鸡料 | |
|---|---|---|---|
| | | 矿物质 * | |
| 钙 | % | 0.70 | |
| 可利用磷 | % | 0.35 | |
| 钠 | % | 0.15～0.20 | |
| 氯 | % | 0.16～0.23 | |
| 钾 | % | 0.60～0.90 | |
| | | 每千克微量元素添加量 | |
| 铜 | mg | 10 | |
| 碘 | mg | 2 | |
| 铁 | mg | 50 | |
| 锰 | mg | 120 | |
| 硒 | mg | 0.3 | |
| 锌 | mg | 110 | |
| 每千克维生素添加量 | | 小麦日粮 | 玉米日粮 |
| A | IU | 12 000 | 11 000 |
| $D_3$ | IU | 3 500 | 3 500 |
| E | IU | 100 | 100 |
| $K_3$ | mg | 5 | 5 |
| 硫胺素 $B_1$ | mg | 3 | 3 |
| 核黄素 $B_2$ | mg | 12 | 12 |
| 烟酸 | mg | 50 | 55 |
| 泛酸 | mg | 13 | 15 |
| $B_6$ | mg | 5 | 4 |
| 生物素 | mg | 0.30 | 0.25 |
| 叶酸 | mg | 2.00 | 2.00 |
| $B_{12}$ | mg | 0.03 | 0.03 |
| | | 最低含量 | |
| 胆碱 | mg/kg | 1 000 | |
| 亚油酸 | % | 1.00 | |

1 可利用量：可消化量

* 基于能量的数据，饲料中能量不同，其他营养成分应相应作出调整

注意：此营养标准仅供参考。应据当地的饲养条件、法规要求和市场情况做相应的调整

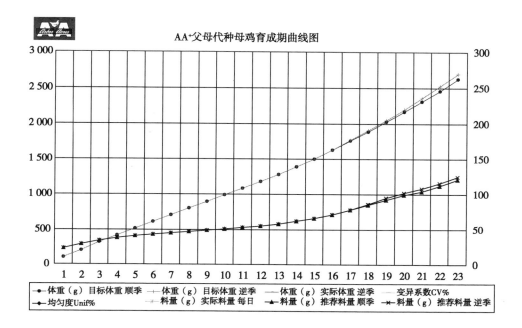

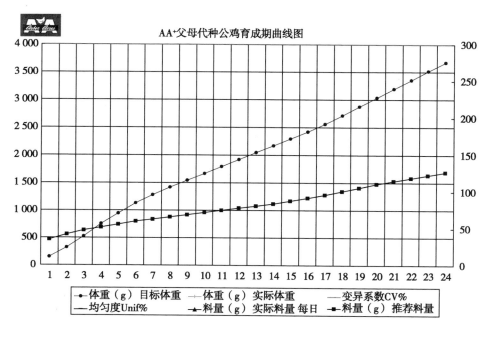

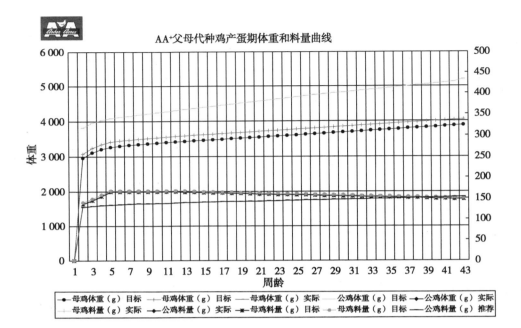

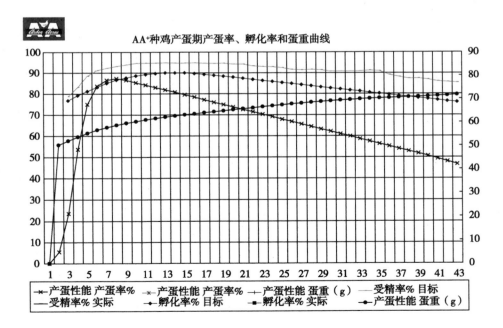

彩插1　AA⁺父母代种鸡

彩插2　罗斯308父母代种鸡

彩插3　艾维茵-500

Hubbard
HI-Y Package

Hubbard
Ultra Yield

彩插4　哈巴德

彩插5　棚架的清洗

彩插6　消毒现场

彩插7　温差育雏

彩插8　整栋鸡舍加温育雏

彩插9　站姿良好的公鸡

彩插10　评估种母鸡腹部脂肪沉积

彩插11　肉种鸡脱羽

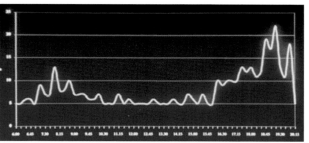

彩插12　公鸡交配次数的分布曲线

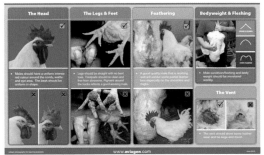
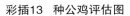

彩插13　种公鸡评估图

彩插14　存放间通风不好喙部表现

彩插15　育成鸡感染霉菌

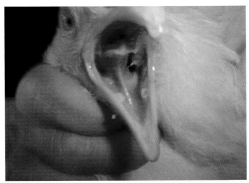

彩插16　产蛋鸡感染霉菌